Enrico Giusti, nato nel 1940, è professore di Storia delle matematiche all'Università di Firenze, dopo avervi insegnato Analisi matematica. Ha svolto attività didattica e di ricerca all'Università della California a Berkeley, alla Stanford University e all'Australian National University di Canberra. I suoi interessi vertono principalmente sulle equazioni alle derivate parziali e sulle superfici minime, sulla geometria differenziale e la storia della matematica. Per le nostre edizioni, oltre a un corso di Analisi matematica *(2 voll., 2002-03[3]), ha pubblicato* Euclides reformatus. La teoria delle proporzioni nella scuola galileiana *(1993),* Ipotesi sulla natura degli oggetti matematici *(1999) e* La matematica in cucina *(2004).*

PROGRAMMA DI MATEMATICA, FISICA, ELETTRONICA

Mario Ageno, *Elementi di fisica*
T. M. Apostol, *Calcolo*
Vol. 1 *Analisi 1*
Vol. 2 *Geometria*
Vol. 3 *Analisi 2*
Michael Artin, *Algebra*
Luca Baracco e Giuseppe Zampieri, *Analisi 1*
Vincenzo Barone, *Relatività: princìpi e applicazioni*
Franco Bassani e Umberto M. Grassano, *Fisica dello stato solido*
Michiel Bertsch, *Istituzioni di matematica*
Scipione Bobbio e Emilio Gatti, *Elettromagnetismo Ottica*
Max Born, *Fisica atomica*
Francesco Bottacin e Giuseppe Zampieri, *Analisi 2*
Stefano Campi, Massimo Picardello e Giorgio Talenti, *Analisi matematica e calcolatori*
Vito Cappellini, *Elaborazione numerica delle immagini*
Francesco Carassa, *Comunicazioni elettriche*
Sergio Carrà, *Termodinamica: aspetti recenti e applicazioni alla chimica e all'ingegneria*
Ciro Ciliberto, *Algebra lineare*
Claudio Citrini, *Analisi matematica 1*
Claudio Citrini, *Analisi matematica 2*
Chiara de Fabritiis e Carlo Petronio, *Esercizi svolti e complementi di Topologia e Geometria*
P. A. M. Dirac, *I princìpi della meccanica quantistica*
Albert Einstein, *Il significato della relatività*
Antonio Fasano e Stefano Marmi, *Meccanica analitica con elementi di meccanica statistica e dei continui*
Enrico Fermi, *Termodinamica*
Giorgio Franceschetti, *Campi elettromagnetici*
Giovanni Gallavotti, *Meccanica elementare*
Graziano Gentili, Fabio Podestà e Edoardo Vesentini, *Lezioni di geometria differenziale*
Enrico Giusti, *Analisi matematica 1*
Enrico Giusti, *Analisi matematica 2*
Enrico Giusti, *Elementi di Analisi matematica*
Enrico Giusti, *Esercizi e complementi di analisi matematica*: vol. 1
Enrico Giusti, *Esercizi e complementi di analisi matematica*: vol. 2
Angelo Guerraggio, *Matematica generale*
Hermann Haken e Hans C. Wolf, *Fisica atomica e quantistica*
Werner Heisenberg, *I princìpi fisici della teoria dei quanti*
David A. Hodges e Horace G. Jackson, *Analisi e progetto di circuiti integrati digitali*
Charles Kittel, *Introduzione alla fisica dello stato solido*
Charles Kittel e Herbert Kroemer, *Termodinamica statistica*
Serge Lang, *Algebra lineare*
P. F. Manfredi, Piero Maranesi e Tiziana Tacchi, *L'amplificatore operazionale*
Jacob Millman, *Circuiti e sistemi microelettronici*
Jacob Millman e C.C. Halkias, *Microelettronica*
R. S. Muller e T.I. Kamins, *Dispositivi elettronici nei circuiti integrati*
Giuseppe Mussardo, *Il modello di Ising: introduzione alla teoria dei campi e delle transizioni di fase*
Luciano Pandolfi, *Analisi matematica 1*
Athanasios Papoulis, *Probabilità, variabili aleatorie e processi stocastici*
Wolfgang Pauli, *Teoria della relatività*
B. Povh, K. Rith, C. Scholz e F. Zetsche, *Particelle e nuclei: un'introduzione ai concetti fisici*
Ilya Prigogine e Dilip Kondepudi, *Termodinamica: dalle macchine termiche alle strutture dissipative*
Giovanni Prodi, *Analisi matematica*
Antonio Ruberti e Alberto Isidori, *Teoria dei sistemi*
Walter Rudin, *Analisi reale e complessa*
H. H. Schaefer, *Introduzione alla teoria spettrale*
Edoardo Sernesi, *Geometria 1*
Edoardo Sernesi, *Geometria 2*
I. M. Singer e J. A. Thorpe, *Lezioni di topologia elementare e di geometria*
Giovanni Soncini, *Tecnologie microelettroniche*
Guido Tartara, *Teoria dei sistemi di comunicazione*
Alberto Tesei, *Istituzioni di analisi superiore*
Mario Vietri, *Astrofisica delle Alte Energie*

ENRICO GIUSTI

ESERCIZI E COMPLEMENTI DI ANALISI MATEMATICA

VOLUME PRIMO

BOLLATI BORINGHIERI

Prima edizione 1991
Ristampa marzo 2009

Stampato in Italia dalla Litografia EST di Settimo Torinese (To)
ISBN 978-88-339-5473-8

www.bollatiboringhieri.it

Indice

Prefazione

Questo libro, e quello che seguirà col numero 2, ha lo stesso destinatario dei miei volumi "Analisi matematica 1" e "Analisi matematica 2" pubblicati in questa stessa collana: gli studenti di matematica, fisica, informatica, ingegneria, e in generale tutti coloro che hanno bisogno di una rigorosa preparazione di base in Analisi matematica.

Benché strettamente collegato con il corrispondente testo "Analisi matematica 1" (che nel seguito chiameremo più brevemente Lezioni*), di cui costituisce un complemento, esso può nondimeno essere utilizzato, indipendentemente da quello, da tutti gli studenti che desiderano avere una collezione di problemi di Analisi sui quali esercitarsi e saggiare la propria preparazione.*

Per questo, nei vari capitoli, che corrispondono grosso modo a quelli delle Lezioni, *sono riportati in primo luogo le definizioni e i teoremi principali, pur omettendo ovviamente le dimostrazioni, per le quali il rinvio alle* Lezioni *è d'obbligo, ma che potranno essere trovate anche nella maggior parte dei testi di Analisi matematica. In alcuni casi, i teoremi dimostrati nelle* Lezioni *vengono generalizzati ed estesi; più di rado si introduce qualche nuovo concetto e si dimostra qualche risultato che, pur non essendo privo di interesse, non poteva trovar posto nelle* Lezioni *per non appesantire troppo la materia, già abbastanza vasta.*

Il nucleo principale del volume è comunque costituito da esercizi. Alcuni di essi vengono risolti per intero, e potranno servire di guida per lo svolgimento di quelli proposti, le cui soluzioni (o meglio le risposte) si potranno trovare alla fine del volume. Benché si sia fatta una certa attenzione, in alcuni casi, che mi auguro non troppo numerosi, queste potranno risultare sbagliate. Me ne scuso fin d'ora con i lettori.

Generalmente, gli esercizi non richiedono altre conoscenze che quelle richiamate via via e trattate nei testi di Analisi, in particolare nelle Lezioni*; è utile, naturalmente, una certa inventiva. È comunque buona norma, quando non si* *riesce a risolvere un esercizio, non saltare subito alle risposte, ma provare a ritornarci su di tanto in tanto, per vedere se le nuove conoscenze acquisite e le nuove tecniche assimilate non possano essere di aiuto nella sua soluzione.*

Gli esercizi sono numerati separatamente per capitolo; quelli più difficili sono contrassegnati con un asterisco.

ENRICO GIUSTI

Esercizi e complementi
di analisi matematica

Introduzione

Come si legge un libro di matematica

Una delle principali difficoltà nell'affrontare la preparazione di un esame di matematica (ma quello che si dice vale in gran parte anche per le altre materie scientifiche) è costituita dallo stabilire un rapporto corretto con il testo che si deve studiare. Lo studente in genere ha ascoltato le lezioni, nelle quali ha capito alcune cose, mentre altre, che gli sono sfuggite, si ripromette di vederle più tardi sul libro in modo da chiarirne i punti oscuri; come pure sul testo dovrà lavorare per fissare le parti che a lezione gli erano chiare. In ambedue i casi, il libro di testo è uno strumento indispensabile per l'apprendimento dei contenuti del corso, e non di rado la buona riuscita di un esame dipende più dal modo in cui si è affrontato lo studio che dal tempo passato sul libro.

Ora, una delle caratteristiche dei testi di matematica è di essere ellittici; sono libri densi, nei quali cioè ben poco spazio è riservato ai commenti e alle divagazioni, che semmai trovano posto a lezione; libri in cui quasi ogni parola è essenziale e richiede di essere ricordata. Né d'altra parte potrebbero essere molto diversi, a meno di non pensare a volumi di parecchie centinaia di pagine.

È dunque forte la tentazione di affrontarne lo studio a colpi di memoria bruta; di considerare cioè il libro, e in particolare alcune sue parti quali ad esempio le dimostrazioni dei teoremi, come un testo immutabile e fissato una volta per tutte, che si può solo sapere, vale a dire essere in grado di recitare senza interruzioni, o non sapere, e dunque aver bisogno di ulteriore lavoro.

In realtà le cose non stanno così, o meglio non stanno esattamente così. Se infatti è innegabile che la memoria svolge un ruolo importante nella preparazione (e questo vale per qualsiasi cosa si stia leggendo, da un romanzo all'annuncio pubblicitario), è anche vero che l'apprendimento mnemonico è troppo e troppo poco. Troppo, perché ad affrontare un testo per pura memoria sfugge un dato importante che invece è bene tener sempre presente, e cioè che la maggior parte delle dimostrazioni è una semplice variazione su un numero molto limitato di metodi fondamentali. Troppo poco, perché pur essendo ellittico, un testo di matematica non è completo, e in genere, specie quando si è abbastanza progrediti nel corso, molti passaggi facili (o almeno giudicati tali da chi scrive) sono solo accennati o addirittura taciuti.

Una lettura proficua di un libro di matematica dovrebbe in primo luogo avere di mira questi due obbiettivi: da una parte individuare nella molteplicità delle dimostrazioni il gioco di alcune tecniche che si ripetono costantemente; e dall'altra completare le dimostrazioni esplicitando tutti gli anelli mancanti o solo accennati. Il primo di questi aspetti è più complesso e può essere visto solo a posteriori, quando cioè si sia completata la lettura; il secondo invece non richiede grandi conoscenze e può essere intrapreso fin dall'inizio. Ambedue mirano non tanto a sostituire e a rendere inutile il lavoro mnemomico, che resta sempre una parte importante, quanto piuttosto a sopperire alle lacune di memoria aiutando a ricostruire passaggi eventualmente dimenticati, e a garantire che la mancanza di alcuni dettagli non causi la perdita irreparabile dell'intera struttura.

Per non restare nel vago, vediamo su un esempio come si può operare in una prima lettura del testo. La scelta del secondo paragrafo ("Il valore assoluto") del primo capitolo delle *Lezioni* è dovuta unicamente al fatto che il primo paragrafo non contiene altro che la descrizione del sistema dei numeri reali, un argomento in parte già noto e in parte da imparare a memoria. (Riporteremo in corsivo il testo, e in tondo i "commenti di lettura".)

Sia $a \in \mathbb{R}$. Si definisce valore assoluto (o modulo) di a il massimo tra i due numeri a e $-a$:

$$|a| = \max\{a, -a\} = \begin{cases} a & \text{se} \quad a \geq 0 \\ -a & \text{se} \quad a < 0. \end{cases}$$

In effetti, se $a \geq 0$, il massimo tra a e $-a$ è a, che è positivo, mentre $-a$ è negativo. Se invece $a < 0$, a è negativo e $-a$ è positivo. Allora il massimo tra a e $-a$ è a se $a \geq 0$, e $-a$ se $a < 0$. Vediamo qualche esempio. $|3|$ è 3, perché $3 \geq 0$. $|-1|$ è uguale a $-(-1)$ cioè a 1, perché $-1 < 0$. Quanto fa $|-a|$? Farà $-a$ se $-a \geq 0$, cioè se $a \leq 0$, e a se $-a < 0$, cioè se $a > 0$. Proprio come $|a|$, tranne che c'è > 0 invece di ≥ 0, e ≤ 0 invece di < 0. Ma con questo non cambia nulla, perché quando a è zero anche $-a$ è zero, e allora l'uguale può stare sia sopra che sotto. Quanto fa $|1 - x^2|$?

Si deduce immediatamente dalla definizione che $|a| \geq 0$,

Come? Se $a \geq 0$, $|a| = a$ è ≥ 0, mentre se $a < 0$, $|a| = -a > 0$.

e che $|a| = 0$ se e solo se $a = 0$.

Se $a = 0$, $|a| = a = 0$. Viceversa, se $|a| = 0$, a non può essere negativo, perché altrimenti $|a| = -a > 0$. Ma allora $a = |a| = 0$.

Si ha inoltre $|-a| = |a|$ (questo si era già visto), *e* $a \leq |a|$*;* $-a \leq |a|$ (per forza, $|a|$ è il massimo tra a e $-a$). *Siano ora* a *e* b *due numeri reali. Dalla proprietà (AB) e dalla relazione* $b \leq |b|$ *segue che*

$$a + b \leq a + |b| \leq |a| + |b|.$$

La prima disuguaglianza è proprio la (AB), perché nella diseguaglianza $b \leq |b|$ si somma a a destra e a sinistra. La seconda è identica; basta aggiungere $|b|$ ai due membri di $a \leq |a|$. Si doveva però dire a rigore: "dalle relazioni $a \leq |a|$ e $b \leq |b|$", e non: "*dalla relazione* $b \leq |b|$"; meglio ancora: "dalla relazione $b \leq |b|$, che vale per ogni numero reale b".

Ricordando che $|a + b| = \max\{(a + b),\ -(a + b)\}$, *si deduce dalle precedenti relazioni la disuguaglianza triangolare* $|a + b| \leq |a| + |b|$. [2.1]

Certo, infatti sia $a+b$ che $-(a+b)$, e dunque anche il maggiore tra essi, è minore o uguale a $|a| + |b|$.

Se ora in quest'ultima relazione poniamo $a + b = -c$ *(e dunque* $b = -c - a$*), e ricordiamo che* $|-a| = |a|$*, otteniamo* $|c| \leq |a| + |a + c|$*,*

Vediamo. Se poniamo $a+b = -c$, abbiamo $|c| = |-c| \leq |a|+|-(a+c)| = |a|+|a+c|$.

e dunque $|a + c| \geq |c| - |a|$. [2.2] *Viceversa, da quest'ultima relazione si può risalire alla* [2.1] *sostituendo a* c *il suo valore* $-a - b$*;*

Infatti si ottiene $|-b| \geq |-(a + b)| - |a|$, cioè $|b| \geq |a + b| - |a|$.

cosicché le [2.1] *e* [2.2] *sono due relazioni equivalenti. Naturalmente possiamo scambiare tra loro* a *e* c *nella* [2.2], *e ottenere la relazione equivalente* $|a + c| \geq$ $\geq |a| - |c|$*,*

Scambiare tra loro vuol dire chiamare a quello che prima era c e viceversa.

Questo si può fare perché la [2.2] vale per ogni a e c.

da cui, confrontando con la [2.2], *si ottiene* $|a + c| \geq ||a| - |c||$. [2.3]

Infatti $|a+c|$ è maggiore di $|a| - |c|$ e di $|c| - |a| = -(|a| - |c|)$, dunque anche del maggiore tra essi, cioè di $||a| - |c||$.

Siano ora $x, y \in \mathbb{R}$. *Si definisce distanza tra* x *e* y *il numero reale* $d(x, y) =$ $= |x - y|$. [2.4] *Si verificano facilmente le seguenti proprietà:*

(d_1) $d(x, y) \geq 0$*;* $d(x, y) = 0$ *se e solo se* $x = y$.

(d_2) $d(x, y) = d(y, x)$.

(d_3) *Per ogni* $z \in \mathbb{R}$, $d(x, y) \leq d(x, z) + d(z, y)$ *(disuguaglianza triangolare).*

Verifichiamo:

(d_1) $d(x, y) \geq 0$; $d(x, y) = 0 \Leftrightarrow x = y$. Questo perché $|x - y|$ è sempre positivo, e si annulla solo se $x - y = 0$, cioè se e solo se $x = y$.

(d_2) $d(x, y) = |x - y|$; $d(y, x) = |y - x| = |-(x - y)| = |x - y|$.

(d_3) Bisogna dimostrare che $|x - y| \leq |x - z| + |z - y|$. Questa disuguaglianza è simile alla [2.1], che si chiamava anch'essa disuguaglianza triangolare e che diceva $|a + b| \leq |a| + |b|$. Qui dovrebbe essere $a = x - z$ e $b = z - y$. Ma allora $a + b = (x - z) + (z - y) = x - y$. Bene, è proprio ciò che si cercava. Infatti $|a+b| = |x - y| \leq |a| + |b| = |x - z| + |z - y|$, che è quello che si voleva dimostrare.

Se $x_0 \in \mathbb{R}$ e $r > 0$, chiameremo intorno sferico di centro x_0 e di raggio r l'insieme di tutti i numeri reali che distano da x_0 meno di r; in simboli: $I(x_0, r) = \{x \in \mathbb{R} : d(x, x_0) < r\} = \{x \in \mathbb{R} : |x - x_0| < r\}$.

Facciamo qualche esempio. $I(2, 1) = \{x \in \mathbb{R} : |x-2| < 1\}$. Vediamo di trovare per quali x risulta $|x-2| < 1$. Se $x < 2$, si ha $|x-2| = 2-x$, e dunque dovremo porre $2 - x < 1$, che è verificata per $x > 1$. Se invece $x \geq 2$, risulta $|x - 2| = x - 2$, e dunque si avrà $x-2 < 1$, cioè $x < 3$. In conclusione, la disuguaglianza $|x-2| < 1$ sarà verificata per gli $x < 2$ e > 1, e per quelli ≥ 2 e < 3, in breve per gli x compresi tra 1 e 3. In definitiva, $I(2, 1) = \{x \in \mathbb{R} : 1 < x < 3\}$. Allo stesso modo si vede che $I(1, 3) = \{x \in \mathbb{R} : |x - 1| < 3\} = \{x \in \mathbb{R} : -2 < x < 4\}$. Più in generale, $I(x_0, r) = \{x \in \mathbb{R} : x_0 - r < x < x_0 + r\}$.

Con questo termina il paragrafo esaminato, ma non la nostra introduzione alla lettura di un testo matematico. Infatti in questo paragrafo manca il punto centrale del discorso matematico: la dimostrazione di un teorema.

Un teorema è costituito da una o più assunzioni (le ipotesi) e da una conclusione (la tesi). La sua dimostrazione consiste in una serie di argomentazioni che conducono a provare come la tesi sia una conseguenza delle ipotesi, nonché di altre proprietà già note, vuoi perché sono parte delle definizioni degli oggetti in gioco, vuoi perché sono state dimostrate in precedenza. La lettura di una dimostrazione mira a individuare i vari elementi che vi intervengono: le ipotesi, le definizioni, i risultati precedenti. Ogni frase della dimostrazione rinvia in genere a uno o più di questi elementi; talvolta i rimandi sono espliciti (per il Teorema 5.2. ..., dalla Definizione 1.4. ...), in alcuni casi vengono sottaciuti, ed è compito di chi legge renderli palesi, in modo da porre in luce la trama completa dell'argomentazione.

Da questo punto di vista, la lettura di un teorema non differisce molto da quella di un qualsiasi testo matematico. La domanda che ci si pone davanti ad ogni affermazione del tipo: da $\mathcal{P}$ segue $\mathcal{Q}$, è sempre la stessa: perché? Ma a differenza di passi quale il paragrafo che abbiamo appena commentato, e proprio a causa della sua struttura compiuta, un teorema (o lemma, o proposizione, ...) richiede anche un altro tipo di indagine, in particolare riguardo al ruolo delle ipotesi nell'economia della dimostrazione. Qui le domande a cui bisogna rispondere si situano a livelli successivi di elaborazione, e non sono sempre le stesse per tutti i teoremi. Vediamo le più semplici.

In primo luogo: dove entrano le ipotesi nella dimostrazione? A questa domanda si sarà già risposto tramite l'analisi precedente, che avrà permesso di individuare ed esplicitare tutti i passaggi della dimostrazione.

Viene ora la seconda questione: le ipotesi sono tutte necessarie? Essa permette una risposta di due tipi. Il primo, formale, consiste nel ripetere il passo precedente, facendo vedere che per ognuna delle assunzioni c'è un passaggio della dimostrazione che non potrebbe essere compiuto senza di essa. Naturalmente, questa risposta non prova altro se non che la particolare dimostrazione non potrebbe funzionare senza l'ipotesi $\mathcal{K}$ in questione, ma non dimostra che in assenza di questa il teorema diventerebbe falso. Non si dimentichi che in generale un teorema può essere provato in più modi, cosicché l'ipotesi $\mathcal{K}$, se è essenziale nella dimostrazione riportata nel libro, può divenire superflua in un'altra dimostrazione, magari più complessa della prima; in altre parole, è possibile che $\mathcal{K}$ sia un'ipotesi di comodo, fatta allo scopo di semplificare una dimostrazione altrimenti molto complessa.[1] Entra allora in gioco il secondo tipo di risposta, più sostanziale del precedente: far vedere che togliendo l'ipotesi $\mathcal{K}$ il teorema non è più vero, individuando una situazione nella quale tutte le ipotesi (ad eccezione di $\mathcal{K}$) siano verificate senza che la tesi sussista. Si tratta, come si dice, di trovare un controesempio. Perlopiù questo esempio si presenta immediatamente, e non ci insegna praticamente nulla; talvolta però esso è più riposto, e dunque contribuisce a chiarire il significato del teorema in esame.

Illustriamo quanto detto con un esempio, questa volta preso un po' più avanti nel testo. Va da sé che il lettore è invitato a leggere, o quanto meno a rileggere, la parte che segue quando avrà studiato il teorema in questione, cioè il *Teorema di Weierstrass* sui massimi e minimi di una funzione continua (vedi *Lezioni*, cap. 3, Teorema 10.4). Esso dice:

Una funzione continua f in un insieme compatto ha massimo e minimo.

Le ipotesi sono dunque due: che la funzione f sia continua in un insieme $Q \subset R$, e che Q sia compatto. Quest'ultima poi si divide in due, dato che in $\mathbb{R}$ sono compatti tutti e soli gli insiemi chiusi e limitati.

Dove entrano queste ipotesi? Esaminando la dimostrazione si vede che la compattezza di Q si usa quando dalla successione x_n si estrae una sottosuccessione x_n^* che converge a un punto $x_0 \in Q$; la continuità della funzione f, quando si conclude che

$$\lim_{n\to\infty} y_n^* \equiv \lim_{n\to\infty} f(x_n^*) = f(x_0).$$

In ambedue i casi le ipotesi sono essenziali per condurre a termine la dimostrazione. Sono però veramente essenziali per la validità del teorema?

Cominciamo dalla compattezza. Ci domandiamo: il teorema sussiste ugualmente se supponiamo soltanto che Q sia chiuso, ma non limitato? o che sia limitato, ma

[1] In genere, quando si fa un'ipotesi di comodo, è buona norma segnalarlo. Non è detto però che le buone norme vengano sempre seguite, neanche da chi scrive. Un'altra possibilità, più rara in un testo elementare, è che l'autore non si sia accorto di aver aggiunto un'ipotesi superflua, o non abbia saputo condurre a termine la dimostrazione senza di essa.

non chiuso? Qui il controesempio è presto trovato: la funzione x non ha massimo né minimo in $\mathbb{R}$ (un insieme chiuso ma non limitato), mentre la funzione tg x non ha né massimo né minimo nell'intervallo aperto e limitato $(-\pi/2,\ \pi/2)$. In ambedue i casi l'estremo inferiore della funzione è $-\infty$, e quello superiore è $+\infty$. Ma allora ci possiamo chiedere: e se aggiungessimo l'ipotesi che la funzione $f(x)$ è limitata? Neanche così va bene: la funzione arctg x è continua e limitata in $\mathbb{R}$, e la funzione... (il lettore completi) è continua e limitata in $(-1, 1)$, ma esse non hanno né massimo né minimo.

Veniamo ora alla continuità: si può trovare una funzione $f(x)$ definita in un insieme Q compatto (ma non continua) e che non abbia né massimo né minimo? Anche qui l'esempio si trova subito: basta prendere una funzione $f(x)$ definita in un intervallo compatto $[a, b]$ e con un unico punto di massimo e uno di minimo, ambedue interni ad $[a, b]$, e cambiarne il valore in questi punti. Un esempio potrà essere allora la funzione sin x, che ha massimo in $\pi/2$ e minimo in $3\pi/2$, ambedue interni a $[0, 2\pi]$. La funzione $f(x)$ definita in $[0, 2\pi]$ e che vale sin x se $x \neq \pi/2$ e $x \neq 3\pi/2$ e vale 0 in questi due punti, non ha né massimo né minimo.

Con ciò abbiamo terminato l'analisi del teorema di Weierstrass. Ci si potrebbe però spingere più oltre, come abbiamo in parte fatto durante la discussione della compattezza, verso un terzo livello di elaborazione. Potremmo chiederci: si possono indebolire le ipotesi, magari ottenendo una tesi anch'essa più debole, ma ancora significativa?

Cerchiamo di rosicchiare qualcosa alla continuità: supponiamo di voler dimostrare solamente che la funzione $f(x)$ ha minimo in Q; possiamo fare a meno della continuità di $f(x)$, sostituendola con qualche ipotesi più generale?

La risposta viene in questo caso dall'analisi della dimostrazione. Qui avevamo preso una *successione minimizzante* x_n (tale cioè che $f(x_n) \to \inf_Q f(x)$) e ne avevamo estratto (grazie alla compattezza di Q) una successione $x_n^* \to x_0 \in Q$. Vogliamo dimostrare che $f(x_0) = \inf_Q f(x)$. È qui che entra la continuità della funzione $f(x)$: questa implica infatti che $f(x_n^*) \to f(x_0)$, e dato che per costruzione $f(x_n^*) \to \inf_Q f(x)$ si può concludere che $f(x_0) = \inf_Q f(x)$, e dunque che x_0 è un punto di minimo.

Ma, a pensarci bene, per dimostrare che $f(x_0) = \inf_Q f(x)$ è sufficiente far vedere che $f(x_0) \leq \inf_Q f(x)$, dato che il segno $<$ è impossibile. Ma allora non sarà necessario supporre che $f(x_n^*) \to f(x_0)$ (ovvero la continuità della funzione f), ma basterà che sia $f(x_0) \leq \lim_{n\to\infty} f(x_n^*)$, o meglio, poiché non sappiamo se questo limite esiste (avendo abbandonato l'ipotesi che la funzione $f(x)$ sia continua), che risulti

$$f(x_0) \leq \min \lim_{n\to\infty} f(x_n).$$

Ciò conduce alla definizione di semicontinuità inferiore (o superiore, se si cerca il massimo) e alla generalizzazione del teorema di Weierstrass a cui abbiamo accennato negli esercizi 10.1 e 10.2 del capitolo 3 delle *Lezioni*.

Lo stesso esame ci dice come si può evitare l'ipotesi di compattezza, sostituendola con opportune ipotesi sul comportamento della funzione $f(x)$ in vicinanza della frontiera di Q.

Limitiamoci per semplicità al caso in cui Q è un intervallo $[a, b)$, con b finito o $+\infty$. Come abbiamo visto, la compattezza di Q serviva per garantire che da una successione minimizzante x_n era possibile estrarre una sottosuccessione convergente a un punto $x_0 \in Q$. Nel nostro caso, potrebbe accadere che $x_n \to b$, e allora, poiché $b \notin Q$, la dimostrazione crolla.[2] Dobbiamo dunque escludere questa possibilità, introducendo un'ipotesi sul comportamento della funzione $f(x)$ in un intorno di b. Un'ipotesi sicuramente sufficiente è che risulti

$$\lim_{x \to b} f(x) = +\infty,$$

dato che in questo caso una successione *minimizzante* x_n non può tendere a b. Più in generale, sarà sufficiente supporre che

$$\inf_Q f(x) < \min \lim_{x \to b} f(x).$$

Con questo terzo livello di elaborazione, con il quale siamo già vicini alle soglie della ricerca matematica, terminiamo questa introduzione. Nell'esposizione siamo stati volutamente prolissi, sia per mostrare le particolari tecniche che differenziano la lettura di un testo matematico da quella di un'opera letteraria, sia per mettere in evidenza come anche in un paragrafo iniziale, nel quale dunque non si dà nulla per scontato, molti passaggi vengano solo accennati, lasciando al lettore il compito di completarli. Naturalmente un lettore esperto può tralasciare le cose più semplici, concentrandosi sui passaggi più delicati. Non bisogna però mai dimenticare che ciò che sembra evidente quando si ha un'esperienza abbastanza ampia può non esserlo affatto all'inizio, e che l'esperienza si acquista anche esercitandosi su cose che più tardi sembreranno banali.

Anzi, si può dire che lo scopo di un testo matematico è proprio quello di diventare ovvio.

[2] In effetti, questo è quanto accade in generale: ad esempio la funzione $1/x$ non ha minimo in $[1, +\infty)$, e tutte le successioni minimizzanti x_n tendono a $+\infty$.

Capitolo 1
Elementi di logica e di teoria degli insiemi

Come tutte le teorie matematiche, anche l'analisi si fonda su metodi rigorosi di dimostrazione (e dunque in ultima analisi sulla logica matematica) e attinge alcuni metodi e parte del suo linguaggio dalla teoria degli insiemi. Per non appesantire il discorso, nelle *Lezioni* abbiamo evitato qualsiasi riferimento alla logica formale, sia perché essa viene normalmente trattata in altri corsi, sia perché tutto sommato le necessità dell'analisi non vanno al di là di nozioni elementari di logica, o se si vuole di buon senso, che, come si sa, è la cosa meglio distribuita del mondo. Per quanto riguarda la teoria degli insiemi, abbiamo qua e là fatto uso di alcune nozioni e di semplici risultati, senza preoccuparci di giustificarli né di darne delle dimostrazioni.

Né ciò è possibile in questa sede, dato che non solo la teoria formale, ma anche quella che si chiama la teoria "ingenua" degli insiemi richiederebbe, per essere trattata con un minimo di completezza, uno spazio ben maggiore di quello che è possibile riservarle in un volume di analisi matematica. Del resto, anche la teoria degli insiemi fa di solito parte del programma di altri corsi, ai quali saremmo costretti a sovrapporci. Quello che invece ci proponiamo, è di raccogliere e uniformare alcuni concetti principali delle due teorie, in modo da avere una specie di sunto di ciò di cui avremo bisogno per gli scopi dell'analisi. Così facendo, avremo anche l'opportunità di toccare uno o due punti un po' delicati, che talvolta sono causa di incomprensione e occasione di errore.

1 Nozioni elementari di logica

Benché gran parte del materiale della matematica sia costituito da proposizioni, dire che cosa sia una proposizione è cosa piuttosto delicata, per la quale rimandiamo volentieri ai testi di logica. Molto spesso si dice che una proposizione è una frase per la quale ha senso chiedersi se sia vera o falsa. In effetti una proposizione in matematica è usualmente o vera o falsa, ma questo ovviamente è troppo vago per costituire una definizione; semmai si può prendere come un avvertimento: se di una frase, espressa in linguaggio comune, non ha senso chiedersi se sia vera o falsa, essa non sarà una proposizione, ma qualcos'altro (ad esempio: "che ora è?").

In ogni caso, più che la definizione, ci interesserà il modo in cui le proposizioni si legano tra loro per formare nuove proposizioni. Ciò avviene per mezzo di operatori che si chiamano *connettivi logici* e si possono ridurre ai tre che seguono:

(1) *Negazione*, che si indica col segno $\neg$ (non)

(2) *Congiunzione*, che si indica con $\wedge$ (e)

(3) *Disgiunzione*, che si indica con $\vee$ (o).

Il significato intuitivo dei tre connettivi è immediato. Ad esempio, se $\mathcal{P}$ è la proposizione "piove" e $\mathcal{Q}$ indica "è giovedì", $\neg\mathcal{P}$ vuol dire "non piove", $\mathcal{P} \wedge \mathcal{Q}$ sta per "piove ed è giovedì" e $\mathcal{P} \vee \mathcal{Q}$ significa "piove o è giovedì". Da notare che il connettivo $\vee$ indica la disgiunzione debole (che corrisponde al latino *vel*); $\mathcal{P} \vee \mathcal{Q}$ è vera se *almeno* una delle due proposizioni $\mathcal{P}$ e $\mathcal{Q}$ è vera, e quindi anche se sono vere ambedue. Per fare un esempio, se $\mathcal{P}$ è "*6 è un numero pari*" e $\mathcal{Q}$ sta per "*6 è divisibile per 3*", ambedue vere, sarà vera anche $\mathcal{P} \vee \mathcal{Q}$ = "*6 è pari o è divisibile per 3*".

Naturalmente sono consentite combinazioni di connettivi, come ad esempio $\neg\mathcal{P} \vee \mathcal{Q}$ (da non confondere con $\neg(\mathcal{P} \vee \mathcal{Q})$, che indica tutt'altra cosa). È interessante stabilire per questi connettivi delle *tabelle di verità*, che ci dicano se la proposizione costruita è vera o falsa a seconda della verità o falsità delle componenti. Peraltro, dato che ci interessa solo il modo in cui i valori di verità delle singole componenti vengono trasformati dai connettivi, queste tabelle si possono considerare delle vere e proprie definizioni dei connettivi stessi.

(1) *Negazione*:

$\mathcal{P}$	$\neg\mathcal{P}$
V	*F*
F	*V*

(2) *Congiunzione*:

$\mathcal{P}\backslash\mathcal{Q}$	*V*	*F*
V	*V*	*F*
F	*F*	*F*

(3) *Disgiunzione*:

$\mathcal{P} \backslash \mathcal{Q}$	V	F
V	V	V
F	V	F

In base a queste tavole si possono dimostrare facilmente le seguenti relazioni:

(1) $\neg\neg\mathcal{P} = \mathcal{P}$ (*doppia negazione*)
(2) $\neg(\mathcal{P} \wedge \mathcal{Q}) = \neg\mathcal{P} \vee \neg\mathcal{Q}$
(3) $\neg(\mathcal{P} \vee \mathcal{Q}) = \neg\mathcal{P} \wedge \neg\mathcal{Q}$ (*leggi di De Morgan*)
(4) $\mathcal{P} \wedge (\mathcal{Q} \vee \mathcal{R}) = (\mathcal{P} \wedge \mathcal{Q}) \vee (\mathcal{P} \wedge \mathcal{R})$
(5) $\mathcal{P} \vee (\mathcal{Q} \wedge \mathcal{R}) = (\mathcal{P} \vee \mathcal{Q}) \wedge (\mathcal{P} \vee \mathcal{R}\}$ (*leggi distributive*),

oltre alle proprietà commutativa e associativa dei simboli $\wedge$ e $\vee$:

(6) $\mathcal{P} \wedge \mathcal{Q} = \mathcal{Q} \wedge \mathcal{P}$; $\mathcal{P} \vee \mathcal{Q} = \mathcal{Q} \vee \mathcal{P}$
(7) $\mathcal{P} \wedge (\mathcal{Q} \wedge \mathcal{R}) = (\mathcal{P} \wedge \mathcal{Q}) \wedge \mathcal{R}$
(8) $\mathcal{P} \vee (\mathcal{Q} \vee \mathcal{R}) = (\mathcal{P} \vee \mathcal{Q}) \vee \mathcal{R}$.

In matematica sono poi molto usati anche due altri connettivi: l'*implicazione* *($\mathcal{P}$ implica $\mathcal{Q}$: $\mathcal{P} \Rightarrow \mathcal{Q}$)* e la *doppia implicazione* o *equivalenza* *($\mathcal{P}$ se e solo se* $\mathcal{Q}$: $\mathcal{P} \Leftrightarrow \mathcal{Q}$). La prima è la forma di quasi tutti i teoremi, che infatti dicono che le ipotesi ($\mathcal{P}$) implicano la tesi ($\mathcal{Q}$), ovvero che da quelle segue questa. Spesso anziché $\mathcal{P}$ *implica* $\mathcal{Q}$ si dice che $\mathcal{P}$ *è condizione sufficiente per* $\mathcal{Q}$, ovvero che $\mathcal{Q}$ *è condizione necessaria per* $\mathcal{P}$. L'equivalenza esprime una condizione necessaria e sufficiente: la proposizione $\mathcal{Q}$ sussiste se e solo se è vera la $\mathcal{P}$. Definizioni più precise sono le seguenti:

$$\mathcal{P} \Rightarrow \mathcal{Q} = \neg\mathcal{P} \vee \mathcal{Q} \tag{1.1}$$

$$\mathcal{P} \Leftrightarrow \mathcal{Q} = (\mathcal{P} \Rightarrow \mathcal{Q}) \wedge (\mathcal{Q} \Rightarrow \mathcal{P}). \tag{1.2}$$

Varrà qui la pena di osservare che l'implicazione $\mathcal{P} \Rightarrow \mathcal{Q}$ è vera non solo quando $\mathcal{P}$ e $\mathcal{Q}$ sono ambedue vere, ma anche quando $\mathcal{P}$ è falsa, indipendentemente dal valore di verità di $\mathcal{Q}$. Ciò corrisponde al fatto ben noto che da ipotesi false si può dedurre qualsiasi proposizione, e si può vedere dalla tabella dei valori di verità:

(4) *Implicazione*:

$\mathcal{P} \Rightarrow \mathcal{Q}$	V	F
V	V	F
F	V	V

Notiamo anche l'uso duplice del segno =, che nelle relazioni (1-8) sta a significare che i termini a destra e quelli a sinistra del segno = sono definiti indipendentemente e risultano uguali (nel senso che hanno gli stessi valori di verità),[1] mentre nelle formule [1.1] e [1.2] indica una definizione: il simbolo nuovo $\mathcal{P} \Rightarrow \mathcal{Q}$ viene infatti definito come uguale a $\neg\mathcal{P} \vee \mathcal{Q}$. Talvolta per questa uguaglianza "definitoria", al fine di distinguerla dall'uguaglianza normale, si usa il simbolo =: o anche $\stackrel{\text{def}}{=}$. Perlopiù comunque è il contesto a chiarire senza possibilità di equivoco di cosa si tratti.

Si possono poi dimostrare le seguenti proposizioni, facendo vedere che esse sono sempre vere, quali che siano i valori di verità delle singole componenti:

(9) $\mathcal{P} \vee \neg\mathcal{P}$ (*terzo escluso*)
(10) $\neg(\mathcal{P} \wedge \neg\mathcal{P})$ (*principio di non contraddizione*)
(11) $\mathcal{P} \wedge (\mathcal{P} \Rightarrow \mathcal{Q}) \Rightarrow \mathcal{Q}$ (*modus ponens*)
(12) $\neg\mathcal{Q} \wedge (\mathcal{P} \Rightarrow \mathcal{Q}) \Rightarrow \neg\mathcal{P}$ (*modus tollens*)
(13) $(\mathcal{P} \Rightarrow \mathcal{Q}) \wedge (\mathcal{Q} \Rightarrow \mathcal{R}) \Rightarrow (\mathcal{P} \Rightarrow \mathcal{R})$ (*transitività*)
(14) $\mathcal{P} \Rightarrow \mathcal{P} \vee \mathcal{Q}$ (*passaggio all'alternativa*).

Infine, sono da menzionare in particolare alcune forme alternative dell'implicazione, che hanno un ruolo non secondario nelle dimostrazioni. In primo luogo osserviamo che si ha

$$\mathcal{P} \Rightarrow \mathcal{Q} = \neg\mathcal{P} \vee \mathcal{Q} = \neg\mathcal{P} \vee \neg\neg\mathcal{Q} = \neg(\neg\mathcal{Q}) \vee (\neg\mathcal{P}) = \neg\mathcal{Q} \Rightarrow \neg\mathcal{P}.$$

Questa uguaglianza, che si chiama *legge di contrapposizione* (e che si può anche verificare direttamente dalle tabelle di verità), è utile nelle dimostrazioni per assurdo: la dimostrazione di una proposizione $\mathcal{P} \Rightarrow \mathcal{Q}$ si può eseguire negando la tesi $\mathcal{Q}$ e facendo vedere che allora risulta falsa anche l'ipotesi $\mathcal{P}$.

In realtà, molto spesso le dimostrazioni per assurdo hanno un andamento un po' più complesso: si assume che l'ipotesi $\mathcal{P}$ sia vera e che la tesi $\mathcal{Q}$ sia falsa, e si fa vedere che ciò conduce a una contraddizione, e cioè a una proposizione del tipo $\mathcal{Z} \wedge \neg\mathcal{Z}$. In altre parole, si dimostra che $\mathcal{P} \wedge \neg\mathcal{Q} \Rightarrow \mathcal{Z} \wedge \neg\mathcal{Z}$. Ora, poiché $\mathcal{Z} \wedge \neg\mathcal{Z}$ è falsa, tale implicazione è vera se e solo se $\mathcal{P} \wedge \neg\mathcal{Q}$ è falsa, e dunque essa è equivalente a $\neg(\mathcal{P} \wedge \neg\mathcal{Q})$, cioè a $\mathcal{P} \Rightarrow \mathcal{Q}$, che era quello che si voleva dimostrare.

Esercizi

1. Dimostrare le relazioni (1-14).

2. Costruire la tabella dei valori di verità per la disgiunzione forte: $\mathcal{P}$ *aut* $\mathcal{Q}$ ($\mathcal{P}$ o $\mathcal{Q}$, ma non ambedue). Scrivere questo connettivo in termini di quelli fin qui introdotti.

[1] A ben vedere, questo è per l'appunto il significato della doppia implicazione; infatti, come si può vedere da una tabella di verità, $\mathcal{P} \Leftrightarrow \mathcal{Q}$ non significa altro se non che i valori di verità di $\mathcal{P}$ e $\mathcal{Q}$ sono gli stessi. A rigore quindi avremmo dovuto usare il simbolo $\Leftrightarrow$ nelle (1-8) al posto di =.

Dimostrare le seguenti proposizioni:

3. $(\mathcal{P} \vee \mathcal{Q}) \wedge \neg\mathcal{P} \Rightarrow \mathcal{Q}$ **4.** $\mathcal{P} \Rightarrow (\neg\mathcal{P} \Rightarrow \mathcal{P})$

5. $(\mathcal{P} \Rightarrow \mathcal{Q}) \vee (\mathcal{Q} \Rightarrow \mathcal{P})$ **6.** $(\mathcal{P} \Leftrightarrow \mathcal{Q}) \Leftrightarrow (\mathcal{P} \wedge \mathcal{Q}) \vee (\neg\mathcal{P} \wedge \neg\mathcal{Q})$.

2 I predicati

Quella che abbiamo brevemente descritto fin qui è la logica delle proposizioni, che è alla base delle dimostrazioni matematiche. Le sue regole possono sembrare evidenti, nondimeno la maggior parte degli errori nelle dimostrazioni deriva proprio dall'inosservanza o dalla cattiva applicazione di esse.

D'altra parte la logica delle proposizioni è troppo povera per essere sufficiente allo sviluppo di una teoria matematica complessa come l'analisi, e occorrerà ampliarla quanto meno alla *logica dei predicati del primo ordine*. Intuitivamente, un *predicato* è una frase che contiene una o più variabili, e che afferma una proprietà di queste.[2] Ad esempio, sono predicati le frasi

(*a*) "$x \geq 1$"
(*b*) "x è più alto di y"
(*c*) "$x^2 + 1 > 0$"
(*d*) "$y^2 = x$".

In generale sarà opportuno evitare di introdurre variabili generiche, che creano notevoli difficoltà tecniche. Per i nostri scopi basterà limitarsi al caso in cui il campo di variabilità è circoscritto a priori, come i numeri interi, i numeri reali, le funzioni continue ecc. In questo caso possiamo dare una definizione un po' più precisa: un predicato (su un insieme A) è un enunciato $\mathcal{P}(x)$ tale che $\mathcal{P}(a)$, ottenuta sostituendo alla variabile x un elemento a di A, è una proposizione. Per fissare le idee, supponiamo che le variabili denotino numeri reali; in questo caso la frase (*b*) è da scartare, perché non enuncia una proprietà dei numeri reali, mentre le altre sono dei predicati, sui quali è possibile operare con i connettivi $\neg$, $\vee$ e $\wedge$ per ottenere altri predicati più complessi.

Una cosa importante da notare subito è che un predicato non è una proposizione (tranne che nel caso in cui in esso non appare nessuna variabile), e dunque in generale un predicato non è né vero né falso, anche quando (come avviene ad esempio per $\mathcal{Q}(x)$ = "$x = x$") esso è vero per ogni particolare elemento a dell'insieme A. Per attribuirgli un valore di verità, è necessario in primo luogo trasformare il predicato in una proposizione. Ciò è possibile in vari modi. Il

[2] In genere si dice che un predicato a una variabile $\mathcal{P}(x)$ esprime una *proprietà* della variabile x; e che un predicato a due variabili $\mathcal{Q}(x, y)$ è una *relazione* tra le variabili x e y. Quando $\mathcal{Q}(x, y)$ è vera, si dirà che x e y verificano la relazione $\mathcal{Q}$.

primo, che abbiamo già menzionato, consiste nel sostituire alla variabile un valore particolare, ovvero un elemento dell'insieme A in cui il predicato è definito.[3] Ad esempio, dal predicato $\mathcal{P}(x)$ = "$x \geq 1$" otteniamo, sostituendo alla x il valore 2, la proposizione vera "$2 \geq 1$", e ponendo $x = -\pi$ la proposizione falsa "$-\pi \geq 1$". In questo senso si dice talvolta che il valore di verità di un predicato dipende dal valore che attribuiamo alla variabile x.

Un secondo modo per ottenere una proposizione da un predicato consiste nell'introduzione dei cosiddetti quantificatori: il quantificatore universale $\forall$ (*per ogni*) e il quantificatore esistenziale $\exists$ (*esiste*). Così, dal predicato $\mathcal{P}(x)$ otteniamo le due proposizioni seguenti:

(1) $\forall x,\ \mathcal{P}(x)$ (per ogni x, $\mathcal{P}(x)$),

che asserisce che la proposizione $\mathcal{P}(a)$ è vera quale che sia il valore a che noi assegniamo alla variabile x;

(2) $\exists x : \mathcal{P}(x)$ (esiste un x tale che $\mathcal{P}(x)$),

che afferma che per almeno un valore a di x la proposizione $\mathcal{P}(a)$ è vera.

Naturalmente i valori assunti dalla variabile x sono quelli dell'insieme A in cui il predicato in questione è definito.

Ad esempio, dal predicato "$x \geq 1$" si ottengono le proposizioni

(1) "Per ogni x risulta $x \geq 1$" (falsa)
(2) "Esiste un $x \geq 1$" (vera),

mentre dal predicato "$x^2 + 1 > 0$" si ottengono le due proposizioni vere

(1) "Per ogni x si ha $x^2 + 1 > 0$"
(2) "Esiste un x tale che $x^2 + 1 > 0$".

Naturalmente, in ambedue i casi gli x in questione sono numeri reali.

Osserviamo esplicitamente che, quando la variabile di un predicato sia stata "saturata" mediante un quantificatore, essa sparisce dalla struttura logica della frase, anche se nella maggior parte dei casi resta tipograficamente presente. Così si può dire che la proposizione $\exists y : \mathcal{Q}(y)$ non contiene la variabile y; essa è per l'appunto una proposizione e non un predicato, e dunque non è possibile sostituire alla y un valore. Ad esempio, se nella proposizione $\exists x : x \geq 1$ (esiste un $x \geq 1$) si sostituisce a x il valore 0, si ottiene la frase "esiste uno $0 \geq 1$", che non è una proposizione (e non deve essere confusa con la proposizione falsa "$0 \geq 1$"). Al contrario, il simbolo y (che, lo ripetiamo, non è più una variabile) può essere sostituito con un altro qualsiasi simbolo: ad esempio con x, o con z, o anche con

[3] Per semplicità, ci limitiamo al caso di predicati a una variabile. Nel caso generale, ogni variabile potrà avere il suo particolare campo di variabilità.

segni un po' stravaganti, come $\square$. Così, le proposizioni

$$\exists x : x \geq 1, \ \exists \square : \square \geq 1$$

sono assolutamente equivalenti. I segni x o $\square$ che vi compaiono si chiamano talvolta *variabili mute*, per indicare che ad esse non può essere più assegnato nessun valore particolare.

Più in generale, se $\mathcal{R}(x, y)$ è un predicato binario, le espressioni $\mathcal{P}(x) = \forall y, \mathcal{R}(x, y)$ e $\mathcal{Q}(x) = \exists y : \mathcal{R}(x, y)$ sono due predicati nella variabile x. Ad essi è ancora possibile applicare un quantificatore relativo alla x, e ottenere così una delle proposizioni seguenti:

(1) $\forall x, \forall y, \mathcal{R}(x, y)$	(1′) $\forall y, \forall x, \mathcal{R}(x, y)$
(2) $\exists x : \forall y, \mathcal{R}(x, y)$	(2′) $\forall y, \exists x : \mathcal{R}(x, y)$
(3) $\forall x, \exists y : \mathcal{R}(x, y)$	(3′) $\exists y : \forall x, \mathcal{R}(x, y)$
(4) $\exists x, \exists y : \mathcal{R}(x, y)$	(4′) $\exists y, \exists x : \mathcal{R}(x, y)$.

Nella seconda colonna abbiamo riportato le analoghe proposizioni ottenute invertendo l'ordine di saturazione delle due variabili x e y. Il lettore potrà convincersi facilmente che le proposizioni (1) e (1′) sono equivalenti, come pure le (4) e (4′).

Non così invece le altre. Infatti la (2′) asserisce che *per ogni* y *c'è un* x *per il quale* $\mathcal{R}(x, y)$ *è vera*, mentre la (2) dice che *esiste un* x *per il quale* $\mathcal{R}(x, y)$ *è vera per ogni* y. Nel primo caso il valore di x dipende da quello di y, mentre nel secondo una stessa x deve andar bene per tutte le y. Si vede dunque subito che quest'ultima richiesta è molto più stringente della prima, e dunque che (2) $\Rightarrow$ (2′), mentre il viceversa non è vero in generale. Ad esempio, se $\mathcal{R}(x, y)$ è il predicato "$x + 1 = y$", la (2) dice che *esiste un* x *tale che per ogni* y *risulta* $x + 1 = y$ (il che è evidentemente falso), mentre la (2′) afferma che *per ogni* y *c'è un* x *tale che* $x + 1 = y$, che è vero (basterà infatti prendere $x = y - 1$). Con un ragionamento analogo si può provare che (3′) $\Rightarrow$ (3).

Le proposizioni che contengono quantificatori intervengono molto spesso negli enunciati matematici; dato poi che sovente le dimostrazioni procedono per assurdo, si comprende come ci si possa trovare a dover negare una proposizione contenente uno o più quantificatori. Non sempre questa operazione risulta agevole, specie quando si ha a che fare con più di un quantificatore. Per evitare di fare errori, basterà attenersi ad alcune semplici regole.

Supponiamo ad esempio di voler negare la proposizione $\forall x, \mathcal{P}(x)$. È chiaro che negare che per ogni x si abbia $\mathcal{P}(x)$ equivale ad affermare che c'è almeno un x per cui $\mathcal{P}(x)$ è falsa, e dunque per cui è vera $\neg\mathcal{P}(x)$. Ne segue che

$$\neg(\forall x, \mathcal{P}(x)) = \exists x : \neg\mathcal{P}(x).$$

Analogamente,

$$\neg(\exists x : \mathcal{P}(x)) = \forall x, \ \neg\mathcal{P}(x).$$

In definitiva, quando una negazione incontra un quantificatore, essa lo scavalca cambiandone la natura: da universale diventa esistenziale, e viceversa. Se poi il predicato $\mathcal{P}(x)$ contiene anch'esso dei quantificatori, si continuerà come sopra, fino a ottenere una proposizione in cui l'eventuale segno di negazione segue tutti i quantificatori.

A titolo di esempio, proviamo a negare la proposizione (2) scritta sopra. Si ha

$$\neg(\exists x : \forall y, \mathcal{R}(x,y)) = \forall x, \neg(\forall y, \mathcal{R}(x,y)) = \forall x, \exists y : \neg\mathcal{R}(x,y)$$

e, se ad esempio poniamo $\mathcal{R}(x,y) = x > y$, possiamo concludere che negare che *esiste un x tale che per ogni y risulta $x > y$* è equivalente ad affermare che *per ogni x esiste un y tale che x non è maggiore di y*, ovvero, più brevemente, che *per ogni x esiste un $y \geq x$*.

Esercizi

Negare le proposizioni seguenti:

7. $\forall x, \exists y : \forall z, x + y = z$

8. $\exists x : (\forall y, x^2 > y) \vee (\exists z : x < z)$

9. $\forall x, x^2 > 2 \Rightarrow \exists y : \forall z, y^2 < x + z$.

3 Elementi di teoria degli insiemi

Come la logica, anche la teoria degli insiemi non può essere trattata che approssimativamente in un corso di analisi. Come si sa, anche quella che si chiama la teoria "ingenua" (cioè non completamente formalizzata) degli insiemi è una costruzione abbastanza delicata, nella quale si deve operare con molta accortezza al fine di evitare paradossi e circoli viziosi. Fortunatamente, lo svolgimento del corso non ha bisogno della teoria più generale, ma può limitarsi a considerare solo insiemi che siano parti dell'insieme dei numeri reali o che si costruiscano a partire da questo. In altre parole, potremo introdurre i nostri concetti a partire da un insieme dato, che chiameremo $\mathbb{R}$ perché nel seguito verrà identificato con l'insieme dei numeri reali: tutte le variabili che introdurremo saranno sempre, salvo avviso contrario, a valori reali, così come tutti gli insiemi che considereremo saranno parti, o sottoinsiemi, di $\mathbb{R}$.

Naturalmente non ci porremo qui il problema di definire il termine "insieme", per il quale ci limiteremo a ricorrere all'intuizione, o al più a dare dei sinonimi, come "aggregato", "collezione", "famiglia", "classe". Un insieme sarà dunque "una raccolta, classe, aggregato, totalità di oggetti determinati ben distinti della nostra intuizione o del nostro pensiero" (Cantor). Gli oggetti che compongono un insieme si chiamano anche "elementi"; per dire che un oggetto a è un elemento dell'insieme A (o che "a appartiene ad A"), si scrive

$$a \in A. \qquad [3.1]$$

Ad esempio, per dire che 2 è un numero reale, si scrive $2 \in \mathbb{R}$. La negazione della proposizione [3.1], cioè "a non appartiene ad A", si scrive $a \notin A$.

Dati due insiemi A e B (ambedue composti di elementi di $\mathbb{R}$), si dice che A è contenuto in B se ogni elemento di A è anche un elemento di B, ovvero se B contiene tutti gli elementi di A più, eventualmente, degli altri. Se A è contenuto in B, si dice anche che B contiene A, o che A è un *sottoinsieme* o una *parte* di B, e si scrive

$$A \subset B \quad \text{ovvero} \quad B \supset A.$$

Quando si verificano ambedue le relazioni $A \subset B$ e $B \subset A$ (in altre parole, A e B hanno gli stessi elementi), si dice che $A = B$.[4] In breve:

$$A \subset B \Leftrightarrow \forall x \in \mathbb{R}, x \in A \Rightarrow x \in B \qquad A = B \Leftrightarrow \forall x \in \mathbb{R}, x \in A \Leftrightarrow x \in B.$$

Esempio 3.1

Se $A = \{1, 3, 5\}$ e $B = \{1, 2, 3, 4, 5, 6\}$, si ha evidentemente $A \subset B$. Lo stesso avviene se A è l'insieme dei multipli di 4 e B è quello dei numeri pari. ■

L'esempio precedente mostra anche due modi diversi per definire un insieme. Il primo, che è possibile solo per gli insiemi finiti (cioè con un numero finito di elementi), consiste nell'elencare tutti gli elementi dell'insieme. Ad esempio, se $a \in \mathbb{R}$, si indica con $\{a\}$ l'insieme il cui unico elemento è a, con $\{a, b\}$ quello i cui elementi sono a e b, e così via. Naturalmente, bisogna far attenzione a non confondere l'elemento a con l'insieme $\{a\}$. Il secondo metodo definisce un insieme per mezzo di una proprietà caratteristica, di una proprietà cioè che è soddisfatta da tutti e soli gli elementi del'insieme. Questo secondo metodo è praticabile sia quando l'insieme in questione è finito che quando è infinito; anzi in questo secondo caso esso è l'unico possibile, dato che non si può certo elencare tutti gli elementi dell'insieme. Le forme miste che talvolta si trovano, e di cui spesso faremo uso, come ad esempio

$$E = \left\{1, \frac{1}{2}, \frac{1}{3}, \frac{1}{4} \text{ ecc.}\right\},$$

non sono che delle forme mascherate di definizione del secondo tipo, in cui l'*ecc.* sta a significare che i termini elencati dovrebbero essere sufficienti a individuare la proprietà caratteristica di E. Così, per l'insieme dell'esempio risulta che i suoi elementi sono gli inversi degli interi positivi:

$$E = \left\{x \in \mathbb{R} : \frac{1}{x} \in \mathbb{N}\right\},$$

dove con $\mathbb{N}$ si è indicato l'insieme dei numeri naturali (interi positivi).

[4] Questo significa che un insieme è determinato univocamente dai suoi elementi. Talvolta ci si riferisce a questo fatto come al *principio di estensionalità*.

In generale, se $\mathcal{P}(x)$ è un predicato definito in $\mathbb{R}$, si indica con

$$\{x \in \mathbb{R} : \mathcal{P}(x)\}$$

l'insieme i cui elementi sono tutti e soli i numeri reali x per i quali $\mathcal{P}(x)$ è vera.

Osservazione 3.1

L'espressione precedente permette di definire una parte di un insieme assegnato $\mathbb{R}$. Si potrebbe pensare di definire insiemi generici tramite espressioni del tipo $\{x : \mathcal{P}(x)\}$, senza specificare a priori quali valori possa assumere la variabile x. Ci si accorge subito però che così facendo si va incontro a seri inconvenienti. Ad esempio, ammettiamo che l'espressione $\{x : x \notin x\}$ rappresenti un insieme E (e precisamente l'insieme di tutti gli insiemi che non contengono sé stessi come elemento), e chiediamoci: E contiene o no sé stesso come elemento? o in altre parole: la proposizione $E \in E$ è vera o falsa? Si vede subito che nessuna delle due alternative è possibile. Infatti, se E appartiene a E, E deve verificare la condizione $x \notin x$ (infatti gli elementi di E sono tutti e soli gli insiemi che non contengono sé stessi come elemento), e dunque si deve avere $E \notin E$. Viceversa, se E non appartiene a E, allora E non potrà verificare la condizione $x \notin x$, e dunque si dovrà avere $E \in E$. In ambedue i casi si giunge quindi a una contraddizione (paradosso di Russell).

Il paradosso non si presenta se si considerano solo insiemi che sono parti di un insieme fissato $\mathbb{R}$, o che si ottengono da questi mediante opportune operazioni, come ad esempio il passaggio all'*insieme delle parti* e la costruzione del *prodotto cartesiano* di due insiemi (vedi più oltre). Questo non è il caso per l'aggregato E, che pertanto non è un insieme. Di conseguenza l'enunciato $E \in E$ non è una proposizione, dato che esso ha senso solo se il termine che segue il simbolo $\in$ è un insieme.

Poiché nella maggior parte delle teorie assiomatiche degli insiemi si esclude la possibilità che un insieme possa essere elemento di sé stesso, il paradosso di Russell ci dice che non si può postulare l'esistenza di un *insieme di tutti gli insiemi*, ovvero di un universo U nel quale qualsiasi operazione sia possibile e dia luogo a un insieme. Infatti, poiché in questo caso la relazione $x \notin x$ è sempre verificata, un tale universo U non sarebbe altro che l'E definito sopra, che come abbiamo visto non può essere un insieme. ■

Riprendiamo ora la nostra breve trattazione, per introdurre alcune operazioni fondamentali sugli insiemi.

(a) *Unione*. Se A e B sono due insiemi, si chiama "unione di A e B" l'insieme i cui elementi sono tutti e soli gli elementi di uno almeno degli insiemi A e B. In simboli:

$$A \cup B = \{x \in \mathbb{R} : x \in A \vee x \in B\}.$$

(b) *Intersezione*. L'"intersezione di A e B" è l'insieme i cui elementi sono quelli comuni ad A e B:

$$A \cap B = \{x \in \mathbb{R} : x \in A \wedge x \in B\}.$$

Osservazione 3.2

È possibile che i due insiemi A e B non abbiano elementi in comune, come avviene ad esempio se A è l'insieme dei numeri pari e B quello dei numeri dispari. Per comprendere nella definizione di intersezione anche questo caso, si introduce un insieme peculiare, l'*insieme vuoto*, che non ha nessun elemento e che si indica con $\emptyset$. Se dunque A e B non hanno elementi in comune, si scriverà

$$A \cap B = \emptyset.$$

L'insieme vuoto si può caratterizzare con un qualsiasi predicato contraddittorio: ad esempio,

$$\emptyset = \{x \in \mathbb{R} : x \neq x\}. \ \blacksquare$$

Esempio 3.2

Si ha

$$(A \cup B) \cap C = (A \cap C) \cup (B \cap C).$$

Dalla definizione abbiamo infatti

$$\begin{aligned}(A \cup B) \cap C &= \{x \in \mathbb{R} : x \in A \cup B \wedge x \in C\} = \\ &= \{x \in \mathbb{R} : (x \in A \vee x \in B) \wedge x \in C\},\end{aligned}$$

e, per la proprietà (4) del paragrafo precedente, quest'ultimo insieme è uguale a

$$\{x \in \mathbb{R} : (x \in A \wedge x \in C) \vee (x \in B \wedge x \in C)\} = (A \cap C) \cup (B \cap C). \ \blacksquare$$

Naturalmente si può fare l'unione o l'intersezione di tre, quattro o più insiemi, e anche di una famiglia qualsiasi di insiemi, sia finita che infinita. Se indichiamo con $\mathcal{F}$ una tale famiglia (ricordiamo che *famiglia* è un sinonimo di insieme) si ha

$$\cup\, \mathcal{F} = \bigcup_{A \in \mathcal{F}} A = \{x \in \mathbb{R} : \exists A \in \mathcal{F} : x \in A\}$$

e

$$\cap\, \mathcal{F} = \bigcap_{A \in \mathcal{F}} A = \{x \in \mathbb{R} : \forall A \in \mathcal{F}, x \in A\}.$$

(c) *Complemento*. Si chiama "complemento di un insieme A" l'insieme degli elementi di $\mathbb{R}$ che non appartengono ad A:

$$\complement A = \{x \in \mathbb{R} : x \notin A\}.$$

Segue dalla definizione che, se $A = \{x \in \mathbb{R} : \mathcal{P}(x)\}$, allora $\complement A = \{x \in \mathbb{R} : \neg\mathcal{P}(x)\}$.

(d) *Differenza*. La "differenza di due insiemi A e B" è l'insieme costituito da tutti quegli elementi di A che non appartengono a B:

$$A - B = \{x \in \mathbb{R} : x \in A \wedge x \notin B\} = \{x \in A : x \notin B\}.$$

Si vede subito che $\complement A = \mathbb{R} - A$. Viceversa, $A - B = A \cap \complement B$, cosicché il complemento e la differenza possono essere definiti l'uno tramite l'altro.

Talora si usa anche definire la *differenza simmetrica*:

$$A \triangle B = (A - B) \cup (B - A).$$

Esercizi

10. Ricordiamo che si indica con (a, b) l'intervallo aperto di estremi a e b, cioè l'insieme dei numeri reali (estremi esclusi) compresi tra a e b: $(a, b) = \{x \in \mathbb{R} : a < x < b\}$. Se invece uno degli estremi si considera incluso nell'insieme, esso verrà indicato con una parentesi quadra al posto della tonda; ad esempio, $[a, b) = \{x \in \mathbb{R} : a \leq x < b\}$. Infine, l'insieme $[a, b]$ è l'intervallo chiuso di estremi a e b.

Dimostrare che se (a, b) e (c, d) sono due intervalli aperti, la loro intersezione, se non è vuota, è un intervallo aperto. Si può dire lo stesso per intervalli chiusi?

Siano A e B gli insiemi seguenti. Si trovi $A \cup B$, $A \cap B$, $A - B$ e $B - A$.

11. $(0, 2)$; $(1, 3)$

12. $[-1, 1)$; $(0, 1]$

13. $(-\infty, 3]$; $(-\infty, 1)$

14. $(-1, +\infty)$; $(1, 3)$

15. $[-1, 0]$; $(0, 1]$

16. $\{x \in \mathbb{R} : x^2 > 4\}$; $(1, 3)$.

4 Un ampliamento di orizzonte

Se A è un insieme, si denota con $\mathcal{P}(A)$ l'insieme i cui elementi sono tutte e sole le *parti di A*, ovvero i sottoinsiemi di A. Se A è finito, anche $\mathcal{P}(A)$ è finito, e i suoi elementi si possono elencare completamente; ad esempio, se $A = \{1, 2, 3\}$, si ha

$$\mathcal{P}(A) = \{\emptyset, \{1\}, \{2\}, \{3\}, \{1, 2\}, \{1, 3\}, \{2, 3\}, \{1, 2, 3\}\}.$$

Come si vede, tra le parti di A figurano anche l'insieme vuoto e lo stesso A. Questo fa sì che le operazioni di unione, intersezione e differenza siano delle operazioni interne nell'insieme $\mathcal{P}(A)$.

Con l'insieme $\mathcal{P}(A)$ (in particolare con $\mathcal{P}(\mathbb{R})$) siamo usciti fuori del nostro insieme di partenza $\mathbb{R}$, nel quale ci eravamo sempre mossi finora. La considerazione dell'insieme costituito dalle parti di un insieme dato permette di costruire degli insiemi via via più grandi (più precisamente, di cardinalità via via più grande). In effetti, si può dimostrare il seguente

Teorema 4.1 Sia A un insieme. Non esiste nessuna applicazione surgettiva tra A e $\mathcal{P}(A)$.[5]

Dimostrazione. Supponiamo per assurdo che esista un'applicazione $\varphi : A \to \mathcal{P}(A)$ surgettiva (cioè tale che per ogni $E \in \mathcal{P}(A)$ esista almeno un $e \in A$ tale che $\varphi(e) = E$), e consideriamo l'insieme

$$E = \{x \in A : x \notin \varphi(x)\}.$$

Poiché φ è surgettiva, esisterà un $e \in A$ tale che $E = \varphi(e)$. Ci chiediamo ora: e appartiene a E o no? Ambedue le possibilità portano a una contraddizione. Infatti, per la definizione di E, se $e \in \varphi(e)$ allora $e \notin E$, mentre se $e \notin \varphi(e)$ allora $e \in E$. D'altra parte $E = \varphi(e)$, e dunque $e \in E \Rightarrow e \notin E$, mentre $e \notin E \Rightarrow e \in E$. Siamo così giunti a una contraddizione, dalla quale segue che un'applicazione surgettiva di E su $\mathcal{P}(E)$ non può esistere. ∎

Peraltro, un'applicazione iniettiva di A in $\mathcal{P}(A)$ è subito trovata: basta prendere l'applicazione che ad ogni $x \in A$ associa l'insieme $\{x\}$. Ne segue che A è "più piccolo" di $\mathcal{P}(A)$, o più precisamente che la cardinalità di A è strettamente minore di quella di $\mathcal{P}(A)$.

Osservazione 4.1

Si noti l'analogia tra la dimostrazione del teorema 4.1 e il paradosso di Russell: non tutto il male vien per nuocere. ∎

Un altro modo di allargare, per così dire, l'orizzonte (pur senza aumentare la cardinalità) è la costruzione del prodotto cartesiano di due insiemi.

Se A e B sono due insiemi, indichiamo con (a, b) una *coppia ordinata* costituita da un primo elemento $a \in A$ e da un secondo elemento $b \in B$. Naturalmente, bisogna fare attenzione a non confondere la coppia ordinata (a, b) con l'insieme

[5] Per la definizione di applicazione iniettiva, surgettiva e bigettiva si vedano le *Lezioni*, cap. 3, § 3, e il cap. 5, § 4, di questo volume.

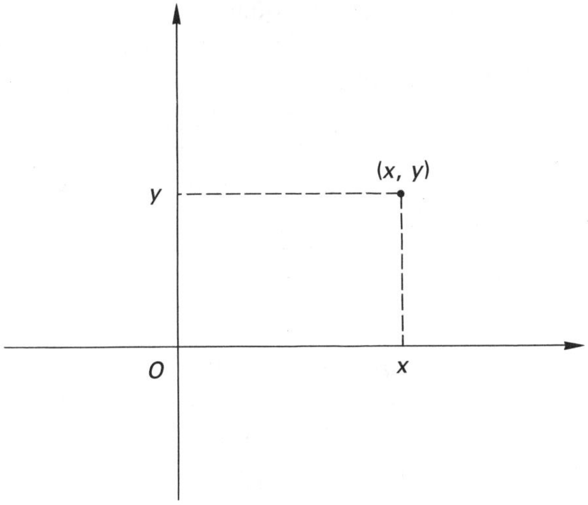

Figura 1.1

$\{a, b\}$;[6] ad esempio, mentre in quest'ultimo l'ordine in cui sono elencati i suoi elementi è irrilevante, nella prima è essenziale. Infatti, $\{a, b\} = \{b, a\}$, ma in generale $(a, b) \neq (b, a)$.[7]

Si chiama *prodotto cartesiano* degli insiemi A e B l'insieme

$$A \times B = \{(a, b) : a \in A, \ \ b \in B\}.$$

Un sottoinsieme del prodotto cartesiano $A \times B$ si chiama anche una *relazione*. In effetti, se $\mathcal{R}(x, y)$ è un predicato in due variabili (una relazione tra le variabili x e y) definito in $A \times B$, l'insieme

$$\mathcal{R} = \{(x, y) \in A \times B : \mathcal{R}(x, y)\}$$

è un sottoinsieme di $A \times B$. Viceversa, ad ogni $\mathcal{R} \subset A \times B$ possiamo associare il predicato

$$\mathcal{R}(x, y) = \text{“}(x, y) \in \mathcal{R}\text{”},$$

cosicché i predicati in due variabili, definiti in $A \times B$, si possono mettere in

[6] E nemmeno con l'intervallo aperto (a, b), che si indica con lo stesso simbolo. In genere dal contesto si capisce di che cosa si stia parlando.

[7] Poiché una coppia ordinata si può individuare dicendo quali sono gli elementi che la compongono e quale di essi è il primo, si può darne la seguente definizione, più rigorosa: $(a, b) = \{\{a, b\}, a\}$. Si tratta di un insieme che ha due elementi, di cui il primo, $\{a, b\}$, indica quali sono gli elementi che costituiscono la coppia (a, b), e il secondo, a, dice quale dei due è il primo elemento. Ad esempio, la coppia ordinata $(3, 2)$ si può indicare con $\{\{3, 2\}, 3\}$, o anche con $\{\{2, 3\}, 3\}$.

corrispondenza biunivoca con i sottoinsiemi di $A \times B$. Molto spesso si distingue tra la relazione $\mathcal{R}(x, y)$ e l'insieme $\mathcal{R}$, chiamando quest'ultimo *grafico* della relazione $\mathcal{R}(x, y)$. Talora inoltre, invece di $\mathcal{R}(x, y)$ si scrive $x\mathcal{R}y$.

Un caso interessante è quello in cui $A = B = \mathbb{R}$. Se con $\mathbb{R}$ indichiamo la retta reale, il prodotto $\mathbb{R} \times \mathbb{R}$, che si indica di solito con $\mathbb{R}^2$, rappresenta il piano cartesiano, e i suoi elementi, coppie ordinate (x, y) di numeri reali, danno le coordinate dei punti del piano (fig. 1.1).

Esempio 4.1

Se $A = B$, la relazione $x = y$ ha come grafico la *diagonale* di $A \times A$, cioè l'insieme delle coppie del tipo (a, a). Se poi $A = B = \mathbb{R}$, la relazione $x^2 + y^2 \leq 1$ ha come grafico il cerchio (pieno) con centro nell'origine $(0, 0)$ e raggio 1. ▪

Sempre nel caso $A = B$, possiamo introdurre la nozione di *relazione di equivalenza*. Si chiama così una relazione $\mathcal{R}(x, y)$ tale che

(a) $\forall x \in A,\ x\mathcal{R}x$ (proprietà riflessiva)
(b) $\forall x, y \in A,\ x\mathcal{R}y \Rightarrow y\mathcal{R}x$ (proprietà simmetrica)
(c) $\forall x, y, z \in A,\ x\mathcal{R}y \wedge y\mathcal{R}z \Rightarrow x\mathcal{R}z$ (proprietà transitiva).

La relazione $x = y$ è ovviamente una relazione di equivalenza, come pure la relazione $x^2 = y^2$; non lo è invece la relazione $x^2 + y^2 \leq 1$.

Se $\mathcal{R}$ è una relazione di equivalenza in A, e $a \in A$, si chiama *classe di equivalenza di a rispetto alla relazione* $\mathcal{R}$ l'insieme $[a]$ costituito da tutti gli elementi di A equivalenti ad a:

$$[a] = \{x \in A : x\mathcal{R}a\},$$

mentre l'elemento a si dice un *rappresentante* della classe $[a]$. Naturalmente, ogni altro elemento b equivalente ad a sarà un rappresentante della stessa classe. Infatti se $a\mathcal{R}b$ si ha $[a] = [b]$, dato che, per la proprietà transitiva, ogni elemento equivalente ad a lo sarà anche a b e viceversa.

Non è difficile dimostrare che due classi di equivalenza $[a]$ e $[b]$ o coincidono o non hanno elementi in comune (in altre parole, $[a] \cap [b] \neq \emptyset \Rightarrow [a] = [b]$).

Infatti, supponiamo che $[a]$ e $[b]$ abbiano un elemento c in comune. Per definizione, dovrà essere $a\mathcal{R}c$ e $b\mathcal{R}c$, e dunque per quanto detto sopra sarà $[a] = [c]$ e $[b] = [c]$, cosicché $[a] = [b]$.

Le classi di equivalenza distinte sono dunque degli insiemi a due a due disgiunti; ogni elemento a di A appartiene ad almeno una di queste, dato che appartiene ad $[a]$. Una relazione di equivalenza determina quindi una *partizione* dell'insieme A (cioè una decomposizione di A in una famiglia di insiemi a due a due disgiunti). Viceversa, ogni partizione di A definisce una relazione di equivalenza (basterà osservare che ogni elemento di A appartiene a uno e un solo insieme della partizione, e definire equivalenti due elementi che appartengano allo stesso insieme).

L'insieme composto da tutte le classi di equivalenza si chiama *insieme quoziente* e si indica con il simbolo $A/\mathcal{R}$.

Esempio 4.2 (L'insieme $\mathbb{Z}$ dei numeri relativi)

Indicato con $\mathbb{N}$ l'insieme dei numeri interi non negativi (vedi *Lezioni*, cap. 1, Osservazione 6.1), ci proponiamo di definire i numeri relativi (cioè gli interi positivi e negativi). Per questo, consideriamo l'insieme $\mathbb{N}^2$ delle coppie ordinate (n, k) di numeri naturali, e in esso definiamo la seguente relazione:

$$(n, k)\mathcal{R}(m, h) \Leftrightarrow n + h = m + k.$$

Si vede facilmente che $\mathcal{R}$ è una relazione di equivalenza. Infatti le proprietà riflessiva e simmetrica sono ovvie; per la transitiva, si osservi che sommando membro a membro le relazioni

$$n + h = m + k$$

$$m + b = a + h$$

e sottraendo ad ambo i membri i termini comuni $m + h$, si ottiene la relazione

$$n + b = a + k,$$

cosicché $(n, k)\mathcal{R}(m, h)$ e $(m, h)\mathcal{R}(a, b)$ implicano $(n, k)\mathcal{R}(a, b)$.

Chiameremo $\mathbb{Z}$ l'insieme quoziente $\mathbb{N}^2/\mathcal{R}$.

Osservazione 4.2

Intuitivamente, vogliamo definire un numero relativo come differenza di due interi positivi: $z = n - k$. Naturalmente ciò non è possibile, perché se non si conoscono già i numeri negativi la differenza si può fare solo se $n \geq k$. Per aggirare questo ostacolo, definiamo formalmente "numero relativo" la coppia di interi che pensiamo (senza dirlo) di sottrarre tra loro. Così, per definire il numero -3 non diremo $2 - 5$, che non si può fare, ma $(2, 5)$. Naturalmente lo stesso numero è rappresentato da $(1, 4)$ o da $(5, 8)$. Si capisce ora la ragione della relazione di equivalenza che abbiamo imposto; se (a, b) sta intuitivamente per $a - b$, allora (a, b) e (c, d) rappresentano lo stesso numero quando $a - b = c - d$, cioè quando $a + d = b + c$. Con queste precisazioni, sarà più facile capire il seguito della storia. ■

Naturalmente, non ci basta aver definito l'insieme $\mathbb{Z}$; occorre anche poter effettuare sui suoi elementi (i numeri relativi) le operazioni di somma, differenza e prodotto. Per questo, cominciamo a definire tali operazioni in $\mathbb{N}^2$ ponendo

$$(a, b) + (c, d) = (a + c,\ \ b + d)$$

$$(a, b) \cdot (c, d) = (ac + bd,\ \ bc + ad).$$

Osserviamo ora che, se in queste operazioni sostituiamo alle coppie (a, b) e (c, d) due altre coppie equivalenti, i risultati sono coppie equivalenti alle precedenti (questo è immediato nel caso della somma, mentre per il prodotto si vede facilmente se si cambia una coppia alla volta). Ne segue che le operazioni di somma e prodotto *passano al quoziente*; in altre parole, esse si possono definire su $\mathbb{Z}$ ponendo semplicemente

$$[(a, b)] + [(c, d)] = [(a + c,\ \ b + d)]$$

$$[(a, b)] \cdot [(c, d)] = [(ac + bd,\ \ bc + ad)].$$

Lasciamo al lettore la fatica di proseguire la descrizione delle operazioni su $\mathbb{Z}$, limitandoci a osservare che $[(0, 0)]$ è l'elemento neutro della somma ($[(a, b)]+$ $+[(0, 0)] = [(a, b)]$) e $[(1, 0)]$ quello del prodotto ($[(a, b)] \cdot [(1, 0)] = [(a, b)]$). Inoltre, l'opposto di $[(a, b)]$ è $[(b, a)]$. ■

Esercizi

17. Riportare nel piano cartesiano l'insieme $\mathbb{N}^2$ e individuare le classi di equivalenza rispetto alla relazione $\mathcal{R}$ definita sopra.

Dire se le seguenti sono delle relazioni di equivalenza in $\mathbb{R}$:

18. $xy \geq 0$ **19.** $xy \leq 0$ **20.** $xy > 0$

21. $x^2 = y^2$ **22.** $x \leq y$ **23.** $\sin x = \sin y$

24. $x - y$ è intero **25.** $x + y$ è intero **26.** $x(1 + y^2) = y(1 + x^2)$

27. $x(1 - y^2) = y(1 - x^2)$ **28.** $x - y$ è razionale **29.** $x - y$ è irrazionale.

Per quelle tra le precedenti che risultino delle relazioni di equivalenza, trovare per ogni $a \in \mathbb{R}$ la classe di equivalenza $[a]$.

Dire se le seguenti sono relazioni di equivalenza in $\mathbb{R}^+ = \{x \in \mathbb{R} : x > 0\}$:

30. $x^y = y^x$ **31.** $xy > 0$.

Verificare che le seguenti sono relazioni di equivalenza, e per ogni $a \in \mathbb{R}$ trovare la classe $[a]$.

32. $x = y$ **33.** $x^2 + y^2 \geq 0$ **34.** $\cos x = \cos y$.

Capitolo 2
I numeri reali

1 Disuguaglianze

Una delle disuguaglianze fondamentali deriva dalla semplice osservazione che il quadrato $(a - b)^2$ è sempre positivo, e si annulla se e solo se $a = b$. Ne segue, sviluppando, che

$$2ab \leq a^2 + b^2, \tag{1.1}$$

dove l'uguaglianza sussiste solo se $a = b$. Alcune variazioni sul tema si possono ottenere prendendo $a = \sqrt{\epsilon}|x|$ e $b = |y|/\sqrt{\epsilon}$ ($\epsilon > 0$). Si ricava, per ogni $\epsilon > 0$,

$$2|xy| \leq \epsilon x^2 + \frac{y^2}{\epsilon}. \tag{1.2}$$

Esempio 1.1

Se A è l'area di un rettangolo e P è il suo perimetro, si ha

$$16A \leq P^2, \tag{1.3}$$

dove l'uguaglianza vale solo per il quadrato. Infatti, detti x e y i lati del rettangolo, si ha

$$4xy = 2xy + 2xy \leq 2xy + x^2 + y^2 = (x + y)^2$$

e quindi

$$16A = 16xy \leq (2x + 2y)^2 = P^2,$$

e l'uguaglianza vale solo per $x = y$, cioè per il quadrato. ■

Esercizio

1. Si dimostri che la [1.3] vale (a) per un parallelogrammo, (b) per un trapezio.

La [1.3] prende il nome di *disuguaglianza isoperimetrica*; essa dice che, a parità di perimetro, il trapezio di area massima è il quadrato. Una disuguaglianza più complessa è quella che asserisce che, a parità di perimetro, il cerchio è la figura piana di area massima. Poiché per il cerchio si ha $4\pi A = P^2$, la disuguaglianza

$$4\pi A \leq P^2$$

vale per qualsiasi figura piana.

Una disuguaglianza analoga alla [1.3] vale per figure solide.

Esempio 1.2

Detti V il volume ed S la superficie di un parallelepipedo rettangolo, risulta

$$216V^2 \leq S^3; \qquad [1.4]$$

il segno di uguaglianza vale solo per il cubo.

Siano x, y e z gli spigoli del parallelepipedo. Risulta

$$2x^2y^2z^2 = x^2yz \cdot 2yz \leq x^2yz(y^2 + z^2) = x^2(y^3z + yz^3).$$

Analoghe disuguaglianze si ottengono scambiando tra loro le variabili x, y e z. Ne segue

$$6x^2y^2z^2 \leq x^2(y^3z + yz^3) + y^2(x^3z + xz^3) + z^2(x^3y + xy^3). \qquad [1.5]$$

D'altra parte si ha

$$x^2z = \sqrt{x^3}\sqrt{xz^2} \leq \frac{1}{2}x^3 + \frac{1}{2}xz^2 = \frac{1}{2}x^3 + \frac{1}{2}x\sqrt{z}\sqrt{z^3} \leq \frac{1}{2}x^3 + \frac{1}{4}z^3 + \frac{1}{4}x^2z$$

e quindi

$$3x^2z \leq 2x^3 + z^3. \qquad [1.6]$$

Introducendo questa disuguaglianza, e le analoghe che si ottengono per le altre variabili, si trova

$$3x^2y^2z^2 \leq x^3y^3 + y^3z^3 + z^3x^3.$$

In conclusione, sommando a quest'ultima disuguaglianza la [1.5] moltiplicata per 3, e aggiungendo ad ambo i membri la quantità $6x^2y^2z^2$ si ottiene

$$27x^2y^2z^2 \leq (xy + xz + yz)^3,$$

da cui infine, moltiplicando per 8 ambo i membri,

$$216\,(xyz)^2 = 216\,V^2 \leq (2xy + 2xz + 2yz)^3 = S^3. \tag{1.7}$$

Perché in questa valga il segno di uguaglianza, occorre che valga l'uguaglianza nella [1.5] e nella [1.6]. In particolare, da quest'ultima si ottiene $x = z$, e dalla stessa scritta per z e y si ricava $z = y$; pertanto nella [1.7] il segno di uguaglianza vale solo se $x = y = z$, cioè se il parallelepipedo è un cubo. ■

Esercizi

2. Dimostrare che, se L è la somma delle lunghezze degli spigoli di un parallelepipedo rettangolo, risulta

$$24S \leq L^2$$

$$1728V \leq L^3,$$

dove l'uguaglianza vale solo per il cubo.

3. Cosa avviene per un parallelepipedo generico?

Osservazione 1.1

La [1.4] è ancora una disuguaglianza isoperimetrica; essa ci dice che, a parità di superficie, il cubo è tra i parallelepipedi rettangoli quello che ha il volume maggiore. Se invece si considerano tutti i solidi, allora, analogamente a quanto avveniva per le figure piane, è la sfera ad avere volume massimo a parità di superficie. Ora, per la sfera si ha $36\pi V^2 = S^3$, e dunque per ogni figura solida vale la disuguaglianza

$$36\pi V^2 \leq S^3,$$

con l'uguaglianza nel caso della sfera. ■

Esempio 1.3

La [1.6] si può riscrivere, ponendo $a = x^2$ e $b = z$,

$$ab \leq \frac{2}{3}a^{3/2} + \frac{1}{3}b^3.$$

Quest'ultima è un caso particolare della disuguaglianza

$$ab \leq \frac{a^p}{p} + \frac{b^q}{q}, \tag{1.8}$$

valida per ogni coppia di numeri positivi a e b, e dove p e q sono numeri reali maggiori di 1 e verificanti la relazione

$$\frac{1}{p} + \frac{1}{q} = 1.$$

La dimostrazione si può compiere osservando che per ogni $x \in \mathbb{R}^+$ risulta (vedi più oltre, cap. 6, Esempio 4.6)

$$x - \frac{x^p}{p} \leq 1 - \frac{1}{p} = \frac{1}{q}. \qquad [1.9]$$

Se ora si pone $x = a/c$ e si moltiplicano ambo i membri per c^p, si ottiene

$$ac^{p-1} \leq \frac{a^p}{p} + \frac{c^p}{q},$$

e la disuguaglianza [1.8] segue scegliendo c in modo che $c^{p-1} = b$. ■

Esercizi

Trovare il più piccolo valore della costante α per cui valgono le disuguaglianze

4. $6xy \leq 4x^2 + \alpha y^2$ **5.** $xy^2 \leq 3x^3 + \alpha y^3$ **6.** $(a+b)^2 \leq 3a^2 + \alpha b^2 + ab$.

7. Dimostrare che per ogni $x, y > 0$ e per ogni $\epsilon > 0$ si ha

$$xy \leq \frac{\epsilon^p x^p}{p} + \frac{y^q}{q\epsilon^q}.$$

8. Dimostrare che per ogni $x, y \geq 0$ risulta $\left|\sqrt{x} - \sqrt{y}\right| \leq \sqrt{|x - y|}$.

Trovare i numeri reali x che soddisfano alle seguenti disuguaglianze:

9. $\dfrac{x-1}{4} \leq \dfrac{2x+3}{3}$

10. $3x - 2 \geq -2$

11. $\dfrac{2x+1}{x-2} \leq 3$

12. $2x + 1 \leq 3(x-2)$

13. $\dfrac{x-1}{x^2+x} > 0$

14. $\dfrac{x^2 - x}{|x|} \geq 1$

15. $|x+3| - |x-1| \leq 0$

16. $\dfrac{|x-3|}{|x+2|} \leq 1$

17. $\dfrac{|x-3|}{|2x+1|} \geq \dfrac{1}{2}$

18. $x^4 - 6x^2 + 8 < 0$

19. $\dfrac{||x| - 3|}{|x-3|} < 2$

20. $x^3 + x^2 - 2 < 0$

21. $|\cos x| < \dfrac{1}{\sqrt{2}}$

22. $\dfrac{1}{2x} + |2x - 1| < 2$

23. $1 + \sqrt{2(\ln x)^2 + 3\ln x - 2} > \ln x$

24. $2^{1+x^2}\log_{10}(1 + x^2) < 2^{10}$

25. $|x - 3| < 3\,|x + 2|$

26. $|x - 1| \leq x^2 - 3$

27. $\left|x^2 - 3x + 2\right| < x + 1$

28. $x|x| + |2x - 1| > 0$

29. $|x|^3 - 2x(1 + |x|) < 0$

30. $|x - 1| < 2|x|$

31. $|x^2 - 2| < x + |x + 1|$

32. $|x^2 - 1| < x + |x + 1|$

33. $\sqrt{x^2 - x + 1} \leq x + 3$

34. $\sqrt{x^2 - 2x + 4} \geq x - 2$

35. $\sqrt{x^2 - 3x} \leq x - 1$

36. $x + 1 \geq \sqrt{x^2 - 2x}$

37. $\sqrt{3x - x^2} \leq 2x - 1$

38. $\sqrt{x^2 - 2mx} \leq x - b$ $(m, b > 0)$.

2 Distanze

Ricordiamo che una *metrica* o *distanza* in $\mathbb{R}$ è una funzione $d(x, y)$ con le seguenti proprietà:

(1) $d(x, y) \geq 0; \quad d(x, y) = 0 \Leftrightarrow x = y$

(2) $d(x, y) = d(y, x)$

(3) $d(x, y) \leq d(x, z) + d(y, z)$.

Si noti che la (3) ha una forma leggermente differente da quella delle *Lezioni* (cap. 1, § 2), dove invece di $d(y, z)$ appariva $d(z, y)$. Naturalmente le due formulazioni sono del tutto equivalenti, a causa della (2). In realtà, quest'ultima è una conseguenza delle altre due relazioni nella forma attuale (ma non in quella delle *Lezioni*), cosicché gli assiomi della distanza si potrebbero ridurre ai soli (1) e (3). Se non lo abbiamo fatto, è perché in tal modo quello che si guadagna in concisione si perde in espressività.

Per vedere come la (2) derivi dalle altre, basta osservare che, se si pone $z = x$ nella (3), si ottiene $d(x, y) \leq d(y, x)$. Analogamente, se si scambia x con y nella (3) e si pone $z = y$, si ricava $d(y, x) \leq d(x, y)$, e dunque la (2). ■

La distanza usuale in $\mathbb{R}$ è data da

$$d(x, y) = |x - y|,$$

per la quale è facile verificare gli assiomi. D'altra parte questa non è la sola distanza possibile. Abbiamo visto (*Lezioni*, cap. 1, Esercizio 2.10 (b)) che la funzione

$$f(x, y) = \begin{cases} 1 & \text{se } x \neq y \\ 0 & \text{se } x = y \end{cases}$$

è una distanza, ancorché un po' bizzarra, in $\mathbb{R}$. Vi sono però anche delle metriche meno strane.

Esempio 2.1

La funzione

$$d(x, y) = \sqrt{|x - y|}$$

è una distanza in $\mathbb{R}$.

Infatti, le relazioni (1) e (2) sono evidentemente verificate. Per la (3), osserviamo che si ha $|x - y| \leq |x - z| + |y - z|$, e dunque

$$\sqrt{|x - y|} \leq \sqrt{|x - z| + |y - z|} \leq \sqrt{|x - z|} + \sqrt{|y - z|},$$

come si vede facilmente elevando al quadrato. ∎

Esercizi

Dire se le seguenti funzioni sono delle distanze in $\mathbb{R}$:

39. $|x^2 - y^2|$ **40.** $|x - y|^2$ **41.** $\sqrt{|x^2 - y^2|}$ **42.** $|\sqrt{|x|} - \sqrt{|y|}|$

43. $|e^x - e^y|$.

44. Dire se le precedenti funzioni sono delle distanze in $\mathbb{R}^+ = \{x \in \mathbb{R} : x > 0\}$ o in $\mathbb{R}^- = \{x \in \mathbb{R} : x < 0\}$.

45. Dimostrare che, se $f(x)$ è una funzione strettamente crescente in un insieme $A \subset \mathbb{R}$ (cioè tale che $x < y \Rightarrow f(x) < f(y)$), allora

$$|f(x) - f(y)|$$

è una distanza in A.

Lo stesso vale se $f(x)$ è strettamente decrescente ($x < y \Rightarrow f(x) > f(y)$).

3 Estremo superiore ed estremo inferiore

Ricordiamo dalle *Lezioni* (cap. 1, § 4) le definizioni di *estremo inferiore* ed *estremo superiore* di un insieme. Un insieme $E \in \mathbb{R}$ si dice limitato superiormente (inferiormente) se ammette un maggiorante (minorante), cioè se esiste un numero λ tale che per ogni $x \in E$ risulta $x \leq \lambda$ ($x \geq \lambda$). Se E non è limitato superiormente, si dirà che il suo estremo superiore è $+\infty$; altrimenti l'estremo superiore di E è il minimo dei maggioranti di E. Analogamente, l'estremo inferiore di un insieme E è il massimo dei minoranti se E è limitato inferiormente, $-\infty$ altrimenti.

Segue immediatamente dalla definizione che, se E ha massimo, cioè se esiste un elemento $M \in E$ tale che $x \leq M\ \forall x \in E$, allora l'estremo superiore di E coincide con M. Analogamente, se E ha minimo, l'estremo inferiore coincide con quest'ultimo.

Esempio 3.1

Si consideri l'insieme

$$E = \left\{ x \in \mathbb{R} : x = \frac{1}{n^2},\ n \in \mathbb{N} \right\}.$$

L'insieme E è limitato sia superiormente che inferiormente, dato che risulta $0 < 1/n^2 \leq 1$. Poiché $1 \in E$, 1 è il massimo e quindi anche l'estremo superiore di E. Per trovare l'estremo inferiore, consideriamo l'insieme dei minoranti di E. Abbiamo già osservato che tutti gli elementi di E sono positivi, e dunque ogni numero ≤ 0 è un minorante. Se ora $a > 0$, il numero $1/n^2$, che è un elemento di E, sarà minore di a non appena $n^2 > 1/a$, e cioè per $n > 1/\sqrt{a}$. Ne segue che a non può essere un minorante, e pertanto l'insieme dei minoranti di E è costituito da tutti e soli i numeri ≤ 0. Il massimo dei minoranti, ovvero l'estremo inferiore di E, è dunque 0. ∎

Esempio 3.2

Si trovino gli estremi inferiore e superiore dell'insieme

$$E = \left\{ x \in \left[\frac{1}{2}, \frac{2}{3}\right] : x = \frac{m}{2^n};\ n, m \in \mathbb{N} \right\}.$$

Poiché $1/2$ è del tipo $m/2^n$, risulta $1/2 \in E$, e dunque $\inf E = \min E = 1/2$. Al contrario, $2/3$ non è del tipo $m/2^n$, e dunque non è il massimo dell'insieme E. D'altra parte, se si considerano i punti $k/2^n$, con $k = 1, 2, \ldots, 2^n$, esisterà un intero m tale che $m/2^n < 2/3 < (m+1)/2^n$. Per tale m risulta $0 < 2/3 - m/2^n < 1/2^n$. In conclusione, se a è un numero minore di $2/3$, prendendo $2^{-n} < 2/3 - a$, cioè $n > -\log_2(2/3 - a)$, e scegliendo opportunamente m, si potrà far sì che risulti $a < m/2^n < 2/3$. Ne segue che nessun numero minore di $2/3$ è un maggiorante, e dunque che $\sup E = 2/3$. ∎

Esercizi

Trovare gli estremi inferiore e superiore dei seguenti insiemi. Dire se l'estremo inferiore è un minimo e l'estremo superiore un massimo.

46. $\left\{x = \frac{3n-2}{2n};\ n \in \mathbb{N}\right\}$

47. $\left\{x = -n^2 + 22n + 10;\ n \in \mathbb{N}\right\}$

48. $\left\{x = n^2 - 5n + 3;\ n \in \mathbb{N}\right\}$

49. $\left\{x = \frac{t+1}{t-2};\ t \in \mathbb{R}, t > 2\right\}$

50. $\left\{x = n^2 + 3n - 1;\ n \in \mathbb{N}\right\}$

51. $\left\{x = n^3 - 10n;\ n \in \mathbb{N}\right\}$

52. $\left\{x = \frac{n^2}{n+3};\ n \in \mathbb{N}\right\}$

53. $\left\{x = \sin n\frac{\pi}{8};\ n \in \mathbb{Z}\right\}$

54. $\{x \in \mathbb{R} : x^2 \text{ è razionale}\}$

55. $\{|x|;\ x^2 + x < 2\}$

56. $\mathbb{N} \cup \left\{x = -\frac{1}{n};\ n \in \mathbb{N}\right\}$

57. $\left\{x = \frac{(-1)^n}{n};\ n \in \mathbb{N}\right\}$.

58. Si dice *diametro* di un insieme $A \subset \mathbb{R}$ il numero

$$\operatorname{diam}(A) = \sup\{|x-y|;\ x, y \in A\}.$$

Si provi che $\operatorname{diam}(A) = \sup A - \inf A$.

59. Si dimostri che un insieme è limitato se e solo se il suo diametro è finito.

60. Due parti A e B di $\mathbb{R}$ si dicono *contigue* se ogni elemento di A è minore di ogni elemento di B e inoltre per ogni $\epsilon > 0$ esistono $a \in A$ e $b \in B$ tali che $b - a < \epsilon$. Dimostrare che, se A e B sono insiemi contigui, allora $\sup A = \inf B$.

Se A e B sono due sottoinsiemi di $\mathbb{R}$, si può definire la *somma* $A + B$ come l'insieme i cui elementi sono tutte le possibili somme di un elemento di A e di uno di B:

$$A + B = \{x \in \mathbb{R} : \exists a \in A,\ \exists b \in B,\ x = a + b\}.$$

Si trovi $A + B$ quando A e B sono gli insiemi seguenti:

61. $A = \mathbb{N};\ B = \{3\}$

62. $A = \mathbb{R};\ B = \mathbb{N}$

63. $A = (0, 1);\ B = (2, 3)$

64. $A = (a, b);\ B = (c, d)$

65. $A = (a, b);\ B = [c, d]$

66. $A = \mathbb{R}^+;\ B = \mathbb{R}^-$.

67. Si dimostri che $\sup(A + B) = \sup A + \sup B$ e $\inf(A + B) = \inf A + \inf B$.

Prima di procedere oltre, ricordiamo che si definisce *distanza di un punto x da un insieme $E \subset \mathbb{R}$* il numero

$$d(x, E) = \inf\{d(x, y);\ y \in E\}.$$

Esempio 3.3

Sia $E = (0, 1)$. Si ha allora

$$d(x, E) = \begin{cases} x - 1 & \text{se} \quad x > 1 \\ 0 & \text{se} \quad 0 \le x \le 1 \\ -x & \text{se} \quad x < 0 \end{cases}$$

Lo stesso risultato si avrebbe prendendo $E = [0, 1]$, con la sola differenza che in questo caso l'estremo inferiore della definizione è un minimo. ■

Similmente, si definisce *distanza tra due insiemi E ed F* il numero

$$d(E, F) = \inf\{d(x, y);\ \ x \in E,\ \ y \in F\}.$$

Esercizi

68. Provare che per ogni $x \in \mathbb{R}$ si ha $d(E, F) \leq d(x, E) + d(x, F)$.

69. È valida la disuguaglianza $d(E, F) \leq d(E, G) + d(G, F)$?

70. Dimostrare che si ha $d(E, F) = \inf\{d(x, F);\ \ x \in E\}$.

4 La parte intera e la parte frazionaria di un numero reale

Se a è un numero reale, si definisce *parte intera di a* il massimo intero che non supera a. Ad esempio, la parte intera di $7/4$ è 1, quella di 3 è 3, quella di $-7/4$ è -2. La parte intera di un numero a si indica col simbolo $[a]$.[1]

Naturalmente, si dovrà dimostrare che la parte intera di un numero è ben definita o, in altre parole, che l'insieme

$$E = \{n \in \mathbb{Z} : n \leq a\} \qquad [4.1]$$

ha massimo, ovvero che $\sup E \in E$.

Sia $\xi = \sup E$. Poiché a è un maggiorante di E, si ha $\xi \leq a$, e dunque per dimostrare che $\xi \in E$ sarà sufficiente provare che ξ è un intero. Supponiamo per assurdo che ciò non sia vero; esisterà allora un $\epsilon > 0$ tale che tra $\xi - \epsilon$ e ξ non cadano numeri interi. D'altra parte, siccome $\xi - \epsilon$ non è un maggiorante, dovrà esistere un numero $n \in E$, e dunque intero, tale che $\xi > n > \xi - \epsilon$. Siamo così giunti a una contraddizione; dunque ξ è intero e di conseguenza è il massimo di E. ■

Si può definire ora la *parte frazionaria $\{a\}$ del numero reale a*:

$$\{a\} = a - [a].$$

Si ha ovviamente $0 \leq \{a\} < 1$; inoltre risulta $\{a\} = 0$ se e solo se a è un intero.

[1] Si noterà che lo stesso simbolo sta anche ad indicare la classe di equivalenza di a. Di che si tratti, lo si capirà senza possibilità di equivoco dal contesto.

Esercizi

71. Provare che $[-a] = -[a]$ se $a \in \mathbb{Z}$, mentre se $a \notin \mathbb{Z}$ risulta $[-a] = -[a] - 1$.

72. Dimostrare che se $a \notin \mathbb{Z}$ si ha $\{-a\} = 1 - \{a\}$.

73. Dimostrare che se $\{a\} + \{b\} < 1$ risulta $[a+b] = [a] + [b]$ e $\{a+b\} = \{a\} + \{b\}$, mentre se $\{a\} + \{b\} \geq 1$ si ha $[a+b] = [a] + [b] + 1$ e $\{a+b\} = \{a\} + \{b\} - 1$.

74. Trovare delle relazioni analoghe per $[a-b]$ e $\{a-b\}$.

75. Dimostrare che $\{a\} = d(a, E)$, dove E è l'insieme [4.1].

76. Dimostrare che $\{x\}\{1-x\} \leq \frac{1}{4}$.

5 Proprietà equivalenti all'assioma di Dedekind

Come abbiamo visto nelle *Lezioni* (cap. 1, §§ 3 sg.), un ruolo essenziale nella teoria dei numeri reali è svolto dall'assioma di Dedekind:

(D) *Per ogni sezione* $(A, B) \in \mathbb{R}$ *esiste un numero reale* λ *tale che per ogni* $a \in A$ *e per ogni* $b \in B$ *si ha*:

$$a \leq \lambda \leq b.$$

Ricordiamo che una *sezione* è una coppia (A, B) di parti di $\mathbb{R}$ che verificano le seguenti proprietà:

(a) $A \cup B = \mathbb{R}$; $A \cap B = \emptyset$

(b) $\forall a \in A, \forall b \in B, \ a < b$.

Non è difficile vedere che l'elemento separatore λ è unico. Supponiamo infatti che ci siano due elementi separatori λ e μ, con $\lambda < \mu$. Il numero reale $(\lambda + \mu)/2$, che è compreso tra λ ed μ, essendo maggiore di λ dovrebbe appartenere a B, mentre essendo minore di μ (che separa anch'esso le due classi A e B) dovrebbe appartenere ad A. Ciò è impossibile perché, per la definizione di sezione, l'intersezione $A \cap B$ deve essere vuota. ∎

Abbiamo mostrato nelle *Lezioni* (cap. 1, § 4; cap. 2, §§ 12 sg.) che l'assioma (D) (unitamente agli altri assiomi di $\mathbb{R}$) implica una serie di altre proprietà, tra le quali le seguenti:

(E) (Estremo superiore) *Ogni insieme* $A \subset \mathbb{R}$ *limitato superiormente ha estremo superiore*.

(A) (Archimede) *Per ogni coppia* a, b *di numeri reali positivi esiste un intero* N *tale che* $Na > b$.

(S) (Principio di Cauchy) *Ogni successione di Cauchy è convergente.*

(M) (Successioni monotòne) *Ogni successione monotòna e limitata è convergente.*

Sempre conseguenza dell'assioma di Dedekind è il seguente:

(C) (Principio di Cantor) *Ogni famiglia numerabile di intervalli chiusi non vuoti* $I_k = [a_k, b_k]$ $(k = 1, 2, \ldots)$ *ognuno dei quali è contenuto nel precedente:*

$$I_1 \supset I_2 \supset \cdots \supset I_k \supset I_{k+1} \supset \cdots$$

ha intersezione non vuota; in altre parole, c'è almeno un punto comune a tutti gli intervalli I_k.

Dimostrazione. Sia $\mathcal{A}$ l'insieme dei primi estremi degli intervalli I_k:

$$\mathcal{A} = \{a_k;\ \ k \in \mathbb{N}\},$$

e sia B l'insieme dei maggioranti di $\mathcal{A}$. Posto $A = \mathbb{R} - B$, la coppia (A, B) è una sezione di $\mathbb{R}$. Sia λ il suo elemento separatore. È chiaro che $a_k \leq \lambda$ per ogni $k \in \mathbb{N}$.

D'altra parte, dato che gli intervalli I_k sono contenuti ciascuno nel precedente, ogni b_n sarà un maggiorante di $\mathcal{A}$. Ne segue che $\lambda \leq b_k$ per ogni k, e dunque λ appartiene ad ognuno degli intervalli I_k. ∎

Vogliamo ora far vedere che, fermi restando gli altri assiomi di $\mathbb{R}$, l'assioma di Dedekind si può dedurre dalle proprietà sopra elencate. Più precisamente, dimostreremo che si ha

Teorema 5.1

$$\text{(D)} \Leftrightarrow \text{(E)} \Leftrightarrow \text{(A)} \wedge \text{(C)} \Leftrightarrow \text{(A)} \wedge \text{(S)} \Leftrightarrow \text{(M)}.$$

Dimostrazione. Avendo già mostrato che l'assioma (D) implica tutti i rimanenti, resta da far vedere che questi implicano (D).

(1) (E) $\Rightarrow$ (D).

Sia (A, B) una sezione di $\mathbb{R}$. L'insieme A è limitato superiormente e quindi per (E) ha estremo superiore L. Poiché L è un maggiorante di A, risulta $a \leq L$ per ogni $a \in A$. D'altra parte ogni $b \in B$ è un maggiorante di A e, siccome L è il minimo dei maggioranti, si avrà $b \geq L$. Il numero L è dunque l'elemento separatore (necessariamente unico, come si è visto sopra) della sezione (A, B).

(2) (A) $\wedge$ (C) $\Rightarrow$ (D).

Consideriamo una sezione (A, B) di $\mathbb{R}$ e costruiamo una famiglia di intervalli chiusi nel modo che segue.

(a) Prendiamo un punto a di A e un punto b di B e poniamo

$$I_0 = [a, b].$$

(b) Consideriamo il punto di mezzo dell'intervallo I_0. Se questo punto appartiene ad A, poniamo $a_1 = (a+b)/2$ e $b_1 = b$; se invece appartiene a B, definiamo $a_1 = a$ e $b_1 = (a+b)/2$. In ogni caso indichiamo con I_1 l'intervallo di estremi a_1 e b_1.

(c) Ripetiamo il procedimento precedente considerando il punto di mezzo $(a_1+b_1)/2$ dell'intervallo I_1 e definendo l'intervallo I_2 come abbiamo fatto sopra per l'intervallo I_1, poi l'intervallo I_3, e così via.

Abbiamo così ottenuto una famiglia di intervalli chiusi $I_1, I_2, \ldots,$ ognuno contenuto nel precedente. Per la proprietà di Cantor (C), esiste un punto L comune a tutti gli intervalli I_k. Faremo vedere che L è l'elemento separatore della sezione (A, B).

Supponiamo per assurdo che esista un elemento $a \in A$, maggiore di L. Per l'assioma di Archimede (A), esisterà un intero N tale che

$$b_1 - a_1 < N(a - L),$$

ed essendo $2^{N-1} \geq N$, risulterà

$$b_N - a_N = 2^{1-N}(b_1 - a_1) < a - L.$$

Ma allora dovrà essere

$$a_N = b_N - (b_N - a_N) > b_N - (a - L) > L,$$

dato che $b_N > a$. Ne segue che L non può appartenere all'intervallo $[a_N, b_N]$, contro l'ipotesi. Si dovrà dunque avere $a \leq L$ per ogni $a \in A$.

In maniera analoga si dimostra che $b \geq L$ per ogni $b \in B$, e dunque L è l'elemento di separazione cercato.

(3) (A) $\wedge$ (S) $\Rightarrow$ (D).

Sia (A, B) una sezione di $\mathbb{R}$ e siano I_k gli intervalli costruiti sopra. Sia ϵ un numero positivo e sia N un intero tale che $N\epsilon > b_1 - a_1$. Si ha, come sopra,

$$b_n - a_n = 2^{1-n}(b_1 - a_1) < \epsilon$$

per ogni $n \geq N$. Inoltre, se n ed m sono maggiori di N, i punti a_n e a_m sono contenuti nell'intervallo $[a_N, b_N]$, e dunque $|a_n - a_m| < \epsilon$. La successione dei primi estremi $\{a_k\}$ è dunque una successione di Cauchy e, per ipotesi, converge.

Sia λ il suo limite; facciamo vedere che λ è l'elemento separatore della sezione (A, B). Osserviamo innanzitutto che λ è anche il limite della successione $\{b_n\}$

dei secondi estremi degli intervalli I_n. Infatti $|b_n - \lambda| \leq |b_n - a_n| + |a_n - \lambda|$, e le due successioni a secondo membro tendono a zero.

Se ora b è un elemento di B, si ha $b - a_n > 0$, e dunque, facendo tendere n all'infinito, $b - \lambda \geq 0$. Analogamente, se $a \in A$, risulta $a - b_n < 0$, e dunque $a - \lambda \leq 0$. Risulta così $a \leq \lambda \leq b$ per ogni $a \in A$ ed ogni $b \in B$, e dunque λ è l'elemento separatore della sezione (A, B).

(4) (M) $\Rightarrow$ (D).

Osserviamo innanzitutto che (M) $\Rightarrow$ (A). Supponiamo infatti che il principio di Archimede non sia vero, e cioè che esistano due numeri positivi a e b tali che per ogni intero n risulti $na \leq b$. La successione crescente $\{na\}$ sarebbe allora limitata, e dunque convergente. Sia θ il suo limite; poiché $(n+1)a = na + a$, si ha

$$\lim_{n\to\infty} (n+1)a = \theta + a.$$

D'altra parte, la successione $\{(n+1)a\}$ è estratta dalla $\{na\}$, e dunque ha lo stesso limite θ, una contraddizione.

Ciò premesso, si può ripetere la dimostrazione precedente, osservando che la successione $\{a_k\}$ dei primi estremi è crescente e limitata superiormente da b_1; dunque convergente. ∎

6 I numeri naturali e gli assiomi di Peano

Abbiamo visto nelle *Lezioni* (cap. 1, § 6) come i numeri naturali si possano definire assiomaticamente mediante gli assiomi di Peano. Secondo questa teoria, il sistema dei numeri naturali è costituito da un insieme $\mathbb{N}$ nel quale è definita un'applicazione $\sigma : \mathbb{N} \to \mathbb{N}$ con le seguenti proprietà:

(1) $\exists 1 \in \mathbb{N} : 1 \notin \sigma(\mathbb{N})$;

(2) σ è iniettiva;

(3) Se $\mathcal{A} \subset \mathbb{N}$, $1 \in \mathcal{A}$ e $\sigma(\mathcal{A}) \subset \mathcal{A}$, allora $\mathcal{A} = \mathbb{N}$.

Tutte e tre le proprietà elencate sono necessarie per caratterizzare un sistema che abbia le proprietà intuitive dei numeri naturali. Ad esempio, la (2) e la (3) sono verificate da un insieme composto da due soli elementi, che chiameremo 1 e 2, quando si definisca $\sigma(1) = 2$ e $\sigma(2) = 1$. Se invece si omette la (2), si può soddisfare alla (1) e alla (3) con un sistema di tre elementi, 1, 2 e 3, con $\sigma(1) = 2$, $\sigma(2) = 3$ e $\sigma(3) = 2$. Infine, la (1) e la (2) sono soddisfatte da un sistema composto dagli usuali numeri interi, con l'aggiunta di due ulteriori elementi α e β, con $\sigma(\alpha) = \beta$ e $\sigma(\beta) = \alpha$.

La proprietà (3) è nota come *principio di induzione*, ed è equivalente all'affermazione che ogni insieme non vuoto $\mathcal{H} \subset \mathbb{N}$ ha minimo (vedi *Lezioni*, cap. 1,

§ 6).[2] Essa è alla base di un gran numero di dimostrazioni. Vediamone alcune conseguenze.

Teorema 6.1 *Ogni numero diverso dall'unità è successivo di qualche numero; in simboli:*

$$\{1\} \cup \sigma(\mathbb{N}) = \mathbb{N}.$$

Dimostrazione. Sia $\mathcal{A} = \{1\} \cup \sigma(\mathbb{N})$. Evidentemente $1 \in \mathcal{A}$; inoltre, se $n \in \mathcal{A}$ (ma più in generale se $n \in \mathbb{N}$), risulta $\sigma(n) \in \mathcal{A}$. Per la (3), $\mathcal{A} = \mathbb{N}$. ∎

È evidente che il *predecessore* di un numero $n \neq 1$ (cioè quel numero k tale che $\sigma(k) = n$) è unico; infatti, altrimenti σ non sarebbe iniettiva.

Possiamo ora dimostrare quanto detto in precedenza, cioè che tutti i modelli dei numeri naturali sono tra loro equivalenti. Osserviamo innanzitutto che, quando abbiamo definito i numeri naturali mediante gli assiomi di Peano (1), (2) e (3), non abbiamo discusso la possibilità di trovare un insieme che verificasse tali assiomi, perché avevamo già fatto vedere che si poteva costruire un sottoinsieme di $\mathbb{R}$ con le proprietà volute; in altre parole, avevamo costruito un *modello* dei numeri naturali. Naturalmente, non è detto che tale modello sia unico; e in realtà si possono costruire modelli di $\mathbb{N}$ che non fanno ricorso all'insieme dei numeri reali. Ora, perché si possa parlare di "numeri naturali" senza specificare a quale modello ci si sta riferendo, è necessario che tutti i possibili modelli siano tra loro equivalenti. Poiché un modello di $\mathbb{N}$ è costituito da un insieme F con un elemento e (l'unità) e un'applicazione $s : F \to F$ verificanti gli assiomi di Peano, occorrerà dimostrare il seguente

Teorema 6.2 *Siano (F, e, s) e (Φ, ϵ, σ) due modelli di $\mathbb{N}$. Allora esiste un'applicazione bigettiva $U : F \to \Phi$ tale che $U(e) = \epsilon$ e $U(s(n)) = \sigma(U(n))$ per ogni $n \in F$.*

Dimostrazione. Definiamo l'applicazione U cominciando col porre $U(e) = \epsilon$. Inoltre, se abbiamo definito $U(n)$, definiamo $U(s(n)) = \sigma(U(n))$. Abbiamo così definito un'applicazione di F in Φ; infatti l'insieme G degli $n \in F$ per i quali U è definita contiene e, e se contiene n contiene anche $s(n)$; quindi per la (3) $G = F$.

[2] A rigore, la dimostrazione delle *Lezioni* si basava sul fatto che i numeri naturali erano considerati come un sottoinsieme di $\mathbb{R}$. Quando invece i numeri naturali sono introdotti assiomaticamente, bisogna cominciare col definire il significato dell'espressione $a < b$, come pure della nozione di minimo, che si basa su di essa. Si tratta di un lavoro lungo, che noi non intraprenderemo, anche perché, come mostreremo tra poco, tutti i *modelli* dei numeri naturali sono equivalenti tra loro.

Resta da far vedere che U è bigettiva (cioè iniettiva e surgettiva). Sia $\Gamma = U(F)$; risulta $\epsilon = U(e) \in \Gamma$), e inoltre se $\nu \in \Gamma$ (cioè se $\nu = U(n)$ per qualche $n \in F$) allora anche $\sigma(\nu) = U(s(n)) \in \Gamma$, cosicché $\Gamma = \Phi$ e U è surgettiva.

Infine, per dimostrare che U è iniettiva, consideriamo l'insieme Λ degli elementi $\nu \in \Phi$ che provengono da un solo elemento di F, e cominciamo a far vedere che $\epsilon \in \Lambda$.

Si ha $\epsilon = U(e)$; se ora ϵ provenisse anche da un altro elemento $n \in F$, detto m il predecessore di n (vedi il teorema precedente) si avrebbe $\sigma(U(m)) = U(s(m)) = = U(n) = \epsilon$, e dunque ϵ sarebbe il successore di $U(m)$, contro l'assioma (1). Ne segue che $\epsilon \in \Lambda$.

Supponiamo ora che $\nu \in \Lambda$ e dimostriamo, ragionando per assurdo, che $\sigma(\nu) \in \Lambda$. Supponiamo che ciò non sia vero, e siano $m, n \in F$ tali che $U(m) = U(n) = \sigma(\nu)$. Né m né n possono essere l'unità e, dato che $U(e) = \epsilon$, che non può essere successore di nessun $\nu \in \Phi$. Detti allora $\overline{m}$ ed $\overline{n}$ i loro predecessori, risulterà $\sigma(\nu) = U(s(\overline{m})) = \sigma(U(\overline{m}))$ e dunque, per l'iniettività di σ, si avrà $U(\overline{m}) = \nu$. Analogamente, $U(\overline{n}) = \nu$. Ma allora ν proviene da due elementi distinti di F, contro l'ipotesi. Ne segue che $\sigma(\nu) \in \Lambda$; dunque, sempre per la (3), $\Lambda = \Phi$. Ciò dimostra l'iniettività di U e conclude la dimostrazione del teorema. ■

Esempio 6.1

Abbiamo visto nel teorema precedente che il principio di induzione può essere usato anche per definire un'applicazione di $\mathbb{N}$ in un secondo insieme. Un caso importante è costituito dalle successioni, cioè dalle applicazioni di $\mathbb{N}$ in $\mathbb{R}$. Un esempio di come opera il principio di induzione è dato dalla definizione di $n!$ (il *fattoriale* di n). Nelle *Lezioni* (cap. 1, § 6) si era posto

$$n! = 1 \cdot 2 \cdot \ldots \cdot (n-1) \cdot n,$$

una definizione che fa appello immediato all'intuizione, ma un po' debole formalmente, a causa della presenza dei puntini di sospensione... Una definizione più rigorosa si può dare usando il principio di induzione:

$$1! = 1; \quad (n+1)! = (n+1)n!.$$

Un altro caso è dato dalla definizione del simbolo di sommatoria $\sum$. Intuitivamente si definisce ad esempio:

$$\sum_{k=1}^{n} k^2 = 1 + 2^2 + 3^2 + \ldots + (n-1)^2 + n^2,$$

mentre la definizione rigorosa può essere la seguente:

$$\sum_{k=1}^{1} k^2 = 1; \quad \sum_{k=1}^{n+1} k^2 = \sum_{k=1}^{n} k^2 + (n+1)^2.$$

Naturalmente quanto si guadagna in rigore lo si perde in intuitività e quindi, in ultima analisi, in comprensibilità immediata; per questo motivo abbiamo continuato e continueremo a usare i puntini invece delle più rigorose definizioni per induzione o, come si dice, per *ricorrenza*. Notiamo però che queste ultime sono particolarmente adatte quando si debbano eseguire dei calcoli con un computer. Ad esempio, se si vuole scrivere un programma che calcola la somma dei quadrati dei primi n numeri interi, si dovrà usare la definizione formale e non quella intuitiva, che il computer non riesce normalmente a capire. ■

In $\mathbb{N}$ si possono definire una *somma* e un *prodotto* per ricorrenza. La somma si indica col simbolo + ed è definita dalle seguenti proprietà:

(a) $\forall a \in \mathbb{N},\ a + 1 = \sigma(a)$.

In particolare, d'ora in poi si scriverà $a+1$ invece di $\sigma(a)$.

(b) $\forall a, b \in \mathbb{N},\ a + (b + 1) = (a + b) + 1$.

In maniera analoga, a partire dalla somma si può definire il prodotto mediante le seguenti relazioni:

(c) $\forall a \in \mathbb{N},\ a \cdot 1 = a$.

(d) $\forall a, b \in \mathbb{N},\ a \cdot (b + 1) = a \cdot b + a$.

Le operazioni di somma e prodotto soddisfano alle proprietà commutativa $[a + b = b + a;\ ab = ba]$, associativa $[a + (b + c) = (a + b) + c;\ a(bc) = (ab)c]$ e distributiva $[(a + b)c = ac + bc]$, le cui dimostrazioni fanno un uso massiccio del principio di induzione (3).

Teorema 6.3 (Proprietà associativa della somma) $a + (b + c) = (a + b) + c$.

Dimostrazione. Fissati i due numeri interi a e b, sia $\mathcal{A}$ l'insieme degli interi c tali che $a + (b + c) = (a + b) + c$. Per la proprietà (b) si ha $a + (b + 1) = (a + b) + 1$, e dunque $1 \in \mathcal{A}$. Supponiamo ora che $c \in \mathcal{A}$, cioè che sia $a + (b + c) = (a + b) + c$. In particolare, risulterà anche $[a + (b + c)] + 1 = [(a + b) + c] + 1$. Usando ripetutamente la definizione (b), si ottiene allora

$$a + [b + (c + 1)] = a + [(b + c) + 1] = [a + (b + c)] + 1 = \\ = [(a + b) + c] + 1 = (a + b) + (c + 1)$$

e dunque $c+1 \in \mathcal{A}$. Per il principio di induzione, $\mathcal{A} = \mathbb{N}$, e il teorema è dimostrato. ■

Una conseguenza del teorema 6.3 è che si può scrivere la somma di tre o più termini senza parentesi, in quanto l'ordine in cui si eseguono le varie operazioni di somma è irrilevante. Ad esempio, si può scrivere $a + b + c$, dato che si ottiene lo stesso risultato sia calcolando prima la somma $a+b$ e poi aggiungendovi c, sia aggiungendo ad a la somma $b + c$.

Teorema 6.4 (Proprietà commutativa della somma) $a + b = b + a$.

Dimostrazione. Cominciamo col dimostrare che $1 + a = a + 1$. Per questo, indichiamo con $\mathcal{A}$ l'insieme degli interi che verificano tale uguaglianza. Si ha $1 \in \mathcal{A}$; inoltre, se $a \in \mathcal{A}$ (cioè se $1 + a = a + 1$), risulta $1 + (a + 1) = (1 + a) + 1 = = (a+1)+1$, cosicché $a+1 \in \mathcal{A}$. Per induzione, $\mathcal{A} = \mathbb{N}$ o, in altre parole, $a+1 = 1+a$ per ogni $a \in \mathbb{N}$.

Fissato ora $a \in \mathbb{N}$, indichiamo con $\mathcal{B}$ la classe degli interi b tali che $a+b = b+a$. Si ha $1 \in \mathcal{B}$. Se ora $b \in \mathcal{B}$ (cioè se $a + b = b + a$) risulta

$$a + (b + 1) = (a + b) + 1 = (b + a) + 1 = b + (a + 1) = b + (1 + a) = (b + 1) + a$$

(nell'ultimo passaggio si è usata la proprietà associativa della somma). Ne segue che $b + 1 \in \mathcal{B}$ e dunque, per induzione, che $\mathcal{B} = \mathbb{N}$. ∎

Teorema 6.5 (Proprietà distributiva) $(a + b)c = ac + bc$.

Dimostrazione. Fissati due interi a e b, sia $\mathcal{A}$ l'insieme degli interi c per i quali vale la proprietà in questione. Si ha

$$(a + b) \times 1 = a + b = a \times 1 + b \times 1$$

e dunque $1 \in \mathcal{A}$. Supponiamo ora che $c \in \mathcal{A}$, cioè che risulti $(a + b)c = ac + bc$. Usando la definizione (d) del prodotto, si trova

$$\begin{aligned}(a + b)(c + 1) &= (a + b)c + (a + b) = ac + bc + a + b = \\ &= (ac + a) + (bc + b) = a(c + 1) + b(c + 1).\end{aligned}$$

Ne segue che $c + 1 \in \mathcal{A}$ e, per induzione, $\mathcal{A} = \mathbb{N}$. ∎

Esercizi

77. Dimostrare (nell'ordine) le proprietà commutativa e associativa del prodotto.

Dimostrare le seguenti relazioni:

78. $1^3 + 2^3 + 3^3 + \ldots + n^3 = \left(\frac{n(n+1)}{2}\right)^2$ **79.** $1 + 3 + 5 + \ldots + (2n - 1) = n^2$

80. $n! \geq 2^{n-1}$ **81.** $n^n \geq n!$ **82.** $2^n > 10\,n\ (n \geq 6)$ **83.** $2^n > n^2\ (n \geq 4)$

84. $(1 + a)^n \geq 1 + na + \frac{n(n-1)}{2}a^2 \quad (a \geq 0)$

85. Dimostrare che per ogni $a \geq -1$ risulta $(1+a)^n \geq 1+na+\frac{n(n-1)}{2}a^2+\frac{n(n-1)(n-2)}{6}a^3$.

86. Dimostrare che, se $\mu_1, \mu_2, \ldots, \mu_n$ sono dei numeri non negativi e minori di 1 $(0 \leq \leq \mu_i < 1)$, si ha

$$(1-\mu_1)(1-\mu_2)\ldots(1-\mu_n) \geq 1-(\mu_1+\mu_2+\ldots+\mu_n).$$

87. Per $n \in \mathbb{N}$ si definisca $n!!$ nel modo seguente:

$$1!! = 1; \quad 2!! = 2; \quad (n+2)!! = (n+2)\cdot n!!.$$

Trovare una espressione esplicita per $n!!$. Dimostrare che risulta $(2n)!! = 2^n n!$.

88. Dimostrare che, se A è un insieme con N elementi, l'insieme $\mathcal{P}(A)$ ha 2^N elementi.

7 Insiemi numerabili

Un insieme $\mathcal{A}$ si dice *numerabile* se si può porre in corrispondenza biunivoca con l'insieme $\mathbb{N}$ dei numeri naturali. In particolare $\mathbb{N}$ stesso è ovviamente numerabile; inoltre sono numerabili

(a) l'insieme dei numeri pari,

(b) l'insieme dei numeri dispari,

(c) l'insieme dei quadrati, dei cubi e così via,

(d) l'insieme $\mathbb{Z}$ dei numeri interi (positivi e negativi).

Non è difficile trovare le corrispondenze biunivoche richieste tra $\mathbb{N}$ e gli insiemi elencati; ad esempio, la relazione che ad ogni intero n associa $2n$ è una corrispondenza biunivoca tra $\mathbb{N}$ e l'insieme dei numeri pari.

Molto spesso, invece di dare esplicitamente la corrispondenza in questione, è più comodo indicare il modo in cui l'insieme considerato può essere *numerato*. Ciò si può fare scrivendo l'uno dopo l'altro i termini dell'insieme; ad esempio, i numeri pari si possono disporre nella successione:

$$2,\ 4,\ 6,\ 8,\ \ldots,$$

che indica implicitamente la corrispondenza $n \leftrightarrow 2n$. Vale comunque la pena di osservare che questa scrittura, anche se è spesso più espressiva, non è altrettanto rigorosa della formula esplicita della corrispondenza biunivoca.

Per quanto riguarda la numerabilità di $\mathbb{Z}$, osserviamo che non si può pensare di *contare* prima i numeri positivi e poi i negativi. In tal modo infatti non si arriverebbe mai a questi ultimi. Si deve invece numerare l'insieme prendendo alternativamente numeri positivi e negativi, ad esempio nel modo seguente:

$$0,\ -1,\ 1,\ -2,\ 2,\ -3,\ \ldots$$

Lasciamo al lettore il compito di trovare un'espressione esplicita della corrispondenza biunivoca tra $\mathbb{N}$ e $\mathbb{Z}$ indicata sopra.

Si noti che tutti gli insiemi considerati (con la sola eccezione di $\mathbb{Z}$) sono dei sottoinsiemi di $\mathbb{N}$, che dunque ha la proprietà un po' paradossale di poter essere messo in corrispondenza biunivoca con un suo sottoinsieme proprio. Peraltro quest'ultima è una proprietà caratteristica degli insiemi infiniti, al punto che nella teoria astratta degli insiemi essa è usata come definizione: *Un insieme A si dice infinito se può essere messo in corrispondenza biunivoca con un suo sottoinsieme proprio; in caso contrario si dice finito.*

Con questa definizione, si può dimostrare il seguente teorema, il quale dice che l'insieme $\mathbb{N}$ è in un certo senso il più piccolo insieme infinito.

Teorema 7.1 *Ogni insieme infinito contiene una parte isomorfa a $\mathbb{N}$.*

Dimostrazione. Sia E un insieme infinito, e sia σ un'applicazione biunivoca tra E e una sua parte propria. Sia e un elemento di E che non appartiene a $\sigma(E)$. Un insieme $K \subset E$ si dice *induttivo* se $e \in K$ e $\sigma(K) \subset K$. Ad esempio, E stesso è un insieme induttivo. Sia $\mathcal{N}$ l'intersezione di tutti gli insiemi induttivi. Faremo vedere che $\mathcal{N}$ è isomorfo a $\mathbb{N}$, ovvero che soddisfa gli assiomi di Peano. In primo luogo, l'applicazione σ manda $\mathcal{N}$ in $\mathcal{N}$. Infatti risulta $\sigma(\mathcal{N}) \subset \sigma(K) \subset K$ per ogni insieme induttivo K, e dunque $\sigma(\mathcal{N}) \subset \mathcal{N}$. Inoltre, poiché $e \notin \sigma(E)$, si avrà a maggior ragione $e \notin \sigma(\mathcal{N})$. Il primo assioma è dunque verificato. Il secondo è evidente, dato che σ è iniettiva come applicazione di E in E. Infine, sia $A \subset \mathcal{N}$ un insieme tale che $e \in A$ e $\sigma(A) \subset A$. Ne segue che A è induttivo, cosicché $\mathcal{N} \subset A$ per la stessa definizione di $\mathcal{N}$. Ma allora $A = \mathcal{N}$, e il terzo assioma è verificato. ∎

Il lettore avrà osservato l'analogia tra la dimostrazione di questo teorema e l'introduzione dei numeri naturali nelle *Lezioni* (cap. 1, § 6). In effetti, la costruzione delle *Lezioni* consiste nel prendere $E = \{x \in \mathbb{R} : x \geq 1\}$, $e = 1$ e $\sigma(x) = x + 1$. Si riconoscerà anche che i primi due assiomi di Peano non dicono altro se non che $\mathbb{N}$ è un insieme infinito, mentre il terzo afferma che $\mathbb{N}$ non ha sottoinsiemi induttivi propri (cioè diversi da $\emptyset$ e da $\mathbb{N}$ stesso) rispetto all'applicazione σ introdotta nei primi due.

Teorema 7.2 *Un sottoinsieme infinito di un insieme numerabile è numerabile.*

Dimostrazione. Sia $\mathcal{A}$ un insieme numerabile. Ad ogni $n \in \mathbb{N}$ corrisponde uno e un solo elemento di $\mathcal{A}$, che indicheremo con a_n. Consideriamo ora un insieme infinito $\mathcal{B} \subset \mathcal{A}$, e sia $\mathcal{K}$ l'insieme degli n che corrispondono a elementi di $\mathcal{B}$:

$$\mathcal{K} = \{n \in \mathbb{N} : a_n \in \mathcal{B}\}.$$

Chiamiamo n_1 il più piccolo tra gli elementi di $\mathcal{K}$ (tale elemento esiste per il principio di induzione), n_2 quello immediatamente successivo (cioè il più piccolo degli elementi di $\mathcal{K}_2 = \mathcal{K} - \{n_1\}$), n_3 il più piccolo degli elementi di $\mathcal{K}_3 = \mathcal{K}_2 - \{n_2\}$, e così via. Gli elementi

$$b_1 = a_{n_1}; \quad b_2 = a_{n_2}; \quad b_3 = a_{n_3}; \ \ldots$$

appartengono per costruzione a $\mathcal{B}$, cosicché la corrispondenza $n \to b_n$ associa ad ogni $n \in \mathbb{N}$ un elemento di $\mathcal{B}$. Questa corrispondenza è evidentemente iniettiva, dato che tale è la corrispondenza $n \to a_n$. Facciamo vedere che essa è anche surgettiva.

Osserviamo per questo che si ha $1 \leq n_1 < n_2 < n_3 \ldots$, e dunque $n_k \geq k$. Supponiamo ora che esista un elemento b di $\mathcal{B}$ che non coincide con nessuno dei b_n definiti sopra. Poiché $b \in \mathcal{A}$, sarà $b = a_s$ per qualche intero s. D'altra parte, siccome b non coincide con nessuno degli elementi $a_{n_1}, \ a_{n_2}, \ldots$, il numero s dovrà appartenere a tutti gli insiemi $\mathcal{K}_j$ ($j = 2, 3, \ldots$). Questo è assurdo, dato che, come abbiamo osservato, risulta

$$\min \ \mathcal{K}_{s+1} = n_{s+1} \geq s + 1 > s$$

e dunque s non può appartenere a $\mathcal{K}_{s+1}$. ■

Si vede subito che l'unione di due insiemi numerabili è numerabile. Siano infatti $\mathcal{A}$ e $\mathcal{B}$ due insiemi numerabili, e siano

$$a_1, \ a_2, \ a_3, \ \ldots$$
$$b_1, \ b_2, \ b_3, \ \ldots$$

le successioni degli elementi rispettivamente di $\mathcal{A}$ e di $\mathcal{B}$. La successione

$$a_1, \ b_1, \ a_2, \ b_2, \ a_3, \ b_3, \ldots$$

è una numerazione di $\mathcal{A} \cup \mathcal{B}$. Allo stesso modo si può procedere per l'unione di tre, quattro o più insiemi numerabili. Del tutto analogo è il caso di un'infinità numerabile di insiemi finiti; basterà infatti considerare prima tutti gli elementi del primo insieme, poi tutti quelli del secondo, del terzo, e così via.

Teorema 7.3 *L'unione di un'infinità numerabile di insiemi numerabili è un insieme numerabile.*

Dimostrazione. Naturalmente non si può procedere come sopra, prendendo prima gli elementi del primo insieme, poi quelli del secondo, e così via, perché non si arriverebbe mai al secondo insieme, dato che il primo ha infiniti elementi. Né si può far meglio prendendo prima tutti i primi elementi, poi i secondi ecc., dato che, essendoci infiniti insiemi, non si arriverebbe mai nemmeno a esaurire gli elementi di indice 1. Si può allora operare nel modo che segue. Siano $\mathcal{A}$, $\mathcal{B}$, $\mathcal{C}$, $\mathcal{D}$ ecc. gli insiemi in questione, ognuno dei quali numerabile, e siano

$$\begin{array}{llll} a_1, a_2, a_3, a_4, \ldots & & & \\ & b_1, b_2, b_3, b_4, \ldots & & \\ & & c_1, c_2, c_3, c_4, \ldots & \\ & & & d_1, d_2, d_3, d_4, \ldots \\ & & & \ldots \end{array}$$

le successioni degli elementi rispettivamente di $\mathcal{A}$, $\mathcal{B}$, $\mathcal{C}$, $\mathcal{D}$ ecc. La successione

$$a_1,\ a_2,\ b_1,\ a_3,\ b_2,\ c_1,\ a_4,\ b_3,\ c_2,\ d_1,\ a_5, \ldots$$

fornisce una corrispondenza biunivoca tra $\mathbb{N}$ e l'unione di tutti gli insiemi dati. ■

Un caso particolare, ma di una certa importanza, è quello delle frazioni. È chiaro che gli interi si possono considerare come frazioni con denominatore 1, che così risultano numerabili. Sono altresì numerabili le frazioni di denominatore 2, quelle di denominatore 3, e così via. Ne segue per il teorema precedente che l'unione di tutti questi insiemi, cioè l'insieme di tutte le frazioni, è un insieme numerabile.

Se poi si osserva che i numeri razionali si possono identificare con un sottoinsieme delle frazioni, e precisamente con quelle che hanno il numeratore e il denominatore primi tra loro, si può concludere dal teorema 7.2 che è anche numerabile l'insieme $\mathbb{Q}$ dei numeri razionali.

Teorema 7.4 *L'insieme dei numeri algebrici è numerabile.*

Dimostrazione. Ricordiamo che un numero reale α si dice algebrico se è soluzione di un'equazione algebrica $P(x) = 0$, dove $P(x)$ è un polinomio a coefficienti interi. Ad esempio, ogni numero razionale $q = m/n$ è algebrico, dato che è soluzione dell'equazione $nx - m = 0$, a coefficienti interi. Analogamente, è un numero algebrico $\sqrt{2}$, che è soluzione dell'equazione $x^2 - 2 = 0$.

Se $P(x)$ è un polinomio a coefficienti interi, definiamo *lunghezza* di P la somma del grado di P e dei valori assoluti dei coefficienti di P. Ad esempio, la lunghezza di $x^2 - 2$ è 5. È chiaro che un polinomio a coefficienti interi ha lunghezza almeno 2 (l'unico polinomio di lunghezza 2 è x), e che i polinomi di lunghezza fissata M sono in numero finito. Dato un numero algebrico α, diciamo che α ha lunghezza L se è radice di un polinomio di lunghezza L ma di nessun polinomio di lunghezza minore di L. Ad esempio, 1 ha lunghezza 3 (essendo radice del polinomio $x - 1$), mentre $\sqrt{2}$ ha lunghezza 5.

Da quanto detto sopra, l'insieme dei numeri algebrici di lunghezza data L risulta finito, dato che sono in numero finito i polinomi di lunghezza L e ognuno di essi ha un numero finito di radici. Ne segue che l'insieme di tutti i numeri algebrici, unione di un'infinità numerabile di insiemi finiti, è numerabile. ■

Si potrebbe a questo punto pensare che ogni insieme sia numerabile, ad esempio che sia numerabile l'insieme dei numeri reali. Niente di più sbagliato; si ha infatti

Teorema 7.5 *L'insieme dei numeri reali non è numerabile.*

Dimostrazione. Supponiamo per assurdo che $\mathbb{R}$ sia numerabile, e sia

$$\alpha_1, \ \alpha_2, \ \alpha_3, \ldots$$

la successione dei numeri reali, che supponiamo scritti in forma decimale (*Lezioni*, cap. 2, § 9). Definiamo ora un numero reale $\beta = 0, \beta_1\beta_2\beta_3\ldots$ come segue. Se la prima cifra decimale di α_1 è diversa da 5 si pone $\beta_1 = 5$, altrimenti $\beta_1 = 3$. Analogamente, se la seconda cifra decimale di α_2 è diversa da 5 si pone $\beta_2 = 5$, altrimenti $\beta_2 = 3$. In generale, se la n-esima cifra decimale di α_n è diversa da 5 si pone $\beta_n = 5$, altrimenti $\beta_n = 3$. Il numero β così definito non può far parte della successione α_1, α_2, α_3, ... dato che esso differisce da α_1 per la prima cifra decimale, da α_2 per la seconda, da α_3 per la terza, e così via. Ma allora l'applicazione $n \to \alpha_n$ non poteva essere surgettiva, contro l'ipotesi. ■

Esercizi

89. Dimostrare che, se A e B sono due numeri interi primi tra loro e a è un numero positivo e diverso da 1, allora il numero

$$\frac{\log_a A}{\log_a B}$$

è irrazionale.

90. Una successione è un'applicazione U che ad ogni numero naturale n fa corrispondere un numero reale U_n. Sotto quale condizione una successione può costituire un modello di $\mathbb{N}$?

91. Dimostrare che l'insieme dei numeri irrazionali non è numerabile. È numerabile l'intervallo $(0, 1]$?

92. Una *parola* è un insieme finito di lettere dell'alfabeto (italiano), come ad esempio *srteuhn*. Dimostrare che l'insieme delle parole è numerabile.

8 La topologia della retta reale

Ricordiamo dalle *Lezioni* (cap. 1, § 5) alcune nozioni fondamentali. Un insieme $A \subset \mathbb{R}$ si dice *aperto* se per ogni $x \in A$ esiste un intorno di x contenuto in A. Un insieme si dice *chiuso* se il suo complementare è aperto. Se $B \subset \mathbb{R}$, si chiama *derivato di B* l'insieme $\mathcal{D}B$ dei punti di accumulazione di B, e *chiusura di B* l'insieme $\overline{B} = B \cup \mathcal{D}B$. Si chiama infine *frontiera di B* l'insieme ∂B dei punti x tali che in ogni loro intorno cadono punti sia di B che del suo complementare.

Un insieme $K \subset \mathbb{R}$ si dice *sconnesso* se esistono due insiemi aperti A e B tali che $A \cap K$ e $B \cap K$ sono ambedue non vuoti, $K \subset A \cup B$ e $A \cap B = \emptyset$. In caso contrario, K si dice *connesso*.

La nozione di insieme connesso non è di grande importanza in $\mathbb{R}$. Infatti si ha il seguente

Teorema 8.1 *I soli insiemi connessi $K \subset \mathbb{R}$ sono gli intervalli (eventualmente illimitati da una o da ambedue le parti).*

Dimostrazione. Sia K un insieme connesso; posto $a = \inf K$ e $b = \sup K$, facciamo vedere che $K \supset (a, b)$. Se ciò non fosse, esisterebbe un punto x_0 compreso tra a e b che non appartiene a K. Se poniamo $A = (-\infty, x_0)$ e $B = (x_0, +\infty)$, $A \cap K$ e $B \cap K$ sono non vuoti (dato che, per la definizione di estremo inferiore e superiore, sia tra a e x_0 che tra x_0 e b devono cadere punti di K) e tali che $A \cap B = \emptyset$ e $A \cup B = \mathbb{R} - \{x_0\} \supset K$. Ma allora K sarebbe sconnesso, contro l'ipotesi.

In conclusione, K è l'intervallo (a, b) più eventualmente uno o ambedue gli estremi. In ogni caso, K è un intervallo. ■

Un risultato di una certa importanza è il seguente, che caratterizza gli insiemi aperti di $\mathbb{R}$.

Teorema 8.2 *Ogni insieme aperto non vuoto A di $\mathbb{R}$ è unione finita o numerabile di intervalli disgiunti.*

Dimostrazione. Per ogni $x \in A$, sia J_x il massimo intervallo contenuto in A e contenente x. Osserviamo che, se J_x e J_y sono due tali intervalli, allora o sono disgiunti ($J_x \cap J_y = \emptyset$) o coincidono, dato che, se hanno un punto in comune, allora $J_x \cup J_y$ è un intervallo. Dobbiamo far vedere che gli intervalli J_x disgiunti sono in numero finito o, al più, un'infinità numerabile.

Per semplicità, supponiamo che A sia limitato e che sia contenuto in un intervallo Q di lunghezza L. Gli intervalli J_x non potranno dunque avere lunghezza maggiore di L, mentre al più uno potrà avere lunghezza compresa tra $L/2$ ed

L, dato che se ce ne fossero due si dovrebbero sovrapporre. Consideriamo ora quelli di lunghezza compresa tra $L/4$ e $L/2$; di questi, per la stessa ragione, ce ne possono essere al massimo 3. Continuando, ci sono al più $2^s - 1$ intervalli di lunghezza compresa tra $L/2^s$ e $L/2^{s-1}$. Al variare di s tra 1 e ∞ si trovano tutti gli insiemi J_x, che dunque sono in numero finito (se l'estremo inferiore delle loro lunghezze è maggiore di zero) o al più costituiscono un'infinità numerabile. ■

Esercizi

93. Completare la dimostrazione del teorema precedente considerando il caso che A non sia limitato.

Sia A un insieme di $\mathbb{R}$. Un punto $x \in \mathbb{R}$ si dice *interno* ad A se esiste un intorno di x tutto contenuto in A; si dice *esterno* se esiste un intorno di x che non interseca A. Un punto che non è né interno né esterno è evidentemente un punto della frontiera ∂A, dato che in ogni suo intorno cadono sia punti di A che del complementare $\complement A$.

Si chiama *parte interna* (o *interno*) *di* A, e si indica con A^o, l'insieme dei punti interni di A, ed *esterno di* A l'insieme dei punti esterni. In genere quest'ultimo non ha un simbolo che lo denoti (talvolta si indica con A^e, nel qual caso la parte interna si indica con A^i), perché coincide con la parte interna di $\complement A$.

Esercizi

Trovare i punti interni e i punti di frontiera degli insiemi E qui definiti:

94. $\{x \in \mathbb{R} : x^2 < -x\}$

95. $(0, 1)$ **96.** $[0, 1]$ **97.** $(-\infty, 0]$ **98.** $\left\{x = \frac{1}{n};\ n \in N\right\}$

99. $\bigcup_{n=1}^{\infty} (2n-1,\ 2n)$ **100.** $\left\{x = \frac{p}{q};\ p, q \in \mathbb{N},\ q \leq 100\right\}$

101. $\left\{x = \frac{p}{q};\ p, q \in \mathbb{N},\ q \text{ dispari}\right\}$ **102.** $\mathbb{N}$ **103.** $\{x \in \mathbb{R} : x^2 + 2ax + b \leq 0\}$

104. Dimostrare che per ogni insieme A si ha $A^o \cup (\complement A)^o \cup \partial A = \mathbb{R}$.

105. Provare che, se $\mathbb{Q}$ è l'insieme dei numeri razionali, si ha $\mathbb{Q}^o = (\complement\mathbb{Q})^o = \emptyset$, e $\partial\mathbb{Q} = \mathbb{R}$.

106. Provare che A^o è il massimo insieme aperto contenuto in A, ovvero l'unione di tutti gli insiemi aperti contenuti in A. Di conseguenza, A è aperto se e solo se $A^o = A$.

107. Dimostrare che $\overline{A} = A \cup \partial A$.

108.* Sia A un insieme aperto. Dimostrare che ∂A non può avere punti interni.

109. Si può dire lo stesso se A è chiuso? E se non si fa nessuna ipotesi su A?

110.* Sia K un insieme chiuso. Dimostrare che esiste un insieme E tale che $\partial E = K$.

9 Numeri complessi

Ricordiamo che un numero complesso z si può scrivere sia in forma cartesiana: $z = a + ib$, sia in forma trigonometrica: $z = \rho e^{i\varphi} = \rho(\cos\varphi + i \sin\varphi)$. Le relazioni tra le coordinate trigonometriche ρ, φ e quelle cartesiane a, b sono date dalle formule

$$\rho = \sqrt{a^2 + b^2}$$

$$\cos\varphi = \frac{a}{\rho}; \quad \sin\varphi = \frac{b}{\rho}$$

ovvero

$$a = \rho\cos\varphi; \quad b = \rho\sin\varphi.$$

Il numero ρ si chiama *modulo* di z, mentre l'angolo φ, che è definito a meno di multipli di 2π, si dice *argomento* di z.

La forma trigonometrica è particolarmente adatta per eseguire prodotti (dunque anche rapporti, potenze e radici). Infatti, se $z = \rho e^{i\varphi}$ e $w = Re^{i\vartheta}$, si ha

$$zw = \rho R e^{i(\varphi+\vartheta)}.$$

Risulta inoltre $z^{-1} = \frac{1}{\rho} e^{-i\varphi} = \frac{\cos\varphi - i\sin\varphi}{\rho}$, e, tornando in coordinate cartesiane,

$$\frac{1}{z} = \frac{a}{a^2 + b^2} - i\frac{b}{a^2 + b^2}.$$

Esercizi

Mettere in forma trigonometrica i seguenti numeri complessi:

111. $z = i$ **112.** $z = -1$ **113.** $z = 1 + i$

114. $z = i(1 + i)$ **115.** $z = \frac{1+i}{1-i}$ **116.** $z = \frac{1}{3+3i}$

117. $z = \sin\alpha + i\cos\alpha$ **118.** $z = \dfrac{4i}{\sqrt{3}+i}$ **119.** $z = \dfrac{i(i-1)}{(i+1)^2}$

120. $z = (1+i)(2-2i)$ **121.** $z = \dfrac{2^8}{(-\sqrt{6}-i\sqrt{2})^5}$ **122.** $z = \dfrac{3}{\left(-1+\dfrac{i}{\sqrt{3}}\right)^4}$

Calcolare il modulo dei seguenti numeri complessi:

123. $1 + i - \dfrac{i}{1-2i}$ **124.** $\dfrac{1}{1-i} + \dfrac{2i}{i-1}$ **125.** $\dfrac{3-i}{(1+i)^2} - \dfrac{1}{1-i}$

Calcolare z^2, z^6, z^{22} se

126. $z = \dfrac{2}{\sqrt{3}-i} + \dfrac{1}{i}$ **127.** $z = \dfrac{1}{(1-i)^2} - i$ **128.** $z = \dfrac{1-i}{i}$

Risolvere le seguenti equazioni:

129. $(z+i)^2 = (\sqrt{3}+i)^3$ **130.** $z^6 + z^3 + 1 = 0$ **131.** $z^3 = |z|^2$

132. $z^2 + i\bar{z} = 1$ **133.** $z^2 + i\sqrt{5}\,|z| + 6 = 0$ **134.** $|z|^2 + 5z + 10i = 0$

135. $z^2 + i\sqrt{3}z + 6 = 0.$

136. Verificare che se $|z| = 1$ si ha $\left|\dfrac{3z-i}{3+iz}\right| = 1.$

137. Sapendo che $1+i$ è radice del polinomio $z^4 - 5z^3 + 10z^2 - 10z + 4$, trovare le altre radici.

Capitolo 3
Successioni

1 Limiti di successioni

Una successione $\{a_n\}$ è un'applicazione di $\mathbb{N}$ in $\mathbb{R}$ o, più semplicemente, una legge che ad ogni intero n fa corrispondere un numero reale a_n. Ricordiamo dalle *Lezioni* (cap. 2, § 3) le definizioni di limite di una successione.

Definizione 1.1 Una successione a_n ha limite finito L se per ogni $\epsilon > 0$ esiste un numero $\nu \in \mathbb{R}$ tale che per ogni $n \geq \nu$ risulta $|a_n - L| < \epsilon$.

Definizione 1.2 Si dice inoltre che $a_n \to +\infty$ $[a_n \to -\infty]$ se per ogni $M \in \mathbb{R}$ esiste un $\nu \in \mathbb{R}$ tale che per ogni $n > \nu$ risulta $a_n > M$ $[a_n < M]$.

Esempio 1.1

Si ha

$$\lim_{n\to\infty}(n - \sqrt{n}) = +\infty.$$

Infatti $n - \sqrt{n} = \sqrt{n}(\sqrt{n} - 1)$, e dunque $n - \sqrt{n} > \sqrt{n}$ non appena $n > 4$. Dato allora un numero reale M, si avrà $n - \sqrt{n} > M$ non appena si prenda $n > \nu = \max(4, M^2)$. ■

Come si vede dall'esempio precedente, non è necessario calcolare il miglior valore possibile di ν (cosa che nell'esempio si sarebbe potuta fare agevolmente risolvendo la disuguaglianza $n - \sqrt{n} > M$ e trovando $n > (1 + 2M + \sqrt{1 + 4M})/2$ se $M \geq 0$ e $n \geq 1$ se $M < 0$). È invece sufficiente trovare un valore di ν a partire dal quale la disuguaglianza richiesta è verificata. Questo in generale è più semplice che non trovare il ν più piccolo, cosa che si può fare solo in casi molto particolari.

Esempio 1.2

Si dimostri che

$$\lim_{n\to\infty} \frac{n+\sin n}{n^3-n^2+1} = 0.$$

Risulta $|n+\sin n| < n+1 \leq 2n$, mentre $n^3-n^2+1 > n^3-n^2 = n^2(n-1) > n^2$ non appena $n \geq 2$. Ne segue che per $n \geq 2$ si ha

$$|a_n| < \frac{2}{n},$$

cosicché per avere $|a_n| < \epsilon$ basterà prendere $n \geq \nu = \max\{2, 2/\epsilon\}$. ∎

Esercizi

Verificare, usando la definizione, che

1. $\displaystyle\lim_{n\to\infty} \frac{n^2+4}{2n^2+3} = \frac{1}{2}$

2. $\displaystyle\lim_{n\to\infty} (3\sqrt{n}-4n) = -\infty$

3. $\displaystyle\lim_{n\to\infty} \frac{n^3-3n}{n+2} = +\infty$

4. $\displaystyle\lim_{n\to\infty} \left(n-\sqrt{n^2-1}\right) = 0$

5. $\displaystyle\lim_{n\to\infty} \left(n^2-n\sin n\right) = +\infty$

6. $\displaystyle\lim_{n\to\infty} \left(2^n-n\right) = +\infty$

7. $\displaystyle\lim_{n\to\infty} \frac{n^2-n\sin n}{3n^2+\cos n} = \frac{1}{3}$

8. $\displaystyle\lim_{n\to\infty} \frac{2n-1}{3n+2} = \frac{2}{3}$

9. $\displaystyle\lim_{n\to\infty} \frac{1+2\times 10^n}{5+3\times 10^n} = \frac{2}{3}$

10. $\displaystyle\lim_{n\to\infty} \log_\alpha\left(1+\frac{1}{n}\right) = 0 \qquad (\alpha > 1)$

11. $\displaystyle\lim_{n\to\infty} \sqrt{\frac{n^2+2}{2n^2-1}} = \frac{1}{\sqrt{2}}$

12. $\displaystyle\lim_{n\to\infty} \frac{1}{3^{3n-1}} = 0.$

Siano $\{a_n\}$ e $\{b_n\}$ due successioni tali che

(a) $a_n > 0$; $\lim_{n\to\infty} a_n = 1$

(b) $|b_n| < 1 \ \forall n \in \mathbb{N}$.

Dire quali delle asserzioni seguenti è conseguenza delle ipotesi (a) e (b):

13. $\exists \nu : 2a_n - b_n > 0 \ \forall n > \nu$

14. $\exists \lim_{n\to\infty} (a_n + b_n)$

15. $\displaystyle\exists \lim_{n\to\infty} \frac{na_n+b_n}{n+1}$

16. $\exists \nu : a_n + b_n > 0 \ \forall n > \nu$

17.* $\exists \lim_{n\to\infty} \frac{b_1 + b_2 + \ldots + b_n}{n}$

18.* $\lim_{n\to\infty} {a_n}^{b_n} = 1$

19.* $\exists K > 0 : Ka_n + b_n > 0 \ \forall n \in \mathbb{N}$

20. $\exists \lim_{n\to\infty} (a_n + |b_n|^n)$.

Negli esercizi 1-12, il limite della successione era dato, e si trattava solo di applicare la definizione per verificarne l'esattezza. Molto spesso però è assegnata solo la successione, e si tratta di esaminare se essa ha limite ed eventualmente di calcolarlo.

Un caso importante di successioni che hanno limite è costituito dalle *successioni monotòne*, cioè dalle successioni crescenti o decrescenti. Queste successioni hanno sempre limite, che nel primo caso (successioni crescenti) è uguale all'estremo superiore, nel secondo all'estremo inferiore.

Esempio 1.3

Consideriamo la successione $a_n = 1 + \frac{1}{\sqrt{2}} + \ldots + \frac{1}{\sqrt{n}} - 2\sqrt{n} = \sum_{k=1}^{n} \frac{1}{\sqrt{k}} - 2\sqrt{n}$. Risulta

$$a_{n+1} = a_n + \frac{1}{\sqrt{n+1}} - 2\sqrt{n+1} + 2\sqrt{n} = a_n + \frac{2\sqrt{n(n+1)} - 2n - 1}{\sqrt{n+1}} < a_n,$$

dato che si ha $2\sqrt{n(n+1)} < 2n + 1$. La successione a_n è dunque decrescente. Ne segue che essa ha limite, uguale all'estremo inferiore.

Per dimostrare che il limite è finito, osserviamo che risulta

$$\begin{aligned} a_k - a_{k+1} &= \frac{1}{\sqrt{k+1}(2k+1+2\sqrt{k(k+1)})} < \frac{1}{4\sqrt{k(k+1)}\sqrt{k+1}} < \\ &< \frac{1}{2}\frac{1}{\sqrt{k(k+1)}(\sqrt{k+1}+\sqrt{k})} = \frac{1}{2}\Big(\frac{1}{\sqrt{k}} - \frac{1}{\sqrt{k+1}}\Big) \end{aligned}$$

e dunque

$$\begin{aligned} a_{n+1} &= a_1 + \sum_{k=1}^{n}(a_{k+1} - a_k) > -1 - \frac{1}{2}\sum_{k=1}^{n}\Big(\frac{1}{\sqrt{k}} - \frac{1}{\sqrt{k+1}}\Big) = \\ &= -1 - \frac{1}{2}\Big(1 - \frac{1}{\sqrt{n+1}}\Big). \end{aligned}$$

La successione a_n è allora limitata inferiormente, cosicché il limite è finito; passando al limite nella relazione precedente, si ottiene inoltre

$$\lim_{n\to\infty} a_n \geq -\frac{3}{2}. \ \blacksquare$$

Come si vede dall'esempio precedente, non sempre si riesce a calcolare esplicitamente il limite di una successione convergente. Anche nei casi in cui ciò è possibile, non ci sono in genere regole fisse per il calcolo del limite, e ci si dovrà spesso affidare all'intuizione per immaginarsi quale esso possa essere, salvo poi dimostrare l'esattezza di quanto si era congetturato. Naturalmente saranno di aiuto sia i limiti notevoli che i teoremi dimostrati nelle *Lezioni*, in particolare il cosiddetto *teorema dei due carabinieri* (cap. 2, Teorema 4.1): *se* $a_n \leq b_n \leq c_n$ *e se* $\lim_{n\to\infty} a_n = \lim_{n\to\infty} c_n$, *allora anche la successione* b_n *avrà lo stesso limite*. Non di rado sarà utile anche ricordare i metodi di dimostrazione usati, dato che in molti casi si ha a che fare con semplici variazioni sul tema.

Per comodità del lettore, ricordiamo alcuni limiti notevoli:

(1) $\lim_{n\to\infty} \sqrt[n]{A} = 1 \, (A > 0)$ (2) $\lim_{n\to\infty} n^{\beta} A^{-n} = 0 \, (A > 1)$

(3) $\lim_{n\to\infty} n^{-\alpha} \ln n = 0 \, (\alpha > 0)$ (4) $\lim_{n\to\infty} \sqrt[n]{n} = 1$

(5) $\lim_{n\to\infty} \left(1 + \frac{1}{n}\right)^n = e$ (6) $\lim_{n\to\infty} \left(1 + \frac{\alpha}{n}\right)^n = e^{\alpha}$.

È anche interessante il limite del rapporto tra due polinomi. Se $P(x) = a_m x^m + + \ldots + a_1 x + a_0$ e $Q(x) = b_k x^k + \ldots + b_1 x + b_0$, si ha

$$\lim_{n\to\infty} \frac{P(n)}{Q(n)} = 0 \qquad \text{se} \qquad m < k$$

$$\lim_{n\to\infty} \frac{P(n)}{Q(n)} = \frac{a_m}{b_m} \qquad \text{se} \qquad m = k$$

$$\lim_{n\to\infty} \frac{P(n)}{Q(n)} = \pm\infty \qquad \text{se} \qquad m > k,$$

dove si ha il segno + se a_m e b_k sono dello stesso segno, e il segno − se sono di segno opposto.

Esempio 1.4

Si calcoli

$$\lim_{n\to\infty} n\left(\sqrt[3]{n+2} - \sqrt[3]{n}\right).$$

Per calcolare questo limite basterà ricordare che $a^3 - b^3 = (a-b)(a^2 + ab + b^2)$. Posto allora $a = \sqrt[3]{n+2}$ e $b = \sqrt[3]{n}$, si ottiene

$$n\left(\sqrt[3]{n+2} - \sqrt[3]{n}\right) = \frac{2n}{\sqrt[3]{(n+2)^2} + \sqrt[3]{n(n+2)} + \sqrt[3]{n^2}},$$

dalla quale segue facilmente che il limite richiesto è $+\infty$. ∎

Esempio 1.5

Si calcoli

$$\lim_{n\to\infty} n\left(\sqrt{\frac{n+1}{n+3}}-1\right).$$

Se moltiplichiamo e dividiamo per $\sqrt{\frac{n+1}{n+3}}+1$, otteniamo, dopo aver semplificato,

$$n\left(\sqrt{\frac{n+1}{n+3}}-1\right)=\frac{-2n}{(n+3)\left(\sqrt{\frac{n+1}{n+3}}+1\right)},$$

e quindi il limite richiesto è -1. ■

Esempio 1.6

Calcolare il limite

$$\lim_{n\to\infty} \sqrt[n]{n\ln n}.$$

Per $n \geq 3$ risulta $1 < \ln n < n$ e dunque

$$\sqrt[n]{n} < \sqrt[n]{n\ln n} < \sqrt[n]{n^2}.$$

Poiché sia la prima che la terza successione hanno limite 1, si avrà anche

$$\lim_{n\to\infty} \sqrt[n]{n\ln n} = 1. \blacksquare$$

Per il calcolo di alcuni limiti può essere utile il seguente risultato, per la dimostrazione del quale rimandiamo alle *Lezioni* (cap. 2, § 6; cfr. Esercizio 6.4).

Teorema 1.1 *Sia $\{a_n\}$ una successione a termini positivi. Se risulta $\lim_{n\to\infty}\frac{a_{n+1}}{a_n}=L$, allora si ha anche*

$$\lim_{n\to\infty} \sqrt[n]{a_n} = L.$$

Esempio 1.7

Si calcoli il limite

$$\lim_{n\to\infty} \sqrt[n]{\binom{2n}{n}}.$$

3

Risulta

$$\frac{\binom{2n+2}{n+1}}{\binom{2n}{n}} = \frac{(2n+2)(2n+1)2n\ldots(n+2)}{(n+1)!}\,\frac{n!}{2n(2n-1)\ldots(n+1)} =$$

$$= \frac{(2n+2)(2n+1)}{(n+1)^2}$$

e dunque

$$\lim_{n\to\infty} \frac{\binom{2n+2}{n+1}}{\binom{2n}{n}} = 4.$$

Per il teorema precedente, si ha allora anche

$$\lim_{n\to\infty} \sqrt[n]{\binom{2n}{n}} = 4. \ \blacksquare$$

Esercizi

Calcolare i seguenti limiti:

21. $\lim_{n\to\infty} \frac{\sqrt{n^3+9n^2}-\sqrt{n^4+1}}{n^2+2}$

22. $\lim_{n\to\infty} \frac{\sqrt{n^4+9n}-\sqrt{n^4+1}}{n^2+2n}$

23. $\lim_{n\to\infty} \sqrt[n]{n^4+1}$

24. $\lim_{n\to\infty} \sqrt[n]{2n^5+1}$

25. $\lim_{n\to\infty} \frac{n}{2^n-3^n}$

26. $\lim_{n\to\infty} \frac{n^2}{n!}$

27. $\lim_{n\to\infty} \frac{n^2+1}{2^n+5^n}$

28. $\lim_{n\to\infty} \left(\sqrt{n+1}-n\sqrt{n-1}\right)\sqrt{n^3+1}$

29. $\lim_{n\to\infty} \frac{n^{20}+4n^4+1}{n!}$

30. $\lim_{n\to\infty} n\left(\sqrt{1+\frac{2}{n^2}}-\sqrt{1-\frac{4}{n}}\right)$

31. $\lim_{n\to\infty} \sqrt[n]{2^n+3^n}$

32. $\lim_{n\to\infty} \frac{(n+1)^6-(n-1)^6}{(n+1)^5+(n-1)^5}$

33. $\lim_{n\to\infty} n\left(\sqrt{n^2+n}-n\right)$

34. $\lim_{n\to\infty} \left(1+\frac{1}{n!}\right)^n$

35. $\lim_{n\to\infty} \sqrt[n]{a^{2n}+1} \quad \{a \in \mathbb{R}\}$

36. $\lim_{n\to\infty} \dfrac{\ln(1+n+n^3) - 3\ \ln n}{n\left(1-\cos\dfrac{1}{n^2}\right)}$

37. $\lim_{n\to\infty} \left(\dfrac{n}{n+1} - \dfrac{n+1}{n}\right)$

38. $\lim_{n\to\infty} \left(\dfrac{n^2}{n+1} - \dfrac{n^2+1}{n}\right)$

39. $\lim_{n\to\infty} \dfrac{\sin n}{n}$

40. $\lim_{n\to\infty} \dfrac{n!}{n^n}$

41. $\lim_{n\to\infty} (-1)^n \dfrac{n!}{n^n}$

42. $\lim_{n\to\infty} \dfrac{\sqrt[2n]{n!}}{n}$

43. $\lim_{n\to\infty} \dfrac{\sqrt[n]{n!}}{n}$

44. $\lim_{n\to\infty} \sqrt{n}\left(\sqrt{n+1} - \sqrt{n}\right)$

45.* $\lim_{n\to\infty} \dfrac{1+\sqrt{2}+\sqrt[3]{3}+\ldots+\sqrt[n]{n}}{n}$

46. $\lim_{n\to\infty} \dfrac{\sqrt[n]{n(n+1)\ldots(2n)}}{n}$

47. $\lim_{n\to\infty} \dfrac{\ln n!}{n \ln n}$

48. $\lim_{n\to\infty} \sqrt[n]{n} \cdot \sqrt[n+1]{n+1} \cdot \ldots \sqrt[2n]{2n}$

49. $\lim_{n\to\infty} (n - \sqrt{n})\left(\sqrt[3]{1+\dfrac{2}{n}} - 1\right)$

50. $\lim_{n\to\infty} \dfrac{\ln n^3}{\ln(n^3+3n^2)}$

51. $\lim_{n\to\infty} n\left(\sqrt[3]{8+\sin 2^{1/n}} - 2\right)$

52. $\lim_{n\to\infty} \left\{\left(\sqrt{n}\right)^n - 3^n\right\}$

53. $\lim_{n\to\infty} \sqrt[n]{\dfrac{3n+2}{n^2}}$

54. $\lim_{n\to\infty} \dfrac{n^2+n\sin n}{1+n^2+n}$

55. $\lim_{n\to\infty} \sqrt[n]{\dfrac{n+2}{n}}$

56. $\lim_{n\to\infty} \dfrac{n^2(\ln n)^2}{\sqrt{n^5}+1}$

57. $\lim_{n\to\infty} \left(n^{\sqrt{n}} - 2^n\right)$

58. $\lim_{n\to\infty} \dfrac{\sqrt{n^2+1}+\sqrt{n}}{\sqrt[4]{n^5-1}-\sqrt{n}}$

59. $\lim_{n\to\infty} \dfrac{7^n(1-n)}{1+n^2}$

60. $\lim_{n\to\infty} \dfrac{n2^n}{3^n}$

61. $\lim_{n\to\infty} [1+(-1)^n]$

62. $\lim_{n\to\infty} \left(\sqrt{n} - \sqrt[3]{n^3-n+\sin n}\right)$

63. $\lim_{n\to\infty} \dfrac{4n - 3\times 2^n}{(5\times 2^{n-1}-3)\left(\sqrt{2n}-\sqrt{n-1}\right)}$

64. $\lim_{n\to\infty} \left(\dfrac{n^3}{n^2+1} - \dfrac{n^3-1}{n^2}\right)$

65. $\lim_{n\to\infty} \left(\dfrac{n^4+3}{n} - \dfrac{n^4+3n}{n-2}\right)$

66. $\lim_{n\to\infty} \left(\dfrac{n^3-2}{n+2} - \dfrac{n^3-2n^2}{n+1}\right)$

67. $\lim_{n\to\infty} \left(1+\dfrac{7}{n}\right)^{2n}$

68. $\lim_{n\to\infty} n^2 2^{-\sqrt{n}}$

69. $\lim_{n\to\infty} n\left[1-\left(1-\frac{2}{n}\right)^4\right]$

70. $\lim_{n\to\infty} \left(\sqrt[3]{n^6+n^2-1}-n^2\right)$

71. $\lim_{n\to\infty} \frac{3^n-(-2)^n}{3^{n+1}+(-2)^{n+1}}$

72. $\lim_{n\to\infty} \binom{2n}{n}$

73. $\lim_{n\to\infty} n\left(\sqrt{n+1}-\sqrt{n}\right)$

74. $\lim_{n\to\infty} \left(1+\frac{1}{n!}\right)^{n^n}$

75. $\lim_{n\to\infty} \left(1+\frac{1}{n^n}\right)^{n!}$

76. $\lim_{n\to\infty} \frac{10325n}{n^2-3}$

77. $\lim_{n\to\infty} \left(1+\frac{3}{n^2+n^4}\right)^n$

78. $\lim_{n\to\infty} \frac{2^{\sqrt{(\ln n)^2+\ln n^2}}}{n^2+1}$

79. $\lim_{n\to\infty} \frac{10^{\sqrt{(\ln n)^2+\ln n^2}}}{n^2+1}$

80.* $\lim_{n\to\infty} \sin\left(2\pi\sqrt{n^2+\sqrt{n}}\right)$

81. $\lim_{n\to\infty} \sqrt[n]{\binom{3n}{n}}$

82. $\lim_{n\to\infty} \sqrt[n]{\binom{3n}{2n}}$

83. $\lim_{n\to\infty} \sqrt[n]{\binom{hn}{kn}}$

84. $\lim_{n\to\infty} n^\alpha A^{n^\beta}$

85. $\lim_{n\to\infty} \left(\frac{1}{\sqrt{n^3+1}}+\frac{1}{\sqrt{n^3+4}}+\ldots+\frac{1}{\sqrt{n^3+n^2}}\right)$

86. $\lim_{n\to\infty} \sqrt[2n+1]{-n}$

87. $\lim_{n\to\infty} \left(\sqrt[n]{2}-1\right)^n$

Dire per quali valori reali di a esistono finiti i limiti

88. $\lim_{n\to\infty} \left(1+\frac{n^2+1}{n^a}\right)^n$

89. $\lim_{n\to\infty} (a^n+n^a)$

90. Dimostrare che, se a_n e b_n sono due successioni positive, risulta

$$\lim_{n\to\infty} \sqrt[n]{a_n+b_n} = \max\left\{\lim_{n\to\infty} \sqrt[n]{a_n},\ \lim_{n\to\infty} \sqrt[n]{b_n}\right\}$$

ogni volta che esistono i limiti a secondo membro.

91.* Provare che, se $a_n \to L$, allora la successione $q_n = \frac{a_1+a_2+\ldots+a_n}{n}$ ha anch'essa limite L.

92. Si dimostri che risulta $\lim_{n\to\infty} \frac{a_n}{n} = \lim_{n\to\infty} (a_n - a_{n-1})$ non appena il secondo limite esiste.

93. Sia a_n una successione tale che $a_0 = 6$ e $1 \le a_{n+1} \le \sqrt{a_n}$. Dimostrare che a_n ha limite e trovare il suo valore.

94.* Dimostrare che l'equazione $x^7 + x - \frac{1}{n}$ ha una sola soluzione reale x_n. Trovare il limite della successione x_n.

Esempio 1.8

Per ogni numero razionale positivo $r = \frac{k}{p}$, risulta

$$\lim_{n\to\infty} n\left\{\left(1+\frac{1}{n}\right)^r - 1\right\} = r.$$

Se r è un intero positivo, si può applicare la formula del binomio:

$$n\left\{\left(1+\frac{1}{n}\right)^r - 1\right\} = \sum_{k=1}^{r}\binom{r}{k} n^{1-k},$$

da cui segue subito

$$\lim_{n\to\infty} n\left\{\left(1+\frac{1}{n}\right)^r - 1\right\} = \binom{r}{1} = r. \qquad [1.1]$$

Supponiamo ora $r = \frac{k}{p}$. Si ha per ogni β reale

$$\beta^p - 1 = (\beta - 1)(1 + \beta + \beta^2 + \ldots + \beta^{p-1}),$$

e, prendendo $\beta = \alpha^{k/p}$,

$$\alpha^{k/p} - 1 = \frac{\alpha^k - 1}{1 + \alpha^{k/p} + \ldots + \alpha^{k(p-1)/p}}.$$

Prendiamo ora $\alpha = 1 + \frac{1}{n}$ e moltiplichiamo per n; si ottiene

$$n\left\{\left(1+\frac{1}{n}\right)^r - 1\right\} = \frac{n\left\{\left(1+\frac{1}{n}\right)^k - 1\right\}}{1 + \left(1+\frac{1}{n}\right)^r + \ldots + \left(1+\frac{1}{n}\right)^{r(p-1)}},$$

da cui, tenendo conto della [1.1] e del fatto che ognuno dei p addendi al denominatore tende a 1, si ottiene il risultato voluto. Osserviamo che il risultato resta vero per ogni valore reale di r (vedi più oltre, cap. 6, Esempio 2.2). ■

Esercizio

95. Dimostrare la relazione dell'esempio precedente per r razionale e negativo.

2 Massimo e minimo limite

Quando il limite di una successione non esiste, può essere di qualche interesse calcolare il massimo e il minimo limite. Ricordiamo (vedi *Lezioni*, cap. 2, § 10) che il massimo limite di una successione a_n è l'estremo inferiore dei maggioranti definitivi di a_n, o anche il massimo dei possibili limiti delle successioni estratte dalla a_n. Il minimo limite poi è l'estremo superiore dei minoranti definitivi della a_n, o anche il minimo degli eventuali limiti delle successioni estratte.

Esempio 2.1

La successione $a_n = \{\sqrt[3]{n}\}$ (si ricordi che $\{x\}$ è la parte frazionaria di x) non ha limite, e risulta

$$\max_{n\to\infty}\lim \{\sqrt[3]{n}\} = 1; \quad \min_{n\to\infty}\lim \{\sqrt[3]{n}\} = 0.$$

Poiché 0 e 1 sono rispettivamente un minorante e un maggiorante della successione $\{\sqrt[3]{n}\}$, sarà sufficiente trovare due successioni estratte che convergano l'una a 0 e l'altra a 1. La prima è subito trovata: basta infatti prendere $n = k^3$ per avere $\{\sqrt[3]{n}\} = 0$. Per la seconda, osserviamo che, se $0 < \epsilon < 1$, si ha $(1-\epsilon)^3 < 1-\epsilon < 1-\epsilon^3$ e dunque $\sqrt[3]{1-\epsilon^3} > 1-\epsilon$. Allora, preso $n = k^3 - 1$, si trova

$$k > \sqrt[3]{n} = k\sqrt[3]{1 - \frac{1}{k^3}} > k\left(1 - \frac{1}{k^3}\right) = k - \frac{1}{k^2}.$$

Ne segue che

$$\left\{\sqrt[3]{k^3 - 1}\right\} > 1 - \frac{1}{k^2},$$

e dunque la successione $\{\sqrt[3]{n}\}$ ha massimo limite 1. ■

Esempio 2.2

Se α è un numero irrazionale, risulta

$$\max_{n\to\infty}\lim \{n\alpha\} = 1; \quad \min_{n\to\infty}\lim \{n\alpha\} = 0.$$

Cominceremo col dimostrare la prima di queste relazioni. Dato che $\{n\alpha\} < 1$, basterà provare che per ogni $\epsilon > 0$ esiste un n con $\{n\alpha\} > 1 - \epsilon$.

Useremo il cosiddetto *principio della piccionaia*, che può essere enunciato come segue: *se in una piccionaia ci sono N cubicoli e $N+1$ piccioni, allora ci sono almeno due piccioni in uno stesso cubicolo.* Dividiamo l'intervallo $[0,1]$ in N parti uguali, ognuna di lunghezza minore di ϵ, e consideriamo i numeri $\{k\alpha\}$, con $k = 1, 2, \ldots, N+1$. Poiché α è irrazionale, questi numeri sono tutti distinti. Infatti, se fosse $\{k\alpha\} = \{m\alpha\}$ con $k \neq m$, si avrebbe $k\alpha = p + \{k\alpha\}$ e $m\alpha = q + \{m\alpha\} = q + \{k\alpha\}$ con p e q interi, e dunque α sarebbe uguale a $(p-q)/(k-m)$, cioè sarebbe razionale.

Per il principio della piccionaia, due di questi numeri cadranno nello stesso intervallino; in altre parole, ci saranno due interi p e q, con $p < q$, tali che $|\{q\alpha\} - \{p\alpha\}| < \epsilon$. Ricordando che

$$\{a-b\} = \begin{cases} \{a\} - \{b\} & \text{se} \quad \{a\} \geq \{b\} \\ 1 - \{b\} + \{a\} & \text{se} \quad \{a\} < \{b\} \end{cases}$$

si può concludere che esiste un intero $m = (q-p)$ tale che o $\{m\alpha\} > 1 - \epsilon$ o $\{m\alpha\} < \epsilon$.

Se si verifica la prima eventualità non c'è più nulla da dimostrare. Supponiamo allora che risulti $\{m\alpha\} < \epsilon$, e consideriamo i numeri $\{sm\alpha\}$ con $s = 2, 3$ ecc. Se osserviamo che

$$\{a+b\} = \begin{cases} \{a\} + \{b\} & \text{se} \quad \{a\} + \{b\} < 1 \\ \{a\} + \{b\} - 1 & \text{se} \quad \{a\} + \{b\} \geq 1 \end{cases}$$

concluderemo (si noti che, poiché i numeri $\{k\alpha\}$ sono tutti distinti, si ha sempre $\{m\alpha\} > 0$) che esiste un intero r tale che, se $s < r$, $\{sm\alpha\} = s\{m\alpha\} < 1$, mentre $r\{m\alpha\} > 1$.

Risulterà allora $1 - \{(r-1)m\alpha\} < r\{m\alpha\} - (r-1)\{m\alpha\} = \{m\alpha\} < \epsilon$ e dunque $\{(r-1)m\alpha\} > 1 - \epsilon$. Abbiamo quindi dimostrato che per ogni $\epsilon > 0$ esiste un intero n tale che $\{n\alpha\} > 1 - \epsilon$, cosicché il massimo limite della nostra successione è 1.

Per dimostrare che il minimo limite è 0, basterà osservare che il ragionamento precedente si può ripetere per la successione $\{-n\alpha\}$, e che dunque anche questa ha massimo limite 1. D'altra parte si ha

$$\{-a\} = 1 - \{a\}$$

e dunque

$$\min\lim_{n\to\infty} \{n\alpha\} = \min\lim_{n\to\infty} \big(1 - \{-n\alpha\}\big) = 1 - \max\lim_{n\to\infty} \{-n\alpha\} = 0,$$

cosicché il risultato è completamente dimostrato. ■

Esercizi

Trovare il massimo e il minimo limite delle successioni seguenti:

96. $[1+\sin n]$

97. $\dfrac{n^2+3n+2}{5n^2-4}$

98. $1+(-1)^n$

99. $\sqrt{n^2-1}-n$

100. $n^{(-1)^n}$

101. $\dfrac{(-1)^n}{n}+\dfrac{1+(-1)^n}{2}$

102. $\dfrac{n(n+2)}{n+1}-\dfrac{n^3}{n^2+1}$

103. $n-\left[\sqrt{n}\right]$

104. $\dfrac{1+2+3+\ldots+n}{n}$

105. $\dfrac{n^{2/3}\sin n!}{n+1}$

106. $\dfrac{1+2+3+\ldots+n}{n^2}$

107. $\dfrac{n!}{2^n}\sin n\dfrac{\pi}{2}$

108. $\operatorname{arctg}(-2)^n$

109. $\sqrt[n]{(-1)^n n}$

110. $\dfrac{n+1}{n}\sin\dfrac{n\pi}{10}$.

3 Successioni definite per ricorrenza

In molti casi la successione di cui si vuole calcolare il limite è definita per ricorrenza, assegnando il primo termine e la legge con la quale il termine a_{n+1} si può ricavare dal termine a_n, che lo precede:

$$\begin{cases} a_0 = \alpha \\ a_{n+1} = f(a_n). \end{cases} \qquad [3.1]$$

A partire dunque dal primo termine $a_0 = \alpha$, si potranno determinare, per mezzo della seconda relazione, i termini

$$a_1 = f(\alpha)$$
$$a_2 = f(a_1)$$
$$a_3 = f(a_2)$$

e così via.

Il problema del calcolo del limite, se esiste, di una successione definita per ricorrenza si divide in due parti distinte: la dimostrazione dell'esistenza del limite e il suo calcolo effettivo. In molti casi quest'ultimo problema è più semplice del primo.

Esempio 3.1

Si calcoli il limite della successione definita da

$$a_0 = \frac{1}{2}$$
$$a_{n+1} = a_n^2.$$

Cominciamo a far vedere che la successione a_n converge, dimostrando per induzione che

$$0 < a_n < 1.$$

Questa relazione è vera per $n = 0$; inoltre, se la si suppone verificata per a_n, lo sarà anche per $a_{n+1} = a_n^2$. Di qui segue che la nostra successione è decrescente; infatti, essendo tutti i suoi termini compresi tra 0 e 1, risulterà

$$a_{n+1} = a_n^2 < a_n.$$

Abbiamo così dimostrato che la successione a_n è decrescente e positiva e dunque è convergente. Sia L il suo limite; passando al limite nella relazione che definisce la successione, si ottiene

$$L = \lim_{n\to\infty} a_{n+1} = \lim_{n\to\infty} a_n^2 = L^2,$$

e dunque si deve avere $L = 0$ o $L = 1$. Quest'ultima eventualità è esclusa, poiché la successione è decrescente, e dunque

$$\lim_{n\to\infty} a_n = 0. \ ■$$

Esempio 3.2

Cambiamo ora il primo termine della successione, ponendo $a_0 = 2$, e lasciamo inalterata la legge di ricorrenza $a_{n+1} = a_n^2$. In questo caso si dimostra, sempre per induzione, che la successione a_n è crescente e non è limitata superiormente. Ne segue che

$$\lim_{n\to\infty} a_n = +\infty. \ ■$$

Osserviamo che le successioni degli esempi precedenti e, più in generale, le successioni definite da

$$a_0 = \alpha \in \mathbb{R}$$
$$a_{n+1} = a_n^2$$

si possono calcolare esplicitamente per induzione, ottenendo

$$a_n = \alpha^{2^n}.$$

Risulta allora

$$\lim_{n\to\infty} a_n = \begin{cases} 0 & \text{se} \quad |\alpha| < 1 \\ 1 & \text{se} \quad |\alpha| = 1 \\ +\infty & \text{se} \quad |\alpha| > 1. \end{cases}$$

In generale però non è possibile ottenere un'espressione esplicita per il termine generico di una successione ricorrente.

Esempio 3.3

Studiare la successione

$$a_0 = \alpha > 0$$
$$a_{n+1} = \frac{a_n}{1 + a_n}.$$

Si vede facilmente per induzione che tutti i termini della successione sono positivi. Ne segue che $1+a_n > 1$, e dunque che $a_{n+1} < a_n$, cosicché la successione risulta decrescente. Esisterà allora finito il limite L. Passando al limite nella espressione che definisce la successione per ricorrenza, si ottiene

$$L = \frac{L}{1+L},$$

da cui segue $L = 0$. ∎

In generale, se la successione a_n è definita dalle relazioni [3.1], il suo eventuale limite si dovrà ricercare tra le soluzioni dell'equazione

$$L = f(L),$$

comprendendo tra queste anche il valore $+\infty$ [o $-\infty$] qualora risulti

$$\lim_{x\to+\infty} f(x) = +\infty \quad \left[\text{o} \lim_{x\to-\infty} f(x) = -\infty\right].$$

Che poi la successione a_n tenda effettivamente a uno dei valori così ottenuti, bisognerà dimostrarlo indipendentemente, utilizzando di nuovo la formula di ricorrenza. In alcuni casi, come abbiamo visto sopra, la successione è monotòna, e si può allora concludere immediatamente che il limite esiste; in altri casi ciò non avviene e la conoscenza dei possibili limiti può aiutare a dimostrare la convergenza.

Esempio 3.4

Si studi il comportamento della successione definita dalle relazioni

$$\begin{cases} a_0 = \alpha \geq 0 \\ a_{n+1} = \sqrt[4]{a_n}. \end{cases}$$

I possibili limiti della successione sono 0, 1 e $+\infty$. Se $\alpha = 0$ si ha $a_n \equiv 0$, e dunque il limite è 0. Supponiamo dunque $\alpha > 0$. È immediato vedere che, se $0 < \alpha < 1$, la successione a_n è compresa tra 0 e 1 ed è crescente, mentre se $\alpha > 1$ la successione resta maggiore di 1 ed è decrescente. In ogni caso esiste il limite, che non può essere né 0 né $+\infty$. Si ha allora

$$\lim_{n\to\infty} a_n = 1. \quad \blacksquare$$

Esempio 3.5

Si studi il comportamento della successione

$$\begin{cases} a_0 = \alpha > 0 \\ a_{n+1} = \dfrac{1}{\sqrt{a_n}}. \end{cases}$$

I possibili limiti della successione a_n sono le soluzioni dell'equazione $L = 1/\sqrt{L}$; dunque $L = 1$. Il valore $+\infty$ non è da considerare perché $\lim_{x\to\infty} f(x) = 0$.

Si vede facilmente che la successione non è monotòna; infatti se $a_n > 1$ risulta $a_{n+1} < 1$ e, viceversa, se $a_n < 1$ si trova $a_{n+1} > 1$. I termini risulteranno dunque alternativamente maggiori e minori di 1; ciò suggerisce di considerare separatamente le due sottosuccessioni $\{a_{2n}\}$ e $\{a_{2n+1}\}$.

Si ponga pertanto $b_n = a_{2n}$; risulta

$$b_{n+1} = a_{2n+2} = \frac{1}{\sqrt{a_{2n+1}}} = \frac{1}{\sqrt{\dfrac{1}{\sqrt{a_{2n}}}}} = \sqrt[4]{b_n}.$$

Per l'esempio precedente la successione b_n è monotòna e converge a 1. Analogamente, la successione $c_n = a_{2n+1}$ è monotòna e tende a 1. Ne segue che

$$\lim_{n\to\infty} a_n = 1. \quad \blacksquare$$

Esempio 3.6

Si studi la successione

$$\begin{cases} a_0 = \alpha \\ a_{n+1} = \dfrac{8}{a_n^2}. \end{cases}$$

Deve essere ovviamente $\alpha \neq 0$. Possiamo limitarci a studiare il solo caso $\alpha > 0$, dato che se si cambia il segno di α tutti i termini della successione restano invariati a eccezione del primo. L'unico possibile limite è $L = 2$. Se $\alpha = 2$ si ha $a_n \equiv 2$ e dunque la successione ha limite 2. Supponiamo dunque $\alpha \neq 2$. Come nell'esempio precedente, i termini della successione sono alternativamente maggiori e minori di 2. Consideriamo le successioni $b_n = a_{2n}$ e $c_n = a_{2n+1}$. La successione b_n verifica la relazione

$$b_{n+1} = a_{2n+2} = \frac{8}{a_{2n+1}^2} = \frac{a_{2n}^4}{8} = \frac{b_n^4}{8}.$$

Con un ragionamento analogo a quello degli esempi 3.1 e 3.2, si conclude che

$$\lim_{n\to\infty} b_n = 0 \text{ se } \alpha < 2 \quad \text{e} \quad \lim_{n\to\infty} b_n = +\infty \text{ se } \alpha > 2.$$

Consideriamo ora la successione $c_n = a_{2n+1}$. Questa successione verifica la stessa relazione di ricorrenza della b_n, ed essendo $c_0 = a_1 = 8/\alpha^2$ risulta

$$\lim_{n\to\infty} c_n = +\infty \text{ se } \alpha < 2 \quad \text{e} \quad \lim_{n\to\infty} c_n = 0 \text{ se } \alpha > 2.$$

In ogni caso le due successioni a_{2n} e a_{2n+1} non hanno lo stesso limite, e dunque la successione a_n non ha limite. In conclusione,

$$\lim_{n\to\infty} a_n = \begin{cases} 2 & \text{se} \quad \alpha = 2 \\ \text{non esiste} & \text{se} \quad \alpha \neq 2. \end{cases}$$

Si noti che si poteva fare a meno di considerare la successione c_n, dato che l'unico possibile limite per a_n era $L = 2$, mentre i limiti della successione b_n erano 0 o $+\infty$. ■

Infine, in alcuni casi l'equazione $L = f(L)$ non può essere risolta esplicitamente, e quindi il valore del limite può solo essere dato implicitamente e calcolato approssimativamente.

Esempio 3.7

Si studi la successione definita da

$$\begin{cases} a_0 = \alpha \\ a_{n+1} = \operatorname{arctg} a_n + 1. \end{cases}$$

I possibili limiti della successione a_n sono da ricercarsi tra le soluzioni dell'equazione

$$L - 1 = \operatorname{arctg} L.$$

Se si traccia il grafico delle funzioni $x - 1$ e $\operatorname{arctg} x$, si vede che esiste un unico punto ξ in cui esse sono uguali; inoltre, per $x > \xi$ si ha $x - 1 > \operatorname{arctg} x$, mentre il contrario accade per $x < \xi$.

Supponiamo ora che sia $\alpha > \xi$, e dimostriamo per induzione che tutti i termini della successione restano maggiori di ξ. Infatti ciò è vero per il primo termine a_0; supponendo che sia vero per a_n si ha, poiché $\operatorname{arctg} x$ è crescente,

$$a_{n+1} = \operatorname{arctg} a_n + 1 > \operatorname{arctg} \xi + 1 = \xi.$$

Possiamo ora far vedere che la successione a_n è decrescente. Infatti, poiché a_n è maggiore di ξ, risulta $\operatorname{arctg} a_n < a_n - 1$ e dunque

$$a_{n+1} = \operatorname{arctg} a_n + 1 < a_n.$$

La successione a_n ha dunque limite, che non può essere altro che ξ. In maniera analoga si tratta il caso $\alpha < \xi$. ∎

Il valore di ξ può essere calcolato usando appunto il fatto che esso è limite della successione a_n; nel nostro caso si trova $\xi \approx 2{,}132268\ldots$ In genere, la forma ricorsiva della successione rende particolarmente agevole calcolarne il limite (se esiste) per mezzo di un computer.

Esempio 3.8 (Algoritmo di Erone)

È un metodo per il calcolo della radice quadrata di un numero positivo x mediante una successione ricorrente. Si consideri la successione definita da

$$\begin{cases} a_0 = \alpha \neq 0 \\ a_{n+1} = \dfrac{1}{2}\left(a_n + \dfrac{x}{a_n}\right). \end{cases}$$

I possibili limiti della successione a_n verificano la relazione

$$L = \frac{1}{2}\left(L + \frac{x}{L}\right),$$

e dunque $L = \pm\sqrt{x}$ o $L = \pm\infty$. È chiaro che, se si cambia α in $-\alpha$, tutti i termini della successione cambiano di segno, cosicché sarà sufficiente supporre $\alpha > 0$, nel qual caso risulta $a_n > 0$ per ogni n. In realtà, tranne al più il primo, tutti i termini della successione risultano maggiori di $\sqrt{x}$. Infatti si ha

$$a_{n+1} - \sqrt{x} = \frac{1}{2a_n}\left(a_n^2 + x - 2a_n\sqrt{x}\right) = \frac{1}{2a_n}\left(a_n - \sqrt{x}\right)^2 \geq 0.$$

Non è difficile ora dimostrare che a_n è decrescente; infatti

$$a_{n+1} - a_n = \frac{1}{2}\left(\frac{x}{a_n} - a_n\right) = \frac{1}{2a_n}\left(x - a_n^2\right) \leq 0.$$

Ne segue che il limite della successione esiste ed è $\sqrt{x}$, indipendentemente dal valore di $\alpha > 0$. Se invece α è minore di zero, la successione a_n tende a $-\sqrt{x}$. ∎

Esercizi

Studiare il comportamento delle seguenti successioni definite per ricorrenza:

111. $a_{n+1} = \dfrac{a_n + 2}{3a_n + 2}$, $a_0 > 0$

112. $a_{n+1} = \dfrac{2(2a_n + 1)}{a_n + 3}$, $a_0 < -3$

113. $a_{n+1} = \dfrac{1}{2a_n}$, $a_0 \neq 0$

114. $a_{n+1} = 7a_n - \dfrac{1}{a_n}$, $|a_0| > \dfrac{1}{2}$

115. $a_{n+1} = \sqrt{5a_n}$, $a_0 \geq 0$

116. $a_{n+1} = -\dfrac{1}{2}\left(a_n + \dfrac{3}{a_n}\right)$, $a_0 \neq 0$

117. $a_{n+1} = \sin a_n$

118. $a_{n+1} = \max\left\{\dfrac{1}{2},\ a_n^2\right\}$

119. $a_{n+1} = \dfrac{n a_n}{2n + 1}$

120. $a_{n+1} = \dfrac{1}{2}a_n + 1$

121. $a_{n+1} = 2a_n + 1$

122. $a_{n+1} = a_n^n$, $a_1 > 0$.

123. $a_{n+1} = \dfrac{n+1}{n}a_n$, $a_1 > 0$

124. $a_{n+1} = \dfrac{n}{n+1}a_n$

125. $a_{n+1} = \sqrt{\dfrac{1 + a_n}{2}}$, $a_1 \geq -1$

126. $a_{n+1} = a_n^2 + \dfrac{1}{4}$, $a_0 \geq 0$.

Si trovi il $\lim\limits_{n\to\infty} \sqrt[n]{a_n}$, dove la successione a_n è definita per ricorrenza da

127. $a_{n+1} = 2a_n + 1$, $a_0 > -1$

128.* $a_{n+1} = 3a_n - n + 1$, $a_0 > 0$

129.* $a_{n+1} = n(1 + \ln a_n)$, $a_1 = 1$.

Talvolta la relazione di ricorrenza coinvolge più di due termini successivi della successione, e si presenta come una relazione del tipo

$$x_{n+k} = f(n, x_n, x_{n+1}, \ldots, x_{n+k-1}).$$

In questo caso, per innescare il calcolo dei termini successivi si dovranno assegnare, oltre a x_0, anche i termini $x_1, x_2, \ldots, x_{k-1}$; i termini successivi si possono ricavare uno alla volta dalla relazione data.

Naturalmente la complessità del calcolo dell'eventuale limite della successione cresce al crescere dell'ordine. Ci limiteremo a un solo esempio.

Esempio 3.9

Si consideri la successione definita dalla relazione

$$x_{n+2} = 1 + \frac{x_{n+1}}{x_n}$$

e dalle condizioni iniziali $x_0 = \alpha > 0, x_1 = \beta > 0$.

Si vede subito che tutti i termini della successione sono positivi e dunque (almeno a partire da x_2) maggiori di 1. D'altra parte si ha

$$x_{n+3} = 1 + \frac{1 + \dfrac{x_{n+1}}{x_n}}{x_{n+1}} = 1 + \frac{1}{x_{n+1}} + \frac{1}{x_n},$$

e dunque se $n \geq 5$ si ha $x_n < 3$. Ne segue che la successione x_n è limitata. Sia $L = \max\lim_{n\to\infty} x_n$ e $\lambda = \min\lim_{n\to\infty} x_n$. Si ha $1 \leq \lambda \leq L \leq 3$ e, poiché

$$\min\lim_{n\to\infty} \frac{1}{x_n} = \frac{1}{L} \quad \text{e} \quad \max\lim_{n\to\infty} \frac{1}{x_n} = \frac{1}{\lambda},$$

si ottiene

$$L \leq 1 + \frac{2}{\lambda}, \qquad \lambda \geq 1 + \frac{2}{L}.$$

Moltiplicando la prima relazione per λ e la seconda per L, si ottiene $\lambda+2 \geq L+2$, e dunque $\lambda = L$, cosicché la successione x_n ha limite. Le relazioni precedenti danno $L^2 = L + 2$, e dunque $L = 2$, dato che la soluzione -1 è esclusa. ∎

Esercizi

Trovare il limite (se esiste) delle successioni seguenti, definite per ricorrenza:

130. $x_{n+2} = \dfrac{x_{n+1}}{x_n}$ **131.** $x_{n+2} = \sqrt{x_{n+1}^2 + x_n^2}$

con le condizioni iniziali $x_0 = \alpha > 0$, $x_1 = \beta > 0$.

Esempio 3.10

Un caso piuttosto semplice è quello delle relazioni lineari:

$$a_k x_{n+k} + a_{k-1} x_{n+k-1} + \ldots + a_1 x_{n+1} + a_0 x_n = 0. \qquad [3.2]$$

In questo caso si può dare un'espressione esplicita della successione x_n, o in altre parole della soluzione dell'equazione [3.2]. Per questo cominciamo con l'osservare che, se le successioni x_n e y_n verificano la [3.2], lo stesso accade per ogni loro combinazione lineare $Ax_n + By_n$. Ciò premesso, cerchiamo soluzioni della forma

$$x_n = A\lambda^n,$$

che, introdotta nella relazione precedente, conduce all'equazione caratteristica

$$P(\lambda) \equiv a_k\lambda^k + a_{k-1}\lambda^{k-1} + \ldots + a_1\lambda + a_0 = 0. \qquad [3.3]$$

Se si indicano con $\lambda_1, \lambda_2, \ldots, \lambda_k$ le soluzioni di questa equazione, la soluzione generale della [3.2] sarà data da

$$x_n = A_1\lambda_1^n + A_2\lambda_2^n + \ldots + A_k\lambda_k^n.$$

Le costanti $A_1, A_2, \ldots, A_k$ saranno determinate dalle condizioni iniziali. ∎

Esercizio

132. Dimostrare che, se $\lambda = a+ib$ (e dunque anche $\overline{\lambda} = a-ib$) è una soluzione complessa dell'equazione [3.3], allora, posto $\lambda = \rho e^{i\vartheta}$, si hanno le soluzioni reali $x_n = \rho^n \cos n\vartheta$ e $y_n = \rho^n \sin n\vartheta$.

Esempio 3.11

Consideriamo l'equazione

$$x_{n+2} - x_{n+1} - 6x_n = 0.$$

L'equazione caratteristica è

$$\lambda^2 - \lambda - 6 = 0$$

e ha soluzioni $\lambda = 3$ e $\lambda = -2$. Si avrà dunque

$$x_n = A3^n + B(-2)^n,$$

e le costanti A e B dovranno essere determinate a partire dalle condizioni iniziali. Nel nostro caso risulta

$$A = \frac{2x_0 + x_1}{5}, \quad B = \frac{3x_0 - x_1}{5},$$

e dunque $\lim_{n\to\infty} x_n = \pm\infty$ a seconda che sia $A > 0$ oppure $A < 0$, mentre non esiste se $A = 0$. ∎

Esempio 3.12

I numeri di Fibonacci a_n sono definiti per ricorrenza da

$$a_{n+2} = a_{n+1} + a_n$$

e dalle condizioni iniziali $a_0 = a_1 = 2$. L'equazione caratteristica

$$\lambda^2 - \lambda - 1 = 0$$

ha radici $\lambda = \dfrac{1 \pm \sqrt{5}}{2}$. La soluzione è allora

$$a_n = \frac{\sqrt{5}+1}{\sqrt{5}}\left(\frac{1+\sqrt{5}}{2}\right)^n + \frac{\sqrt{5}-1}{\sqrt{5}}\left(\frac{1-\sqrt{5}}{2}\right)^n.$$

Si noti che, nonostante la forma un po' irrazionale, i numeri di Fibonacci sono interi. I primi tra essi sono

$$2, 2, 4, 6, 10, 16, 26, 42, 68, 110, 178, 288, 466, 754, 1220, 1974, 3194, \ldots$$

Esercizi

133. Dimostrare che i numeri di Fibonacci sono interi.

Risolvere le seguenti equazioni:

134. $x_{n+2} - 2x_{n+1} - 6x_n = 0$

135. $x_{n+2} - 6x_{n+1} + 5x_n = 0$

136. $x_{n+2} - 2x_{n+1} - 3x_n = 0$

137. $x_{n+2} - 2x_{n+1} + 4x_n = 0$

138. $2x_{n+2} - x_{n+1} - x_n = 0$

139. $x_{n+2} = \sqrt{x_{n+1}x_n}$

140. $x_{n+2} = x_{n+1}x_n$

141. $x_{n+2} = \dfrac{x_{n+1}}{x_n}$

142. $x_{n+2} = \sqrt{x_{n+1}^2 + x_n^2}$.

Esempio 3.13

Consideriamo le successioni a_n e b_n definite per ricorrenza come segue:

$$a_{n+1} = \frac{a_n + b_n}{2}, \qquad b_{n+1} = \sqrt{a_{n+1}b_n},$$

con valori iniziali a_1 e b_1 positivi.

Vogliamo dimostrare che le successioni a_n e b_n convergono allo stesso limite. Poniamo $x_n = \frac{a_n}{b_n}$. Dalle formule di ricorrenza si deduce facilmente

$$x_{n+1} = \frac{a_{n+1}}{b_{n+1}} = \sqrt{\frac{a_{n+1}}{b_n}} = \sqrt{\frac{a_n + b_n}{2b_n}} = \sqrt{\frac{1 + x_n}{2}}.$$

Consideriamo dapprima il caso $a_1 \leq b_1$, e dimostriamo per induzione che $x_n \leq 1$. Infatti ciò è vero per $n = 1$; se si suppone vero per n, si ottiene

$$x_{n+1} = \sqrt{\frac{1 + x_n}{2}} \leq \sqrt{\frac{1 + 1}{2}} = 1.$$

Si ha dunque, per ogni n, $a_n \leq b_n$. Sempre dalle formule di ricorrenza si trova $a_{n+1} \geq \frac{a_n + a_n}{2} = a_n$ e inoltre $b_{n+1} \leq \sqrt{b_{n+1} b_n}$, cosicché la successione a_n risulta crescente e la b_n decrescente. In maniera analoga si dimostra che, se $a_1 \geq b_1$, allora risulta $a_n \geq b_n$ per ogni n e inoltre la successione a_n è decrescente e la b_n crescente. In ogni caso le due successioni hanno limite finito. D'altra parte la successione x_n ha limite 1 (vedi esercizio 125), e dunque $\lim_{n\to\infty} a_n = \lim_{n\to\infty} b_n$. Questo limite, che ovviamente dipende dai valori iniziali a_1 e b_1, verrà indicato con $\varphi(a_1, b_1)$.

La convergenza delle successioni a_n e b_n è piuttosto rapida. Infatti (limitandoci al caso $a_1 \leq b_1$) risulta

$$b_{n+1}^2 - a_{n+1}^2 = a_{n+1}(b_n - a_{n+1}) = \frac{b_n + a_n}{2} \cdot \frac{b_n - a_n}{2} = \frac{1}{4}(b_n^2 - a_n^2),$$

e dunque, se si pone $y_n = \sqrt{b_n^2 - a_n^2}$, si ottiene $y_{n+1} = \frac{1}{2} y_n$.

Infine, per calcolare $\varphi(a_1, b_1)$, osserviamo che la successione

$$z_n = \frac{\sqrt{b_n^2 - a_n^2}}{\arccos \frac{a_n}{b_n}} = \frac{y_n}{\arccos x_n}$$

è una successione costante; infatti,

$$z_{n+1} = \frac{y_{n+1}}{\arccos x_{n+1}} = \frac{\frac{1}{2} y_n}{\arccos \sqrt{\frac{1 + x_n}{2}}} = \frac{\frac{1}{2} y_n}{\frac{1}{2} \arccos x_n} = z_n.$$

Si ha dunque $\lim_{n\to\infty} z_n = z_1$. D'altra parte risulta

$$b_n = \frac{z_n \arccos x_n}{\sqrt{1 - x_n^2}}$$

e, ricordando che $x_n \to 1$,

$$\varphi(a_1, b_1) = \lim_{n\to\infty} b_n = \lim_{n\to\infty} z_n = z_1 = \frac{\sqrt{b_1^2 - a_1^2}}{\arccos \dfrac{a_1}{b_1}}.$$

Allo stesso modo si dimostra che, se $a_1 > b_1$ (cioè se $x_1 > 1$), si ha $a_n > b_n$ e inoltre la successione a_n è decrescente e la b_n è crescente. Per calcolare $\varphi(a_1, b_1)$, si può osservare che la successione

$$w_n = \frac{\sqrt{a_n^2 - b_n^2}}{\ln\left(x_n + \sqrt{x_n^2 - 1}\right)}$$

assume valore costante. Infatti, poiché $\sqrt{a_{n+1}^2 - b_{n+1}^2} = \frac{1}{2}\sqrt{a_n^2 - b_n^2}$, risulta

$$w_{n+1} = \frac{\sqrt{a_n^2 - b_n^2}}{\ln\left(\sqrt{\dfrac{x_n + 1}{2}} + \sqrt{\dfrac{x_n - 1}{2}}\right)^2} = w_n.$$

Ne segue che

$$\varphi(a_1, b_1) = \lim_{n\to\infty} b_n = \lim_{n\to\infty} \frac{w_n \ln\left(x_n + \sqrt{x_n^2 - 1}\right)}{\sqrt{x_n^2 - 1}} = w_1 = \frac{\sqrt{a_1^2 - b_1^2}}{\ln\left(x_1 + \sqrt{x_1^2 - 1}\right)}.$$

La relazione precedente assume una forma più semplice se si prende $a_1 = \frac{a+b}{2}$ e $b_1 = \sqrt{ab}$, con $a \geq b$. Poiché risulta

$$\sqrt{a_1^2 - b_1^2} = \frac{a-b}{2} \quad \text{e} \quad \left(x_1 + \sqrt{x_1^2 - 1}\right)^2 = \frac{a}{b},$$

si ha

$$\varphi(a_1, b_1) = \frac{a-b}{\ln \dfrac{a}{b}}. \quad \blacksquare$$

Osservazione 3.1

La formula

$$\arccos \frac{a}{b} = \frac{\sqrt{b^2 - a^2}}{\varphi(a, b)}$$

può essere utilizzata per il calcolo approssimato dell'arcocoseno. La convergenza è piuttosto rapida, dato che sia la successione a_n definita sopra (che tende a $\varphi(a, b)$) sia l'algoritmo di Erone per la radice (vedi sopra, Esempio 3.8) sono velocemente convergenti, cosicché bastano poche iterazioni per ottenere un buon numero di cifre esatte.

Analogamente, dalla formula

$$\ln \frac{a}{b} = \frac{a-b}{\varphi\left(\frac{a+b}{2}, \sqrt{ab}\right)}$$

si possono calcolare i logaritmi. ■

Capitolo 4

Serie numeriche

1 Criteri di convergenza

Ricordiamo dalle *Lezioni* (cap. 2, § 5) che si dice *serie di termine generico* a_n una coppia di successioni $(\{a_n\}, \{s_n\})$, con

$$s_n = \sum_{k=1}^{n} a_k.$$

La successione s_n si dice *successione delle somme parziali* della serie. In genere una serie si indica con il simbolo Σa_n, o anche con

$$\sum_{n=1}^{\infty} a_n.$$

Notiamo che il fatto che si cominci a sommare da $n = 1$ è puramente convenzionale; in effetti, è possibile sommare a partire da 0, o anche da 5, 29, o in generale da un n_0 qualsiasi. Naturalmente in questo caso le somme parziali cominceranno anch'esse dallo stesso termine, e differiranno dalle precedenti per una costante (la somma dei termini trascurati).

Una serie Σa_n si dice convergente se è convergente (cioè se ha limite finito) la successione s_n delle sue somme parziali. Questo limite si chiama *somma della serie*, e si indica con il simbolo

$$\sum_{n=1}^{\infty} a_n.$$

In generale, l'uso dello stesso simbolo per indicare sia una serie che la sua somma non dà luogo a equivoci, in quanto il contesto è sufficiente a determinare di cosa si tratti.

Nelle *Lezioni* (cap. 2, § 14 sg.) abbiamo visto alcuni criteri di convergenza, vale a dire delle condizioni sufficienti ad assicurare la convergenza di una serie data. In particolare ricordiamo i seguenti:

(1) *Assoluta convergenza.* Se converge la serie $\Sigma |a_n|$ dei valori assoluti, allora converge anche la serie Σa_n, e si ha

$$\left|\sum_{n=1}^{\infty} a_n\right| \leq \sum_{n=1}^{\infty} |a_n|.$$

(2) *Criterio della radice.* Se $a_n \geq 0$ e $\max\lim_{n\to\infty} \sqrt[n]{a_n} < 1$, allora la serie Σa_n converge. Se invece risulta $\max\lim_{n\to\infty} \sqrt[n]{a_n} > 1$, la serie diverge.

(3) *Criterio del rapporto.* Se $a_n > 0$ e se $\max\lim_{n\to\infty} \frac{a_{n+1}}{a_n} < 1$, la serie Σa_n converge. Se invece si ha $\lim_{n\to\infty} \frac{a_{n+1}}{a_n} > 1$, allora la serie diverge.

(4) *Criterio di Leibniz.* Se la successione a_n è decrescente e infinitesima, allora la serie a termini di segno alterno

$$\sum_{n=1}^{\infty} (-1)^n a_n$$

è convergente.

(5) *Criterio di condensazione di Cauchy.* Se a_n è una successione a termini positivi, decrescente e infinitesima, la serie Σa_n converge se e solo se converge la serie

$$\Sigma\, 2^n a_{2^n}.$$

Esempio 1.1

La serie

$$\sum_{n=1}^{\infty} \frac{n^2}{2^n}$$

è convergente. Infatti, applicando il criterio della radice si ha

$$\lim_{n\to\infty} \sqrt[n]{\frac{n^2}{2^n}} = \frac{1}{2} \lim_{n\to\infty} \sqrt[n]{n^2} = \frac{1}{2} < 1. \ \blacksquare$$

Esempio 1.2

Si consideri la serie

$$\sum_{n=2}^{\infty} \frac{1}{n \ln n}.$$

La successione $\frac{1}{n \ln n}$ è decrescente e infinitesima. Applicando il criterio di Cauchy, si perviene alla serie

$$\sum_{n=1}^{\infty} \frac{2^n}{2^n \ln 2^n} = \sum_{n=1}^{\infty} \frac{1}{n \ln 2}.$$

Poiché quest'ultima serie diverge, sarà divergente anche la serie di partenza. ■

Esempio 1.3

La serie

$$\sum_{n=1}^{\infty} \frac{1}{\ln n!}$$

è divergente. Si ha infatti

$$\ln n! = \ln 2 + \ln 3 + \ldots + \ln n < n \ln n$$

e dunque $\frac{1}{\ln n!} > \frac{1}{n \ln n}$. Ora, quest'ultima serie diverge, e quindi per il criterio del confronto sarà divergente anche la prima. ■

Esempio 1.4

Dire per quali $x \in \mathbb{R}$ converge la serie

$$\sum_{n=1}^{\infty} \frac{e^{nx}}{n}.$$

La successione e^{nx}/n è a termini positivi. Applicando il criterio della radice si trova

$$\lim_{n \to \infty} \sqrt[n]{\frac{e^{nx}}{n}} = e^x,$$

e questa quantità è minore di 1 per $x < 0$, e maggiore di 1 per $x > 0$. D'altra parte, per $x = 0$, la serie si riduce a $\Sigma\, 1/n$, che diverge. In conclusione, la serie converge per $x < 0$ e diverge per $x \geq 0$. ■

Esempio 1.5

Si consideri la serie

$$\sum_{n=1}^{\infty} \left(\frac{1 + \cos n}{3} \right)^n.$$

La serie è a termini positivi. Applicando il criterio della radice si ottiene

$$\max\lim_{n\to\infty}\left(\frac{1+\cos n}{3}\right)=\frac{1}{3}(1+\max\lim_{n\to\infty}\cos n)=\frac{2}{3}<1,$$

e dunque la serie converge. ∎

Esempio 1.6

Dire per quali $x\in\mathbb{R}$ è convergente la serie

$$\sum_{n=1}^{\infty}\frac{x^n}{1+nx^2}.$$

Applichiamo il criterio della radice alla serie dei valori assoluti. Si ha

$$\lim_{n\to\infty}\frac{|x|}{\sqrt[n]{1+nx^2}}=|x|,$$

e quindi se $|x|<1$ la serie converge assolutamente. Se invece $|x|>1$ la serie non converge, perché non è verificata la condizione necessaria $a_n\to 0$. Resta da considerare il caso $|x|=1$, cioè i punti 1 e -1. Per $x=1$ la serie si riduce a $\sum_{n=1}^{\infty}\frac{1}{1+n}$, che diverge. Se invece $x=-1$, abbiamo la serie $\sum_{n=1}^{\infty}\frac{(-1)^n}{1+n}$, che per il criterio di Leibniz è convergente. In definitiva, la serie data converge se e solo se $-1\le x<1$. ∎

Esempio 1.7

Si consideri la serie

$$\sum_{n=1}^{\infty}\frac{n!x^n}{n^n}.$$

La serie converge ovviamente per $x=0$. Se $x\neq 0$, si ha

$$\frac{|a_{n+1}|}{|a_n|}=\frac{(n+1)!|x|^{n+1}n^n}{n!|x|^n(n+1)^{n+1}}=|x|\left(\frac{n}{n+1}\right)^n=\frac{|x|}{\left(1+\frac{1}{n}\right)^n}$$

e dunque

$$\lim_{n\to\infty}\frac{|a_{n+1}|}{|a_n|}=\frac{|x|}{e}.$$

Applicando il criterio del rapporto alla serie dei valori assoluti, si può concludere che la serie converge assolutamente se $|x|<e$. Se invece $|x|\ge e$, si ha

$$\frac{|a_{n+1}|}{|a_n|}=\frac{|x|}{\left(1+\frac{1}{n}\right)^n}\ge\frac{e}{\left(1+\frac{1}{n}\right)^n}\ge 1.$$

La successione $|a_n|$ risulta quindi crescente e pertanto non può tendere a 0. Viene dunque a mancare la condizione necessaria per la convergenza. Riassumendo, la serie converge nell'intervallo $(-e, e)$ ma non altrove. ■

Esempio 1.8

Le serie telescopiche. Talvolta una serie si presenta sotto la forma particolarmente semplice

$$\sum_{k=1}^{\infty}(b_{k+1} - b_k).$$

In tal caso si possono scrivere immediatamente le somme parziali:

$$s_n = \sum_{k=1}^{n}(b_{k+1} - b_k) = b_{n+1} - b_1.$$

Ne segue che la serie data converge se e solo se la successione b_k ha limite finito b. Si può anche calcolare esplicitamente la somma, che è $s = b - b_1$.

Ad esempio, si ha

$$\sum_{n=1}^{\infty}\frac{1}{n(n+1)} = 1.$$

Infatti $\dfrac{1}{n(n+1)} = -\dfrac{1}{n+1} + \dfrac{1}{n}$, e quindi siamo nel caso di una serie telescopica con $b_n = -\dfrac{1}{n}$. ■

Esempio 1.9

Risulta

$$\sum_{n=1}^{\infty}\frac{1}{n(n+1)(n+2)} = \frac{1}{4}.$$

Basta infatti osservare che

$$\frac{1}{n(n+1)(n+2)} = \frac{1}{2}\left(\frac{1}{n(n+1)} - \frac{1}{(n+1)(n+2)}\right),$$

che rientra nel caso precedente, con $a_n = -\dfrac{1}{2n(n+1)}$. ■

Esercizi

Dire se convergono le serie seguenti:

1. $\sum_{n=0}^{\infty} \frac{\cos \pi n}{n+2}$

2. $\sum_{n=1}^{\infty} \ln\left(1+\frac{1}{n^3}\right)$

3. $\sum_{n=1}^{\infty} \frac{1}{n} \sin \frac{1}{n+1}$

4. $\sum_{n=1}^{\infty} \frac{\ln n}{n^3}$

5. $\sum_{n=1}^{\infty} \frac{1}{n(\ln n)^2}$

6. $\sum_{n=0}^{\infty} \operatorname{tg}\left(\frac{n}{1+n^3}\right)$

7. $\sum_{n=1}^{\infty} \frac{n!}{n^n}$

8. $\sum_{n=2}^{\infty} \frac{1}{n \ln n!}$

9. $\sum_{n=0}^{\infty} \frac{n+1}{n!}$

10. $\sum_{n=1}^{\infty} [\sin(\sin n)]^n$

11. $\sum_{n=1}^{\infty} \frac{n^n}{\binom{2n}{n}}$

12.* $\sum_{n=0}^{\infty} \frac{n^{\sqrt{n}}}{2^n}$

13. $\sum_{n=1}^{\infty} \operatorname{arctg}\left(\frac{1}{n^2}\right)$

14. $\sum_{n=1}^{\infty} \frac{1}{\binom{3n}{n}}$

15. $\sum_{n=1}^{\infty} \frac{n^n}{(n!)^2}$

16.* $\sum_{k=1}^{\infty} a_k$, dove $a_k = \begin{cases} 0 & \text{se } k \text{ non è un cubo} \\ \frac{1}{\sqrt{k}} & \text{se } k \text{ è un cubo} \end{cases}$

17. $\sum_{n=0}^{\infty} 2^{-\sqrt{n}}$

18. $\sum_{n=1}^{\infty} (n!)^{-1/n}$.

Dire per quali $x \in \mathbb{R}$ convergono le serie seguenti:

19. $\sum_{n=1}^{\infty} \frac{x^n}{1+x^{2n}}$

20. $\sum_{n=1}^{\infty} x^n \ln x^n$

21. $\sum_{n=1}^{\infty} \ln(1+n|x|^n)$

22. $\sum_{n=0}^{\infty} \frac{n \sin x^n}{n+x^{2n}}$

23. $\sum_{n=0}^{\infty} \frac{\sqrt{1+x^n}}{x^n}$

24. $\sum_{n=0}^{\infty} \frac{x^n}{2+x^n}$

25. $\sum_{n=0}^{\infty} \frac{\sin x^n}{(1+x)^n}$

26. $\sum_{n=0}^{\infty} 2^{2^{nx}}$

27. $\sum_{n=0}^{\infty} n x^{n!}$

28. $\sum_{n=0}^{\infty} \frac{2^n+3^n}{3^n+4^n} x^{2n+1}$

29. $\sum_{n=1}^{\infty} (nx^2)^{n^2 x}$

30. $\sum_{n=0}^{\infty} \left(\frac{1+x}{1+nx}\right)^n$

31. $\sum_{n=0}^{\infty} \frac{x+n}{1+n^3x^2}$

32. $\sum_{n=0}^{\infty} \frac{1}{1+n^2x^2}$

33. $\sum_{n=1}^{\infty} \frac{\ln nx}{1+n^2x^2}$

34. $\sum_{n=1}^{\infty} \frac{x^{n^2}}{n}$

35. $\sum_{n=0}^{\infty} x^{x^n}$

36. $\sum_{n=0}^{\infty} \frac{\sqrt{x^n}}{1+x^n}$

37. $\sum_{n=0}^{\infty} \frac{2^{nx}}{1+2^{nx^2}}$ 38. $\sum_{n=1}^{\infty} \frac{\ln n^2 x}{n^2+x^2}$ 39. $\sum_{n=0}^{\infty} x^{n-\sqrt{n}}$

40. $\sum_{n=0}^{\infty} x^{nx} (x > 0)$ 41. $\sum_{n=0}^{\infty} e^{-n} \sin(n!x)$ 42. $\sum_{n=1}^{\infty} \frac{1}{1+(2x)^n}$

43. $\sum_{n=1}^{\infty} \frac{1-x^n}{1+x^{2n}}$ 44. $\sum_{n=1}^{\infty} \frac{\ln(1+nx)}{nx^n}$ 45. $\sum_{n=1}^{\infty} \ln \sqrt[n]{1+\frac{x}{n}}$

46. $\sum_{n=0}^{\infty} \frac{1}{1+x^n}$ 47. $\sum_{n=1}^{\infty} \frac{1}{(\ln x)^{\ln n}}$ 48. $\sum_{n=1}^{\infty} \frac{n^{nx}}{n!}$

49. $\sum_{n=1}^{\infty} \frac{(n+x^2)^{nx}}{n!}$ 50. $\sum_{n=1}^{\infty} \left(\frac{x^{2n}}{n} + \frac{n^{2x}}{x}\right)$ 51. $\sum_{n=1}^{\infty} \frac{n^{nx}}{(n!)^{\alpha}}$

52. $\sum_{n=1}^{\infty} \frac{x^{n^3}}{n!}$ 53. $\sum_{n=0}^{\infty} \frac{1}{3+(\ln x)^{2n}}$ 54. $\sum_{n=0}^{\infty} \frac{1}{1+e^{n^2 x}}$

55. $\sum_{n=1}^{\infty} n^{\alpha} x^{\sqrt{n}} (x \geq 0)$ 56. $\sum_{n=0}^{\infty} \frac{\ln(1+2^n)}{n^2+x^{2n}}$ 57. $\sum_{n=1}^{\infty} n^{\alpha} x^{n^{\beta}} (x \geq 0)$

58. $\sum_{n=1}^{\infty} \frac{x+\sin \frac{x}{n}}{n^x}$.

Trovare la somma delle serie seguenti (Pietro Mengoli, *Novae quadraturae arithmeticae*, 1651):

59. $\sum_{n=0}^{\infty} \frac{1}{(an+b)(a(n+1)+b)}$ 60. $\sum_{n=0}^{\infty} \frac{1}{(2n+1)(2n+3)(2n+5)}$

61. $\sum_{n=0}^{\infty} \frac{1}{a_n a_{n+1} \dots a_{n+7}}$, dove $a_k = ak + b$ 62. $\sum_{n=1}^{\infty} \frac{1}{n(n+2)}$

63. $\sum_{n=0}^{\infty} \frac{b_{n+s} - b_n}{b_n b_{n+1} \dots b_{n+s}}$, dove b_n è una successione crescente con $\lim_{n\to\infty} b_n = b$.

2 Ulteriori criteri di convergenza

Oltre ai teoremi dimostrati nelle *Lezioni* e riportati sopra, possono talvolta essere utili i criteri seguenti. Cominciamo con le serie a termini positivi.

Teorema 2.1 (Confronto asintotico) *Siano Σa_n e Σb_n due serie a termini positivi, e supponiamo che*

$$\max\lim_{n\to\infty} \frac{a_n}{b_n} < +\infty.$$

Allora, se la serie $\Sigma\, b_n$ *converge, convergerà anche la serie* $\Sigma\, a_n$ *(e di conseguenza, se* $\Sigma\, a_n$ *diverge, lo stesso accade per* $\Sigma\, b_n$*). Se invece*

$$\min\lim_{n\to\infty} \frac{a_n}{b_n} > 0$$

e la serie $\Sigma\, b_n$ *diverge, divergerà anche la serie* $\Sigma\, a_n$*.*

Dimostrazione. Sia $L = \max\lim_{n\to\infty} \frac{a_n}{b_n}$, e $l = \min\lim_{n\to\infty} \frac{a_n}{b_n}$. Se $L < +\infty$, si ha definitivamente $\frac{a_n}{b_n} < L + 1$ e quindi $a_n < (L+1)\, b_n$. Analogamente, se $l > 0$, risulta $\frac{a_n}{b_n} > \frac{l}{2}$ da un certo punto in poi, e pertanto $a_n > \frac{l}{2}\, b_n$. La tesi segue immediatamente dal teorema del confronto (*Lezioni*, cap. 2, Teorema 6.2). ∎

In particolare, se il rapporto a_n/b_n ha limite λ, e risulta $0 < \lambda < +\infty$, la serie $\Sigma\, a_n$ converge se e solo se converge la serie $\Sigma\, b_n$.

Esempio 2.1

Si consideri la serie

$$\sum_{n=1}^{\infty} \left(1 - \cos\frac{1}{n}\right).$$

Risulta

$$\lim_{n\to\infty} n^2 \left(1 - \cos\frac{1}{n}\right) = \frac{1}{2},$$

e dunque, dato che la serie $\Sigma \frac{1}{n^2}$ è convergente, convergerà anche la serie data. ∎

Osservazione 2.1

Se le serie non sono a termini positivi, il teorema non sussiste. Ad esempio, se si prende $a_n = \frac{(-1)^n}{\sqrt{n}} + \frac{1}{n}$ e $b_n = \frac{(-1)^n}{\sqrt{n}}$, risulta $\lim_{n\to\infty} a_n/b_n = 1$, e la serie $\Sigma\, b_n$ converge, mentre la $\Sigma\, a_n$ diverge. ∎

Teorema 2.2 (Criterio del rapporto migliorato) *Se* $\Sigma\, a_n$ *e* $\Sigma\, b_n$ *sono due serie a termini positivi, e y da un certo* ν *in poi risulta*

$$\frac{a_{n+1}}{a_n} \leq \frac{b_{n+1}}{b_n}, \qquad [2.1]$$

allora, se la serie $\Sigma\, b_n$ *converge, convergerà anche la serie* $\Sigma\, a_n$*, mentre, se questa diverge, farà lo stesso la serie* $\Sigma\, b_n$*.*

Dimostrazione. La [2.1] implica che la successione a_n/b_n è decrescente, cosicché avrà limite finito. La tesi segue subito dal teorema precedente. ∎

Si osserva che il teorema appena dimostrato è una generalizzazione del criterio del rapporto (*Lezioni*, cap. 2, Teorema 14.2). Infatti, se da un certo ν in poi risulta $a_{n+1}/a_n \leq \alpha < 1$, si avrà anche $a_{n+1}/a_n \leq \alpha^{n+1}/\alpha^n$, e si può dunque applicare il teorema precedente, dato che la serie geometrica $\Sigma\, \alpha^n$ converge.

Una conseguenza del teorema 2.1 è il seguente criterio di convergenza, che si applica quando il teorema del rapporto non dà risultati, cioè quando $\lim\limits_{n\to\infty} a_{n+1}/a_n = 1$.

Teorema 2.3 (Criterio di Raabe) *Sia $\Sigma\, a_n$ una serie a termini positivi, e si ponga*

$$\sigma_n = n\left(\frac{a_n}{a_{n+1}} - 1\right).$$

Se da un certo ν in poi risulta $\sigma_n \geq \alpha > 1$, la serie $\Sigma\, a_n$ converge; se invece si ha definitivamente $\sigma_n \leq 1$, la serie diverge.

Dimostrazione. Se $\sigma_n \leq 1$ per $n \geq \nu$, si ha

$$\frac{a_{n+1}}{a_n} \geq \frac{n}{n+1},$$

e dunque, confrontando con la serie armonica, la serie $\Sigma\, a_n$ diverge per il teorema precedente.

Per dimostrare la prima parte del criterio di Raabe, osserviamo che, se r è un numero razionale con $1 < r < \alpha$, risulta (vedi cap. 3, Esempio 1.8)

$$\lim_{n\to\infty} n\left\{\left(1 + \frac{1}{n}\right)^r - 1 - \frac{\alpha}{n}\right\} = r - \alpha < 0.$$

Ne segue che se n è abbastanza grande si ha

$$\left(1 + \frac{1}{n}\right)^r \leq 1 + \frac{\alpha}{n}.$$

Se ora $\sigma_n \geq \alpha$, si ha

$$\frac{a_n}{a_{n+1}} \geq 1 + \frac{\alpha}{n} \geq \left(\frac{n}{n+1}\right)^r$$

e dunque, per n abbastanza grande,

$$\frac{a_{n+1}}{a_n} \leq \left(\frac{n+1}{n}\right)^r.$$

Confrontando con la serie $\Sigma\, n^{-r}$ tramite il teorema precedente, si ha la tesi. ∎

In particolare, se esiste il limite

$$\lim_{n\to\infty} n\left(\frac{a_n}{a_{n+1}} - 1\right) = L,$$

allora se $L > 1$ la serie $\Sigma\, a_n$ converge, mentre se $L < 1$ diverge.

Possiamo ora dare un'altra versione del criterio del rapporto:

Teorema 2.4 *Sia Σa_n una serie a termini positivi, e supponiamo che risulti*

$$\frac{a_n}{a_{n+1}} = 1 + \frac{\alpha}{n} + O\left(\frac{1}{n^2}\right). \qquad [2.2]$$

Allora, se $\alpha > 1$ la serie Σa_n è convergente, mentre se $\alpha \leq 1$ è divergente.

Osserviamo che in questo teorema viene contemplato anche il caso $\alpha = 1$, che di solito sfugge ai metodi generali. Ricordiamo che con il simbolo $O(n^{-2})$ indichiamo una successione w_n tale che $n^2 w_n$ è limitata.

Dimostrazione. Se $\alpha \neq 1$, il teorema è conseguenza del criterio di Raabe, dato che si ha

$$\lim_{n\to\infty} n\left(\frac{a_n}{a_{n+1}} - 1\right) = \alpha.$$

Possiamo dunque limitarci a considerare il caso $\alpha = 1$. Consideriamo la successione

$$b_n = \frac{1}{n \ln n}.$$

Poiché $\ln\left(1 + \frac{1}{n}\right) = \frac{1}{n} + O\left(\frac{1}{n^2}\right)$ (vedi più oltre, cap. 6, Esempio 6.1), risulta $\ln(n+1) = \ln n + \frac{1}{n} + O\left(\frac{1}{n^2}\right)$, e dunque

$$\frac{\ln(n+1)}{\ln n} = \frac{1}{\ln n}\left(\ln n + \frac{1}{n} + O\left(\frac{1}{n^2}\right)\right) = 1 + \frac{1}{n \ln n} + O\left(\frac{1}{n^2}\right).$$

Ne segue

$$\frac{b_n}{b_{n+1}} = \frac{(n+1)\ln(n+1)}{n \ln n} = \left(1 + \frac{1}{n}\right)\left(1 + \frac{1}{n \ln n} + O\left(\frac{1}{n^2}\right)\right) =$$
$$= 1 + \frac{1}{n} + \frac{1}{n \ln n} + O\left(\frac{1}{n^2}\right).$$

Si ha allora, per n abbastanza grande,

$$\frac{a_n}{a_{n+1}} < \frac{b_n}{b_{n+1}}.$$

Poiché la serie Σb_n è divergente, lo sarà anche la serie Σa_n per il teorema 2.1. ∎

Osservazione 2.2

Si noti che si può sostituire la condizione [2.2] con la più generale

$$\frac{a_n}{a_{n+1}} = 1 + \frac{\alpha}{n} + O\left(\frac{1}{n^\beta}\right) \quad (\beta > 1).$$

Comunque, questi criteri di convergenza sono più belli che utili. Più interessante è invece il seguente.

Teorema 2.5 (Criterio di Dirichlet) *Sia*

$$\sum_{k=1}^{\infty} c_k$$

una serie tale che la successione $\{s_n\}$ *delle sue somme parziali sia limitata da un numero* M*:*

$$|s_n| \leq M.$$

Sia q_k *una successione positiva e decrescente. Allora, detta* $\{\sigma_n\}$ *la successione delle somme parziali della serie* $\Sigma c_k q_k$*, risulta*

$$|\sigma_n| \leq M q_1.$$

Se poi la successione q_k *tende a zero, allora la serie* $\Sigma c_k q_k$ *converge.*

Dimostrazione. Poiché $c_1 = s_1$ e $c_k = s_k - s_{k-1}$, si ha

$$\sigma_n = q_1 s_1 + q_2(s_2 - s_1) + \ldots + q_n(s_n - s_{n-1})$$

e dunque

$$\sigma_n = s_1(q_1 - q_2) + s_2(q_2 - q_3) + \ldots + s_{n-1}(q_{n-1} - q_n) + s_n q_n.$$

Passando ora ai moduli, e tenendo conto che la successione q_n è decrescente, si ottiene

$$|\sigma_n| \leq M(q_1 - q_2) + M(q_2 - q_3) + \ldots + M(q_{n-1} - q_n) + M q_n = M q_1.$$

Supponiamo infine che la successione q_k tenda a zero. La serie

$$\sum_{k=1}^{\infty} s_k(q_k - q_{k+1})$$

è assolutamente convergente, dato che risulta $|s_k(q_k - q_{k+1})| \leq M(q_k - q_{k+1})$ e quest'ultima serie converge, perché la sua somma parziale n-esima è $M(q_1 - q_{n+1})$, che tende a $M q_1$.

Se indichiamo con ρ_n le sue somme parziali, si ha $\sigma_n = \rho_{n-1} + s_n q_n$, e, poiché si ha $\lim_{n\to\infty} s_n q_n = 0$, la successione σ_n ha lo stesso limite della ρ_n. ∎

Esempio 2.2

Un caso particolare del risultato precedente è il criterio di Leibniz per le serie a termini di segno alterno (vedi sopra e *Lezioni*, cap. 2, Teorema 15.2). Infatti le somme parziali della serie $\Sigma(-1)^k$ sono alternativamente 1 e 0, dunque sono limitate. Allora, se a_k è una successione decrescente e infinitesima, la serie $\Sigma(-1)^k a_k$ è convergente. ∎

Esempio 2.3

Se la successione q_n non è decrescente, il risultato non sussiste, nemmeno se $q_n \to 0$. Infatti, se si prende $c_n = (-1)^n$ e q_n uguale a $1/n$ o $1/n^2$ a seconda che n sia pari o dispari, la serie $\Sigma c_n q_n$ diverge. ∎

Il criterio di Dirichlet può servire come criterio di convergenza per serie di segno arbitrario. Esso è utile soprattutto quando la serie in questione non sia né assolutamente convergente né a termini di segno alterno.

Esempio 2.4

Per $\alpha > 0$, la serie

$$\sum_{n=1}^{\infty} \frac{\sin nx}{n^\alpha} \qquad [2.3]$$

è convergente per ogni $x \in \mathbb{R}$.

Il risultato è ovvio per $\alpha > 1$, dato che in questo caso la serie in questione converge assolutamente. Se invece $0 < \alpha \leq 1$, si può applicare il criterio di Dirichlet, dimostrando che le somme parziali

$$s_n = \sum_{k=1}^{n} \sin kx$$

sono limitate.

Per questo, consideriamo la successione complessa $e^{ikx} = \cos kx + i \sin kx$. Risulta

$$\Sigma_n = r_n + i s_n = \sum_{k=1}^{n} (\cos kx + i \sin kx) = \sum_{k=1}^{n} e^{ikx} = \frac{e^{i(n+1)x} - 1}{e^{ix} - 1}$$

e dunque $|\Sigma_n| = \sqrt{r_n^2 + s_n^2} \leq \dfrac{2}{|e^{ix} - 1|}$. Ne segue che per $x \neq 2k\pi$ ambedue le successioni r_n e s_n sono limitate.

Per il criterio di Dirichlet, la serie [2.3] converge allora per ogni $x \neq 2k\pi$, e dunque per ogni x, dato che per $x = 2k\pi$ è ovviamente convergente. Inoltre, abbiamo dimostrato che la serie

$$\sum_{n=0}^{\infty} \frac{\cos nx}{n^{\alpha}}$$

è convergente per ogni $x \neq 2k\pi$. ■

Esercizi

64.* Dimostrare che la serie $\sum_{n=1}^{\infty} \frac{(-1)^{[n/3]}}{n}$ è convergente, mentre la serie $\sum_{n=1}^{\infty} \frac{(-1)^{[2n/3]}}{n}$ diverge.

65. Dimostrare che la serie $\sum_{n=1}^{\infty} \frac{\sin(nx+\vartheta)}{n^{\alpha}}$ è convergente per ogni ϑ, ogni $x \neq 0$, e per ogni $\alpha > 0$.

Dire se convergono le serie seguenti:

66. $\sum_{n=1}^{\infty} \frac{(-1)^n \sin nx}{\sqrt{n}}$ **67.** $\sum_{n=1}^{\infty} \frac{\left[(-1)^n + \frac{1}{2}\right](-1)^{[n/2]}}{n}$

68. $\sum_{n=1}^{\infty} \frac{(-1)^n \cos nx}{\sqrt{n}}$ **69.** $\sum_{n=1}^{\infty} \frac{\sin \frac{n\pi}{2} + \cos \frac{n\pi}{2}}{n + \ln n}$

70. $\sum_{n=1}^{\infty} \frac{A \sin \frac{n\pi}{4} + B \cos \frac{n\pi}{4}}{n+2}$ **71.** $\sum_{n=1}^{\infty} \frac{\sin nx \sin \frac{x}{n}}{\ln(n+1)}$.

Un risultato interessante è anche il seguente teorema.

Teorema 2.6 (di Abel) *Sia Σa_k una serie a termini positivi, e sia s_n la successione delle sue somme parziali. La serie Σa_k è convergente se e solo se converge la serie*

$$\sum_{k=1}^{\infty} \frac{a_k}{s_{k-1}}.$$

Dimostrazione. Poiché $a_k/s_{k-1} \leq a_k/s_1$, se la serie Σa_k è convergente, lo sarà anche la serie $\Sigma a_k/s_{k-1}$. Per dimostrare l'affermazione contraria, supponiamo che la serie Σa_k diverga. Si ha

$$\ln s_k - \ln s_{k-1} = \ln\left(1 + \frac{a_k}{s_{k-1}}\right) \leq \frac{a_k}{s_{k-1}},$$

dato che per $x \geq 0$ risulta $\ln(1+x) \leq x$ (vedi più oltre, cap. 6, Esempio 6.1). Ma allora

$$\sum_{k=1}^{\infty} \frac{a_k}{s_{k-1}} \geq \sum_{k=1}^{n} (\ln s_k - \ln s_{k-1}) = \ln s_n - \ln s_1.$$

Facendo tendere n all'infinito, e osservando che $\ln s_n \to +\infty$ dato che la serie Σa_n diverge, si conclude che anche la serie $\Sigma a_k/s_{k-1}$ è divergente. ∎

Esercizio

72.* Nelle ipotesi del teorema precedente, dimostrare che Σa_k converge se e solo se converge la serie $\Sigma a_k/s_k$. Si può dire lo stesso per $\Sigma a_k/s_{k+1}$?

Una conseguenza del teorema di Abel è di tipo negativo. Per illustrarla, consideriamo una serie Σa_n a termini positivi. È chiaro che se $\min\lim_{n\to\infty} na_n = \delta > 0$ la serie Σa_n diverge, dato che si ha definitivamente $a_n > \delta/2n$ e quest'ultima serie diverge. Viceversa, se per qualche $\alpha > 1$ risulta $\lim_{n\to\infty} n^{\alpha} a_n = 0$, la serie Σa_n converge, dato che è maggiorata dalla serie convergente $\Sigma n^{-\alpha}$. Ci si può ora chiedere: esiste un criterio generale di convergenza? O più precisamente: esiste una funzione universale $\varphi(n)$ tale che una serie positiva Σa_n diverge se $\min\lim_{n\to\infty} \varphi(n)a_n > 0$ mentre converge se $\lim_{n\to\infty} \varphi(n)a_n = 0$?

La risposta è negativa. Infatti, se una tale funzione esistesse, la serie $\Sigma \dfrac{1}{\varphi(n)}$ dovrebbe divergere, in quanto $\min\lim_{n\to\infty} \varphi(n) \cdot \dfrac{1}{\varphi(n)} = 1$.

D'altra parte, detta s_n la successione delle somme parziali di questa serie, $s_n = \sum_{k=0}^{n} \dfrac{1}{\varphi(k)}$, la serie $\Sigma \dfrac{1}{\varphi(n)s_{n-1}}$ dovrebbe convergere, in quanto

$$\lim_{n\to\infty} \varphi(n) \cdot \frac{1}{\varphi(n)s_{n-1}} = \lim_{n\to\infty} \frac{1}{s_{n-1}} = 0.$$

Questo risultato contraddice il teorema di Abel, cosicché la funzione $\varphi(n)$ non può esistere.

3 Introduzione di parentesi

Sia Σa_k una serie numerica. Consideriamo una nuova serie, i cui termini b_k sono ottenuti raggruppando insieme un certo numero di termini della serie precedente:

$$b_1 = a_2 + a_2 + \ldots + a_{k_1}$$

$$b_2 = a_{k_1+1} + a_{k_1+2} + \ldots + a_{k_2}$$

$$b_3 = a_{k_2+1} + a_{k_2+2} + \ldots + a_{k_3}$$

$$\ldots$$

Intuitivamente, la serie Σb_n corrisponde a introdurre delle parentesi nella serie Σa_k; in altre parole, a sommare quest'ultima dopo aver raggruppato i termini a blocchi: prima i primi k_1 termini, poi i successivi $k_2 - k_1$, e così via; senza però variare l'ordine nel quale i termini vengono sommati.

Il problema che ci poniamo è il seguente: che relazione c'è tra la convergenza della serie Σa_k e quella della serie Σb_n?

È subito visto che la successione $\{\sigma_n\}$ delle somme parziali della serie Σb_k è estratta da quella $\{s_n\}$ delle somme parziali della serie Σa_k; più precisamente, si ha

$$\sigma_n = s_{k_n}.$$

Viceversa, ad ogni successione estratta dalla $\{s_n\}$ corrisponderà l'introduzione di opportune parentesi. Il nostro problema diventa dunque: che relazione c'è tra la convergenza della successione delle somme parziali $\{s_n\}$ e quella di una successione estratta $\{\sigma_n\}$?

Una prima risposta è immediata: poiché se una successione ha limite ogni sua sottosuccessione ha lo stesso limite, se la prima serie Σa_k converge o diverge, convergerà o divergerà anche la seconda Σb_k.

Più interessante è il caso in cui la serie di partenza Σa_k non è né convergente né divergente, cioè quando risulta

$$\min_{n\to\infty}\lim s_n < \max_{n\to\infty}\lim s_n. \qquad [3.1]$$

Si vede subito che, se la successione $\{s_n\}$ è limitata (o più in generale se $\{s_n\}$ ha una sottosuccessione limitata), è sempre possibile estrarre da essa una sottosuccessione convergente, e dunque introdurre delle parentesi in modo che la serie Σb_n che ne deriva risulti convergente. Questo avviene ad esempio se, essendo soddisfatta la [3.1], la successione $\{a_k\}$ è limitata. Se poi la successione $\{a_k\}$ è infinitesima, è sempre possibile introdurre delle parentesi in modo che la serie Σb_k così ottenuta converga a un qualsiasi numero reale compreso tra $\min_{n\to\infty}\lim s_n$ e $\max_{n\to\infty}\lim s_n$.

Sia infatti λ un tale numero, e per $\epsilon > 0$ sia ν un numero tale che per ogni $n > \nu$ risulti $|a_n| < \epsilon$. La successione $\{s_n\}$ non potrà essere definitivamente maggiore né definitivamente minore di λ, e dunque esisteranno degli interi k ed m maggiori di ν tali che $s_k > \lambda$ e $s_m < \lambda$. D'altra parte, se $h > \nu$ si ha

$$|s_{h+1} - s_h| = |a_{h+1}| < \epsilon.$$

Ma allora almeno una delle somme parziali s_h, con h compreso tra k ed m, dovrà cadere nell'intervallo $(\lambda - \epsilon, \lambda + \epsilon)$. Abbiamo dunque trovato, per ogni $\epsilon > 0$, un numero h tale che $|s_h - \lambda| < \epsilon$. Prendendo successivamente $\epsilon = 1, \frac{1}{2}, \frac{1}{3}, \ldots$ si ottiene una successione $s_{h_1}, s_{h_2}, \ldots$ convergente a λ.

Se poi $\lambda = \max \lim_{n\to\infty} s_n$ ovvero $\lambda = \min \lim_{n\to\infty} s_n$, il risultato precedente segue dal teorema che asserisce che da ogni successione s_n è possibile estrarre una sottosuccessione che tende al massimo (o al minimo) limite. ∎

Un caso interessante si ha quando i gruppi di termini che si accorpano sono sempre nello stesso numero; ad esempio quando si riuniscono i termini della serie Σa_n a due a due, o a tre a tre, ecc. Naturalmente può accadere che la serie Σb_n così ottenuta converga, mentre la serie di partenza non convergeva. Ad esempio, se nella *serie di Grandi*

$$\Sigma(-1)^n$$

si raggruppano i termini a due a due, si ottiene la serie $\Sigma 0$, che ovviamente converge. Se però la successione a_k è infinitesima, la convergenza della serie Σb_k ottenuta dalla Σa_k raggruppandone i termini a m a m, implica quella della serie di partenza.

Siano infatti s_n e σ_n $(\sigma_n = s_{nm})$ le successioni delle somme parziali delle serie Σa_k e Σb_k. Si ha

$$s_n = \sigma_{[n/m]} + a_{m[n/m]+1} + \ldots + a_n,$$

dove abbiamo indicato con $[n/m]$ la parte intera di n/m. Quando n tende all'infinito, anche $[n/m]$ tende all'infinito, e dunque i termini

$$a_{m[n/m]+1}, a_{m[n/m]+2}, \ldots, a_n$$

tendono a zero. Poiché il loro numero non supera mai m, anche la loro somma tende a zero, e dunque si ha

$$\lim_{n\to\infty} s_n = \lim_{n\to\infty} \sigma_{[n/m]}.$$

Esercizio

73. Sia $\{b_n\}$ una successione ottenuta come sopra, raggruppando i termini della successione $\{a_n\}$ a m a m. Si dimostri che, se la serie Σb_n è divergente e la successione $\{a_n\}$ è limitata, allora anche Σa_n diverge. Dimostrare con un esempio che ciò non è vero se la successione $\{a_n\}$ non è limitata.

Capitolo 5

Funzioni e loro limiti. Funzioni continue

1 Insieme di definizione

Siano A e B due insiemi. Una funzione $f : A \to B$ è una legge che ad ogni elemento di A fa corrispondere un elemento di B. Sono esempi di funzioni:

(1) La funzione identità: $f(x) = x$, che ad ogni elemento di un insieme A associa l'elemento stesso.

(2) La funzione $x \to x^2$, che ad ogni numero reale x associa il suo quadrato.

(3) Se $\mathcal{G}$ è l'insieme dei calciatori e $\mathcal{S}$ quello delle squadre di calcio, è una funzione la relazione che ad ogni calciatore associa la sua squadra. Non è invece una funzione da $\mathcal{S}$ in $\mathcal{G}$ la legge che ad ogni squadra associa i suoi giocatori, dato che a un elemento di $\mathcal{S}$ corrisponde più di un elemento di $\mathcal{G}$.

(4) Quest'ultima si può invece considerare come un'applicazione di $\mathcal{S}$ in $\mathcal{P}(\mathcal{G})$, l'insieme delle parti di $\mathcal{G}$.

(5) Analogamente, la legge che ad ogni $(n+1)$-upla $a_0, a_1, \ldots, a_n$ di numeri reali associa le soluzioni reali dell'equazione

$$a_n x^n + \ldots + a_1 x + a_0 = 0$$

è una funzione di $\mathbb{R}^{n+1}$ in $\mathcal{P}(\mathbb{R})$.

(6) Una successione reale $\{a_n\}$ è una funzione di $\mathbb{N}$ in $\mathbb{R}$.

Nel seguito noi considereremo prevalentemente funzioni $f : A \to \mathbb{R}$, dove A è una parte di $\mathbb{R}$, o, più brevemente, funzioni reali di una variabile reale. In questo caso l'insieme A si chiama *insieme di definizione* della funzione $f(x)$. Di particolare interesse sono le cosiddette *funzioni elementari*, di cui diamo una lista con i loro insiemi di definizione:

x^k $(k \in \mathbb{N})$	$\mathbb{R}$	$x^{\frac{m}{2n+1}}$ $(m, n \in \mathbb{N})$	$\mathbb{R}$
x^α $(\alpha \in \mathbb{R})$	$\{x \geq 0\}$	$\sin x$, $\cos x$	$\mathbb{R}$
$\ln x$	$\{x > 0\}$	$\arcsin x$, $\arccos x$	$[-1, 1]$
e^x	$\mathbb{R}$	$\operatorname{arctg} x$	$\mathbb{R}$

Osservazione 1.1

In generale per assegnare una funzione è necessario indicare non solo la legge di associazione, ma anche il dominio A e il codominio B. Nel caso di funzioni a valori reali il codominio è sempre $\mathbb{R}$, mentre il dominio può essere una parte qualsiasi di $\mathbb{R}$, che in linea di principio dovrebbe essere indicata insieme con la legge di corrispondenza e che con questa caratterizza la funzione in questione. Ad esempio, risultano diverse tra loro le funzioni $e^x : \mathbb{R} \to \mathbb{R}$ e $e^x : [0, 1] \to \mathbb{R}$ (*restrizione* della precedente all'intervallo $[0, 1]$), in quanto hanno dominio differente. Molto spesso però, quando la funzione in esame sia una combinazione di funzioni elementari, si tralascia di precisare il dominio, intendendo che esso coincida con l'*insieme di definizione*, cioè sia il massimo insieme in cui tutte le funzioni sono definite e tutte le operazioni possibili. Si specificherà invece il dominio quando questo è diverso dall'insieme di definizione. ■

Esempio 1.1

Si trovi l'insieme di definizione della funzione $f(x) = \sqrt{1 + \ln x}$.

La funzione $\ln x$ è definita per $x > 0$; d'altra parte, perché sia possibile estrarre la radice, la quantità $1 + \ln x$ non deve essere negativa, e dunque si deve avere $\ln x \geq -1$, cioè $x \geq 1/e$. In conclusione, la funzione in esame è definita per $x \geq 1/e$. ■

Esempio 1.2

L'insieme di definizione delle funzioni $f(x) \pm g(x)$ e $f(x)g(x)$ è l'intersezione di quelli di $f(x)$ e di $g(x)$; mentre l'insieme di definizione di $f(x)/g(x)$ è costituito dall'intersezione di quelli di $f(x)$ e di $g(x)$, meno i punti in cui la funzione $g(x)$ si annulla. Ad esempio, la funzione $\operatorname{tg} x = \sin x / \cos x$ è definita per tutti gli $x \in \mathbb{R}$ nei quali $\cos x \neq 0$, cioè per $x \neq (2k + 1)\pi/2$. ■

Esempio 1.3

La funzione

$$f(x) = \left(\frac{x - 1}{x + 2} \right)^\pi$$

è definita per gli $x \neq -2$ per i quali risulti $(x-1)/(x+2) \geq 0$, e dunque il suo insieme di definizione è $(-\infty, -2) \cup [1, +\infty)$. ■

Esercizi

Trovare l'insieme di definizione delle seguenti funzioni:

1. $\sqrt{x-3}$

2. $\dfrac{x+1}{x^2-3x+2}$

3. $\sqrt{\dfrac{2x-1}{x+2}}$

4. $x \log_{10}(x^2-3)$

5. $\sqrt[3]{\dfrac{x-1}{x-2}}$

6. $\sqrt{2\sin x+1}$

7. $\sqrt{\ln\dfrac{x-1}{x}}$

8. $\sqrt[4]{\log_2(3x^2+2x)}$

9. $\dfrac{1+\operatorname{tg} x}{1+\operatorname{tg} 2x} \quad (-\pi \leq x \leq \pi)$

10. $\sqrt{\ln(\sqrt{x-3}+\sqrt{4-x})}$

11. $\dfrac{1}{\sqrt{\sin x}}+\dfrac{1}{\sqrt{\cos x}}$

12. $\sqrt{x|x|+1}$

13. $\sqrt{|x-3|-|x+4|}$

14. $\log_2 \log_3 \dfrac{|x+1|}{|x|}$

15. $\pi^{x/|x-2|}$

16. $\sqrt{\dfrac{|x|-|x+1|}{2}-1}$

17. $\ln(|x|-2|x-1|)$

18. $\ln\sin\dfrac{x}{x+1}$

19. $\dfrac{x}{e-e^{1/x}}$

20. $\dfrac{x^{\sin x}+1}{e^{\sin x}-1}$

21. $\sqrt{\ln\dfrac{\sqrt{x}+\sqrt{1-x}}{\alpha}} \quad (\alpha > 0)$

22. $\sqrt[4]{\ln\left(\sqrt{2x-1}+\sqrt{1-x}\right)}$.

2 Immagine e controimmagine

Sia $f : A \to B$. Se $x \in A$, si chiama immagine di x il punto $f(x) \in B$. Si dice poi *immagine* di A (tramite f) l'insieme $f(A)$ dei punti y di B che sono immagine di qualche punto x di A:

$$f(A) = \{y \in B : \exists x \in A : y = f(x)\}.$$

Più in generale, se $C \subset A$, si indica con $f(C)$ l'insieme costituito dalle immagini dei punti di C.

Esempio 2.1

Se $f(x) = x$ è la funzione identità, si ha $f(A) = A$ per ogni $A \subset \mathbb{R}$. ∎

Esempio 2.2

Riportiamo le immagini delle funzioni elementari:

x^{2k}	$[0, +\infty)$	x^{2k+1}	$\mathbb{R}$
x^{α}	$[0, +\infty)$	e^x	$(0, +\infty)$
$\sin x$, $\cos x$	$[-1, 1]$	$\ln x$	$\mathbb{R}$

Esempio 2.3

Si trovi l'immagine della funzione $\sqrt{1 + \ln x}$.

La funzione in esame è definita per $x \geq 1/e$; bisognerà allora vedere per quali $y \in \mathbb{R}$ esiste un $x \geq 1/e$ tale che $y = \sqrt{1 + \ln x}$. In primo luogo, dato che la radice è sempre positiva, dovrà essere $y \geq 0$. Per tali y si ha

$$y = \sqrt{1 + \ln x} \Leftrightarrow x = e^{y^2 - 1},$$

e dunque ogni $y \geq 0$ è immagine di un $x \geq 1/e$. Ne segue che $f([1/e, +\infty)) = [0, +\infty)$. ∎

Esempio 2.4

Si trovi l'immagine della funzione $f(x) = [x + x^2]$.

Poiché la parte intera è un intero, si avrà evidentemente $f(\mathbb{R}) \subset \mathbb{Z}$. Per decidere se un intero n appartiene a $f(\mathbb{R})$, si dovrà vedere se è possibile risolvere l'equazione $[x^2 + x] = n$, ovvero se è possibile trovare qualche numero reale x tale che $n \leq x^2 + x < n + 1$. Cominciamo con la seconda disuguaglianza. L'equazione $x^2 + x = n + 1$ ha soluzioni

$$\alpha_{1,2} = \frac{-1 \pm \sqrt{1 + 4(n+1)}}{2},$$

e la disuguaglianza richiesta avrà luogo per gli x interni alle due radici. Perché questo insieme non sia vuoto, occorre che le radici siano reali e distinte, e quindi che sia $1 + 4(n + 1) > 0$. Dato che n è intero, ciò accade per $n \geq -1$. Per quanto riguarda la prima disuguaglianza, essa sussiste sempre per $n = -1$, mentre se $n > -1$ è verificata per x esterno alle radici

$$\beta_{1,2} = \frac{-1 \pm \sqrt{1 + 4n}}{2}$$

dell'equazione $x^2 + x = n$. Poiché si ha $\alpha_1 < \beta_1 < \beta_2 < \alpha_2$, le disuguaglianze richieste saranno ambedue soddisfatte per $x \in (\alpha_1, \beta_1] \cup [\beta_2, \alpha_2)$ (se $n = -1$, per $x \in (\alpha_1, \alpha_2)$). In conclusione, l'immagine di f è costituita da tutti gli interi $n \geq -1$.

■

Esercizi

Trovare l'immagine $f(C)$, dove f e C sono

23.	$1 - \dfrac{1}{x}$	$(0, 1)$	**24.**	$\dfrac{x^2+1}{x^2-1}$	$[2, +\infty)$
25.	$\dfrac{x^2+1}{x^2-1}$	$(1, 2]$	**26.**	$\dfrac{x^2+1}{x^2-1}$	$\left(\dfrac{1}{2}, 1\right)$
27.	$\ln(e^x + 1)$	$\mathbb{R}$	**28.**	$x^2 + x^{-2}$	$\mathbb{R} - \{0\}$
29.	$\ln \dfrac{x}{x+2}$	$(0, +\infty)$	**30.**	$x^2 + x + 1$	$\mathbb{R}$
31.	$[x^2 + x]$	$[0, 3]$	**32.**	$x + [x]$	$\mathbb{R}$
33.	$\lvert x - 1\rvert$	$[0, 5]$	**34.**	$\dfrac{x + \lvert x\rvert}{2}$	$(-2, 2)$.

Sia ora $f : A \to \mathbb{R}$ una funzione reale, e sia $B \subset \mathbb{R}$. Si chiama *immagine inversa* (o controimmagine) di B l'insieme

$$f^{-1}(B) = \{x \in A : f(x) \in B\}.$$

Si noti che può anche essere $f^{-1}(B) = \emptyset$; ciò accade quando per nessun $x \in A$ risulta $f(x) \in B$, cioè quando $B \cap f(A) = \emptyset$. Si ha inoltre $f^{-1}(\mathbb{R}) = A$.

Esempio 2.5

Sia $f(x) = x^2 - 1$. Si calcoli $f^{-1}([0, 1])$.

Si deve cercare per quali x si ha $0 \leq x^2 - 1 \leq 1$. La prima disuguaglianza è verificata per $|x| \geq 1$, la seconda per $|x| \leq \sqrt{2}$. Ne segue allora che $f^{-1}([0, 1]) = [-\sqrt{2}, -1] \cup [1, \sqrt{2}]$. ■

Esempio 2.6

Sia $f(x) = x + \sqrt{1 - x^2}$. Si calcoli $f^{-1}(\{y\})$ per $y \in \mathbb{R}$.

Occorre trovare i valori di x per cui risulta $x + \sqrt{1 - x^2} \in \{y\}$, ovvero, il che è lo stesso, per cui si ha $x + \sqrt{1 - x^2} = y$. Risolvendo l'equazione precedente si trova

$$x = \frac{y \pm \sqrt{4y - 3}}{2}.$$

Dunque $f^{-1}(\{y\}) = \emptyset$ se $y < 3/4$, $f^{-1}(\{3/4\}) = \{3/8\}$, mentre se $y > 3/4$ risulta

$$f^{-1}(\{y\}) = \left\{ \frac{y + \sqrt{4y-3}}{2}, \frac{y - \sqrt{4y-3}}{2} \right\}. \blacksquare$$

Esercizi

Si calcoli $f^{-1}(C)$ nei casi seguenti:

35. $\ln x$ $[0, 1]$ **36.** $2x + 3$ $[1, 3]$

37. $x^2 + 1$ $[0, 2)$ **38.** $\sqrt{1 + x}$ $(0, 1]$

39. $[x^2 + x]$ $[0, 5]$ **40.** $x + [x]$ $\left\{\frac{5}{2}\right\}$

41. $x + [x]$ $\left\{\frac{3}{2}\right\}$ **42.** $\frac{x - |x|}{2}$ $(-1, 1)$.

3 Grafico di una funzione

Si chiama *grafico* della funzione $f : A \to \mathbb{R}$ l'insieme del piano cartesiano (x, y) costituito dalle coppie $(x, f(x))$, con $x \in A$. Notiamo che la definizione è coerente con quella del grafico di una relazione data al capitolo 1 (§ 4). In effetti, il grafico della funzione f non è altro che il grafico della relazione

$$\mathcal{R}(x, y) = \{x \in A \wedge y = f(x)\}.$$

In generale, un sottoinsieme Γ del piano cartesiano è grafico di una funzione se per ogni $x \in \mathbb{R}$ c'è al più un $y \in \mathbb{R}$ tale che il punto di coordinate (x, y) appartiene a Γ. In questo caso, la funzione f che ha Γ per grafico sarà quella che ha per dominio l'insieme degli x per i quali c'è un siffatto y, e che manda x in questo y. Nel caso di funzioni di una variabile reale è possibile disegnare il grafico, e dunque farsi un'idea dell'andamento della funzione. Abbiamo già visto nelle *Lezioni* (cap. 3, § 2) i grafici delle funzioni elementari; altri grafici di funzioni più complesse li vedremo più avanti.

Esempio 3.1

Si tracci il grafico della funzione "parte intera di x":

$$f(x) = [x].$$

La parte intera di x è il massimo intero che non supera x. Quando x varia tra due interi consecutivi n e $n+1$, la sua parte intera resta sempre uguale a n, mentre $[x]$ assume il valore x nei punti di ascissa intera; pertanto $[x]$ è costante nell'intervallo $[n, n+1)$, nel quale assume il valore n. Si ha dunque il grafico della figura 5.1. ■

Similmente, il grafico di $\{x\}$, la parte frazionaria di x, è quello riportato nella figura 5.2.

Esempio 3.2

Disegnare il grafico della funzione $\max\{x, x^2\}$.

Riportiamo sovrapposti i grafici di x e di x^2 (fig. 5.3*a*).

La funzione $\max\{x, x^2\}$ assume in ogni punto x il più grande tra i valori x e x^2. Essa varrà dunque x se $0 \leq x \leq 1$, e x^2 altrimenti; il suo grafico è quello riportato nella figura 5.3*b*. ■

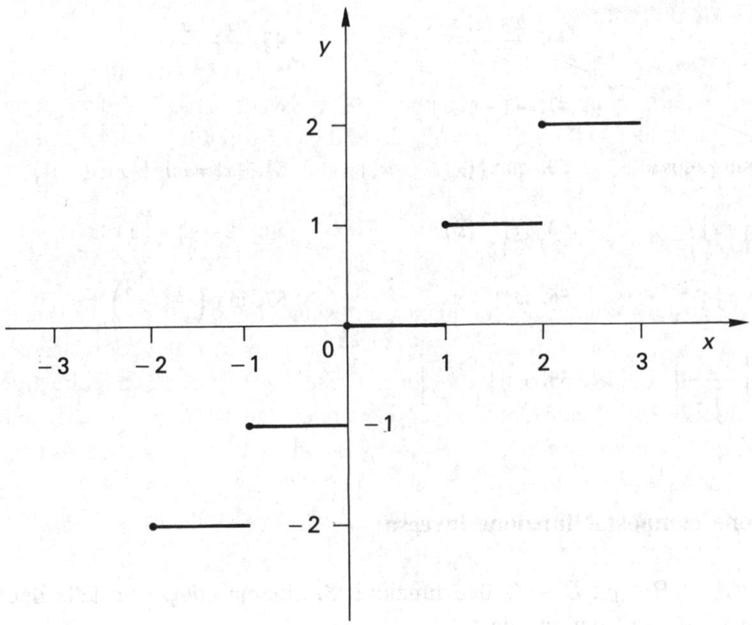

Figura 5.1

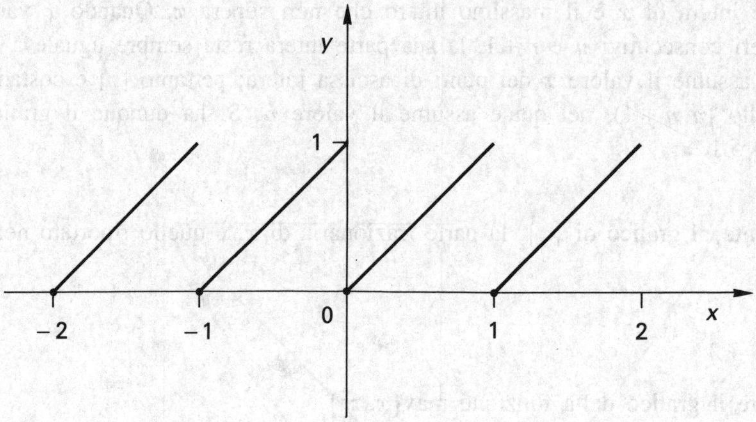

Figura 5.2

Esercizi

Disegnare il grafico delle seguenti funzioni:

43. $|x+1|$ **44.** $\dfrac{x+|x|}{2}$ **45.** $\dfrac{|x|-x}{2}$

46. $[-x]$ **47.** $-1-[-x]$ **48.** $\{-x\}$

49. $\max(\sin x, \cos x)$ **50.** $\max\big(\{x\},\ \{-x\}\big)$ **51.** $[\![x]\!] = \min\big(\{x\},\ \{-x\}\big)$

52. $[x] + \{-x\}$ **53.** $[x] - \{x\}$ **54.** $\{2-x\} + \{x+1\}$

55. $x + \{-x\}$ **56.** $[x^2]$ **57.** $\min\left(\dfrac{1}{x^4},\ x^2\right)$

58. $1 + 2\left[\dfrac{x}{1+x^2}\right]$ **59.** $1 + \left[\dfrac{2x}{1+x^2}\right].$

4 Funzione composta; funzione inversa

Siano $f : A \to B$ e $g : B \to C$ due funzioni. Si chiama *composta* delle due la funzione $g \circ f : A \to C$ definita da

$$(g \circ f)(x) = g(f(x)).$$

Formalmente, basterà scrivere $g(x)$, e poi sostituire $f(x)$ al posto di x.

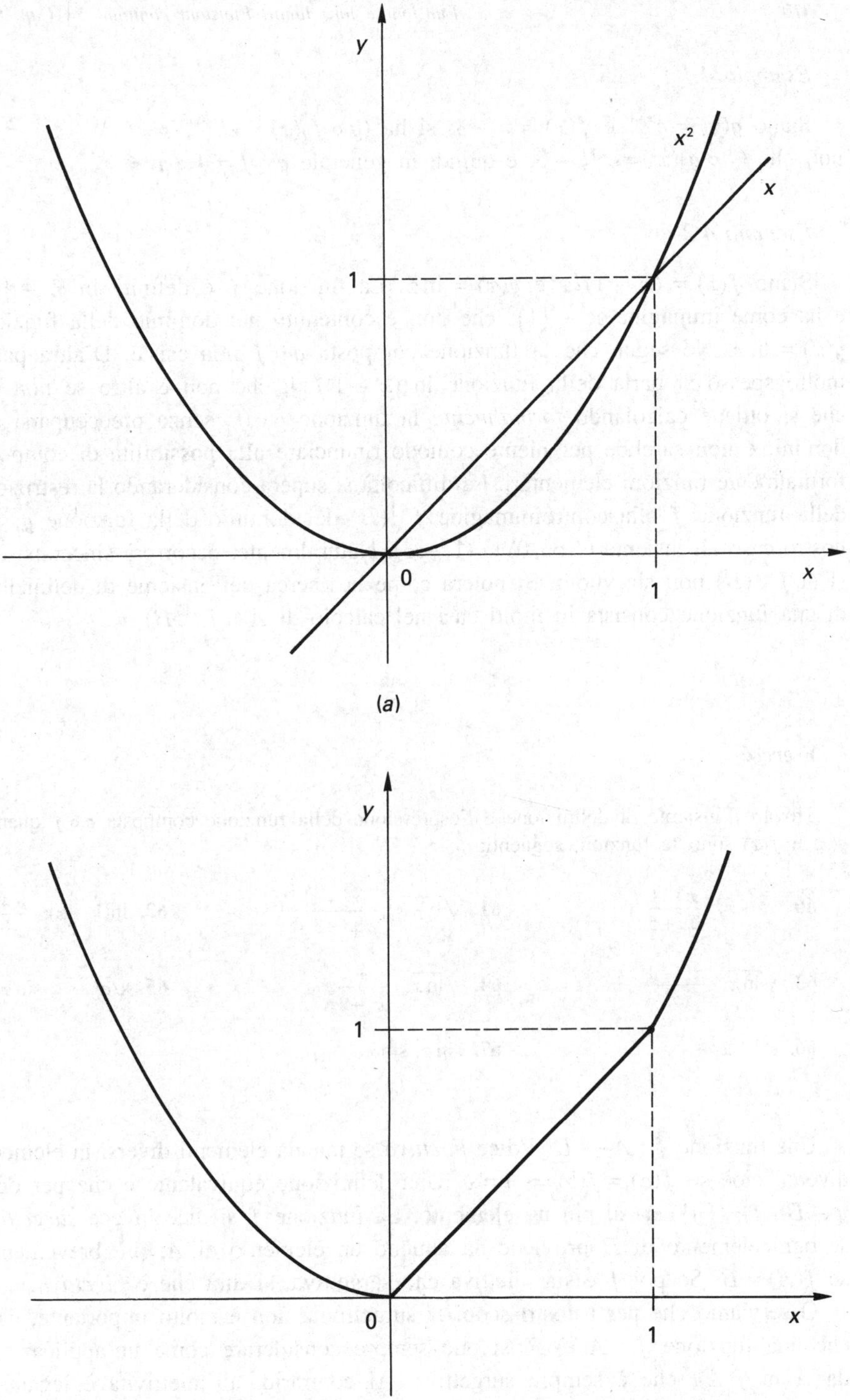

Figura 5.3

Esempio 4.1

Siano $g(x) = e^{x+1}$ e $f(x) = x - 3$; si ha $(g \circ f)(x) = e^{f(x)+1} = e^{x-3+1} = e^{x-2}$. Si noti che $(f \circ g)(x) = e^{x+1} - 3$, e quindi in generale $g \circ f \neq f \circ g$. ■

Esempio 4.2

Siano $f(x) = (x - 1)/x$ e $g(x) = \ln x$. La funzione f è definita in $\mathbb{R} - \{0\}$, e ha come immagine $\mathbb{R} - \{1\}$, che non è contenuto nel dominio della funzione $g(x) = \ln x$. Ne segue che la funzione composta $g \circ f$ non esiste. D'altra parte, molto spesso si parla della funzione $\ln[(x - 1)/x]$, che non è altro se non ciò che si ottiene calcolando *formalmente* la funzione $g \circ f$, senza preoccuparsi dei domini; e non sarebbe per niente comodo rinunciare alla possibilità di comporre formalmente funzioni elementari. La difficoltà si supera considerando la restrizione della funzione f alla controimmagine $f^{-1}(B)$ del dominio della funzione g; nel nostro caso all'insieme $(-\infty, 0) \cup (1, +\infty)$. Naturalmente, occorrerà sincerarsi che $A \cap f^{-1}(B)$ non sia vuoto. Si noterà come la ricerca dell'insieme di definizione di una funzione consista in molti casi nel calcolo di $A \cap f^{-1}(B)$. ■

Esercizi

Trovare l'insieme di definizione e l'espressione della funzione composta $g \circ f$ quando $g(x)$ e $f(x)$ sono le funzioni seguenti:

60. $x^2 + x$; $\dfrac{x - 1}{2x + 5}$

61. $\sqrt{1 - x^3}$; $\dfrac{x^2 + 1}{x - 3}$

62. $\ln(1 - x)$; $\dfrac{4x}{x^2 + 3}$

63. $\sqrt{\ln x}$; $\dfrac{x^2 - 1}{x}$

64. $\sqrt{\ln x}$; $\dfrac{x}{x^2 + 1}$

65. $\sqrt{e^x - 1}$; $\sin x$

66. e^{2x}; $x^2 + 1$

67. $\sin x$; $\sin x$.

Una funzione $f : A \to B$ si dice *iniettiva* se manda elementi diversi in elementi diversi, cioè se $f(a) = f(b) \Rightarrow a = b$. Una definizione equivalente è che per ogni $y \in B$, $f^{-1}(\{y\})$ ha al più un elemento. La funzione f si dice invece *surgettiva* se ogni elemento di B proviene da almeno un elemento di A; più brevemente, se $f(A) = B$. Se poi f è sia iniettiva che surgettiva, si dirà che è *bigettiva*.

Osserviamo che per i nostri scopi la surgettività non è molto importante, dato che una funzione $f : A \to \mathbb{R}$ si può sempre considerare come un'applicazione da A in $f(A)$, che è sempre surgettiva. Al contrario, all'iniettività è legata la possibilità di invertire la funzione f. Infatti, se questa è iniettiva, ogni $y \in f(A)$ proviene da un solo $x \in A$, e dunque è possibile definire una funzione $f^{-1}(y)$

che ad ogni $y \in f(A)$ associa appunto quell'unico $x \in A$ tale che $f(x) = y$. La funzione $f^{-1} : f(A) \to A$ così definita verifica le relazioni

$$f^{-1}(f(x)) = x \ \forall x \in A; \quad f(f^{-1}(y)) = y \ \forall y \in f(A)$$

ovvero

$$f^{-1} \circ f = I_A; \quad f \circ f^{-1} = I_{f(A)},$$

dove con I_A e $I_{f(A)}$ abbiamo indicato l'identità su A e su $f(A)$ rispettivamente.

Osservazione 4.1

Non si confonda il simbolo $f^{-1}(y)$ con il simbolo $f^{-1}(\{y\})$ introdotto precedentemente. Il primo indica il valore nel punto y della funzione f^{-1}, inversa di $f(x)$; il secondo, l'insieme dei punti $x \in A$ che hanno y come immagine. Quest'ultimo ha senso per ogni funzione $f(x)$, il primo solo per le funzioni iniettive. ∎

Nel seguito le funzioni iniettive saranno anche chiamate *invertibili*. Una classe particolare di funzioni invertibili sono le funzioni *strettamente monotòne*, che si distinguono in (strettamente) crescenti, che verificano la relazione

$$x < y \Rightarrow f(x) < f(y),$$

e (strettamente) decrescenti, per le quali invece

$$x < y \Rightarrow f(x) > f(y).$$

Esempio 4.3

Le funzioni trigonometriche $\sin x$, $\cos x$, $\operatorname{tg} x$ non sono iniettive, e dunque non sono globalmente invertibili. Sono invece iniettive le loro restrizioni agli intervalli $[-\pi/2, \pi/2]$, $[0, \pi]$ e $[-\pi/2, \pi/2]$ rispettivamente. Le funzioni inverse si indicano con $\arcsin x$, $\arccos x$, $\operatorname{arctg} x$. ∎

Esempio 4.4

La funzione A^x $(A > 1)$ è crescente, dunque invertibile. La sua inversa è la funzione $\log_A x$. ∎

Esercizi

Trovare l'insieme di definizione delle seguenti funzioni:

68. $\arccos \dfrac{x-3}{x+1}$ **69.** $\sqrt{\operatorname{arctg} \dfrac{x+2}{x}}$ **70.** $\ln \arcsin(x^2 - 3)$

71. $\arcsin \frac{x-1}{x+1} + \ln(1-x^2)$ **72.** $\operatorname{tg} \arccos \frac{x}{x+2}$ **73.** $e^{\sqrt{\ln(1+x)}}$

74. $\arccos\left(1 - \frac{x^2-1}{x}\right)$.

75. Dire quali delle funzioni degli esercizi 68-74 sono invertibili, e in caso di risposta positiva trovare le loro inverse. Esaminare se le funzioni date sono monotòne.

76. Se il grafico della funzione $f(x)$ è quello disegnato nella figura 5.4, tracciare il grafico di $[f(x)]$ e di $\{f(x)\}$.

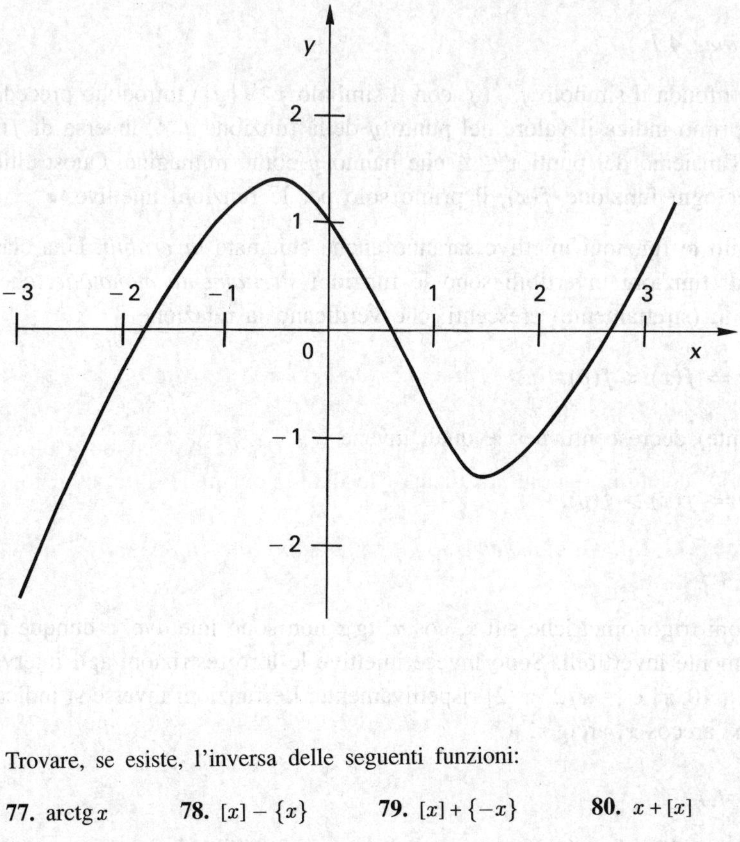

Figura 5.4

Trovare, se esiste, l'inversa delle seguenti funzioni:

77. $\operatorname{arctg} x$ **78.** $[x] - \{x\}$ **79.** $[x] + \{-x\}$ **80.** $x + [x]$

81. $x - |x|$ **82.** $\frac{x-\alpha}{x+\beta}$ **83.** $\frac{1}{x}$ **84.** $2x + |x|$.

Dire se le funzioni in esame sono monotòne.

85. La funzione $f(x) = 2x - x^2$ non è iniettiva in $\mathbb{R}$. Trovare un intervallo $[a, b]$ tale che la restrizione di f a tale intervallo sia invertibile, e scrivere la funzione inversa.

86. Dire per quali valori di $\alpha \in \mathbb{R}$ è invertibile la funzione $f(x) = x + \alpha|x|$, e scrivere la funzione inversa. Tracciare un grafico di f e, quando esiste, di f^{-1}.

5 Limiti di funzioni

Riportiamo dalle *Lezioni* (cap. 3, § 4) le definizioni di limite di una funzione:

Definizione 5.1 *Sia $f : A \to \mathbb{R}$, e sia x_0 un punto di accumulazione per A. Si dice che*

$$\lim_{x \to x_0} f(x) = L \in \mathbb{R}$$

se per ogni $\epsilon > 0$ esiste un numero $\delta > 0$ tale che per ogni $x \in A$, con $0 < |x - x_0| < \delta$, risulta $|f(x) - L| < \epsilon$.

Diremo invece che

$$\lim_{x \to x_0} f(x) = +\infty \ [-\infty]$$

se per ogni $M \in \mathbb{R}$ esiste un $\delta > 0$ tale che per ogni $x \in A$, con $0 < |x - x_0| < \delta$, si ha $f(x) > M$ [$< M$].

Una definizione simile si può dare quando $x \to \pm\infty$. Ci limiteremo a un solo caso, lasciando al lettore il compito di dare le definizioni nelle altre situazioni.

Definizione 5.2 *Sia A un insieme non limitato superiormente, e sia $f : A \to \mathbb{R}$. Diremo che*

$$\lim_{x \to +\infty} f(x) = L$$

se per ogni $\epsilon > 0$ esiste un $M \in \mathbb{R}$ tale che per ogni $x \in A$, con $x > M$, risulta $|f(x) - L| < \epsilon$.

Esempio 5.1

Risulta

$$\lim_{x \to 0} x[x] = 0.$$

Si ha $|[x]| \le 1$ per $|x| < 1$; per tali valori di x risulta allora $|x[x]| \le |x|$, e quindi si avrà $|x[x]| < \epsilon$ non appena $|x| < \epsilon$. La definizione è dunque soddisfatta con $\delta = \min\{\epsilon, 1\}$. ■

Esempio 5.2

Si ha

$$\lim_{x\to-\infty} \frac{x-3}{x+1} = 1.$$

Valutiamo la differenza $\left|\frac{x-3}{x+1} - 1\right|$. Abbiamo

$$\left|\frac{x-3}{x+1} - 1\right| = \left|\frac{-4}{x+1}\right| < \epsilon$$

non appena $|x+1| > 4/\epsilon$, e dunque quando $x < -1 - 4/\epsilon = M$. ■

Nel calcolo dei limiti sono di aiuto un certo numero di limiti notevoli, che abbiamo trattato nelle *Lezioni*. Ne riportiamo una lista:

(1) $\lim_{x\to0} \frac{\sin x}{x} = 1$

(2) $\lim_{x\to0} \frac{1-\cos x}{x^2} = \frac{1}{2}$

(3) $\lim_{x\to0} (1+\alpha x)^{1/x} = e^\alpha$

(4) $\lim_{x\to+\infty} \left(1+\frac{\alpha}{x}\right)^x = e^\alpha$

(5) $\lim_{x\to-\infty} \left(1+\frac{\alpha}{x}\right)^x = e^\alpha$

(6) $\lim_{x\to0} \frac{\ln(1+x)}{x} = 1$

(7) $\lim_{x\to0} \frac{e^x-1}{x} = 1$

(8) $\lim_{x\to+\infty} x^\alpha A^{-x} = 0 \quad (A > 1)$

(9) $\lim_{x\to+\infty} (\ln x)^\beta x^{-\alpha} = 0 \quad (\alpha > 0)$

(10) $\lim_{x\to0} x^\alpha |\ln|x||^\beta = 0 \quad (\alpha > 0)$

Esempio 5.3

Si calcoli il limite

$$\lim_{x\to0} \frac{\operatorname{tg} x - \sin x}{x^3}.$$

Risulta

$$\operatorname{tg} x - \sin x = \operatorname{tg} x(1 - \cos x)$$

e dunque

$$\frac{\operatorname{tg} x - \sin x}{x^3} = \frac{1}{\cos x}\,\frac{\sin x}{x}\,\frac{1-\cos x}{x^2}.$$

Ricordando che

$$\lim_{x\to 0} \frac{\sin x}{x} = 1, \ \lim_{x\to 0} \frac{1}{\cos x} = 1, \ \lim_{x\to 0} \frac{1-\cos x}{x^2} = \frac{1}{2},$$

si ottiene

$$\lim_{x\to 0} \frac{\operatorname{tg} x - \sin x}{x^3} = \frac{1}{2}. \ \blacksquare$$

Esempio 5.4

Per $A > 0$ risulta

$$\lim_{x\to 0} \frac{A^x - 1}{x} = \ln A.$$

Si ha infatti

$$\frac{A^x - 1}{x} = \frac{e^{x \ln A} - 1}{x} = \ln A \, \frac{e^{x \ln A} - 1}{x \ln A}.$$

Da questa relazione si ottiene subito il risultato voluto, dato che per $x \to 0$ l'ultima frazione tende a 1. ∎

Esempio 5.5

Si calcoli il limite

$$\lim_{x\to 0} \frac{\arcsin x}{x}.$$

La funzione arcsin x è l'inversa di sin x, o, meglio, della restrizione di sin x all'intervallo $[-\pi/2, \pi/2]$. Eseguendo il cambiamento di variabile $y = \arcsin x$, e osservando che quando $x \to 0$ anche $y \to 0$, si ottiene

$$\lim_{x\to 0} \frac{\arcsin x}{x} = \lim_{y\to 0} \frac{y}{\sin y} = 1. \ \blacksquare$$

Osservazione 5.1

Il cambiamento di variabile eseguito nell'esempio precedente si può giustificare così. Si debba calcolare il $\lim_{x\to x_0} f(g(x))$, dove $g(x)$ è una funzione definita in un intorno di x_0 e tale che $\lim_{x\to x_0} g(x) = y_0$. Si ha

$$\lim_{x\to x_0} f(g(x)) = \lim_{y\to y_0} f(y),$$

qualora quest'ultimo limite esista. Infatti, sia $L = \lim_{y\to y_0} f(y)$, e sia x_n una successione convergente a x_0. Posto $y_n = g(x_n)$, risulta $y_n \to y_0$, e dunque $\lim_{n\to\infty} f(g(x_n)) = \lim_{n\to\infty} f(y_n) = L$. Poiché la successione x_n è arbitraria, si può concludere che anche $\lim_{x\to x_0} f(g(x)) = L$. Nell'esempio precedente si aveva $f(y) = \dfrac{y}{\sin y}$ e $g(x) = \arcsin x$. ■

Esempio 5.6

Spesso, grazie anche all'osservazione precedente, limiti piuttosto complessi si scompongono in combinazioni di limiti semplici. Ad esempio, per calcolare

$$\lim_{x\to 0} \frac{\cos(e^x - e^{-x}) - 1}{\operatorname{arctg} x^2}$$

basterà scrivere

$$\frac{\cos(e^x - e^{-x}) - 1}{\operatorname{arctg} x^2} = \frac{\cos(e^x - e^{-x}) - 1}{(e^x - e^{-x})^2} \left(\frac{e^x - e^{-x}}{x}\right)^2 \frac{x^2}{\operatorname{arctg} x^2}.$$

Siamo così ricondotti al prodotto di tre limiti. Il primo è uguale a $-1/2$, dato che $\lim_{x\to 0}(e^x - e^{-x}) = 0$. Analogamente, il terzo limite è uguale a 1. Per il secondo, si ha

$$\frac{e^x - e^{-x}}{x} = 2e^{-x}\frac{e^{2x} - 1}{2x}$$

e dunque

$$\lim_{x\to 0} \left(\frac{e^x - e^{-x}}{x}\right)^2 = 4.$$

Pertanto il valore del limite richiesto è -2. ■

Esercizi

Si calcolino i seguenti limiti:

87. $\lim_{x\to 0} \dfrac{x^3 - 3x^2 + 4x}{x^5 - x}$

88. $\lim_{x\to +\infty} \dfrac{x^3 - 3x^2 + 4x}{x^5 - x}$

89. $\lim_{x\to +\infty} \dfrac{x^3 - 3x}{2x^3 - x^2}$

90. $\lim_{x\to +\infty} \dfrac{6x^4 - x^2}{x - x^3}$

91.* $\lim_{x\to 0} \dfrac{A^x - B^x}{x}$

92. $\lim_{x\to 0} \dfrac{\sin(\pi + 4x)}{x}$

93. $\lim_{x\to 0} \dfrac{\cos \frac{\pi(1 - x)}{2}}{x}$

94. $\lim_{x\to 0} \dfrac{\ln(2 - \cos x)}{\sin^2 x}$

95. $\lim_{x\to+\infty} (x - \sin^2 x \ln x)$

96. $\lim_{x\to 0} \left[\frac{1}{x \operatorname{tg} x} - \frac{1}{x \sin x}\right]$

97. $\lim_{x\to+\infty} \frac{\sqrt{5+\cos x}}{x^2+1}$

98. $\lim_{x\to+\infty} \frac{x+\cos x}{4x - \sin x}$

99. $\lim_{x\to 0} \frac{\sqrt{1+x}-1}{x}$

100. $\lim_{x\to+\infty} \left(\sqrt[3]{2+x^3} - \sqrt[3]{1+2x^2+x^3}\right)$

101. $\lim_{x\to+\infty} \frac{\ln(3+\sin x)}{x^3}$

102. $\lim_{x\to 0} \frac{\ln(1+x)^3}{\sin 5x + \sqrt[3]{x^4} \sin x}$

103. $\lim_{x\to 0}(1+x)^{\operatorname{tg} x}$

104. $\lim_{x\to\pi/2} (1+\cos^2 x)^{\operatorname{tg}^2 x}$

105. $\lim_{x\to 0} \left(\sin x - \sin \frac{1}{x}\right)$

106. $\lim_{x\to+\infty} x \sin \frac{1}{x}$

107. $\lim_{x\to+\infty} \frac{e^x \sin(e^{-x} \sin x)}{x}$

108. $\lim_{x\to 0} \frac{3 \operatorname{arctg} x + (1-\cos 2x)\sin^2 x}{27x^4 + 5\sin x}$

109. $\lim_{x\to 0} \frac{(1-\cos x)\operatorname{tg} x + 5x}{2\sqrt[3]{x^2} - \sqrt[3]{x}}$

110. $\lim_{x\to 0} \frac{(1-\cos 5x)\operatorname{tg} 3x}{(\sin x - x^3)^3}$

111. $\lim_{x\to 0} \frac{x^2 \ln(1+x) + \operatorname{tg} x}{\sin x + \sqrt[3]{x}}$

112. $\lim_{x\to 0} \frac{(1-\cos 3x) + 7x^3}{\sin^2 5x + 15x^6}$

113. $\lim_{x\to 0} \frac{32x^5 + (1-\cos x)}{\operatorname{tg}^2 x \ln(1+x) + 8x}$

114. $\lim_{x\to 0} \frac{e^{\operatorname{tg}^3 x} - 1}{x\left(\cos x - e^{x^2}\right)}$

115. $\lim_{x\to 0} \frac{\ln(\operatorname{tg}^4 x + 1)}{e^{2\sin^4 x} - 1}$

116. $\lim_{x\to 0} \frac{1+2^{1/x}}{3+2^{1/x}}$

117. $\lim_{x\to 0} \frac{\sqrt{1+\operatorname{tg} x} - \sqrt{1-\operatorname{tg} x}}{\sin x}$

118. $\lim_{x\to-\infty} \frac{3^x - 3^{-x}}{3^x + 3^{-x}}$

119. $\lim_{x\to-\infty} \left\{\sqrt{x^2+2x} + x\right\}$

120. $\lim_{x\to 0} \frac{(1-\cos x)^2}{\ln(1+\sin^4 x)}$

121.* $\lim_{x\to 0} \frac{\sin(\pi \cos x)}{x \sin x}$

122. $\lim_{x\to+\infty} x e^x \sin\left(e^{-x} \sin \frac{2}{x}\right)$

123. $\lim_{x\to 0} \frac{\ln \cos x}{x^2}$

124. $\lim_{x\to+\infty} (\sqrt{x} - 1 + \cos x)$

125. $\lim_{x\to 0} \frac{\sin 2x}{\operatorname{tg} 3x}$

126. $\lim_{x\to 0} \frac{1-\cos 2x}{\sin^2 3x}$

127. $\lim_{x\to 0} \frac{x^3 + x^2 \sin x + \sin^2 x}{x^4 + x^3 + x \sin x}$

128. $\lim_{x\to 0} \frac{\sqrt{x+1+x^2} - 1}{x}$

129. $\lim_{x\to 0} \frac{\sin(\sqrt{1+x^2} - 1)}{x}$

130. $\lim_{x\to 5} \frac{x-5}{\sqrt{x} - \sqrt{5}}$

131. $\lim_{x\to 0} \frac{\ln \sin x}{\ln x}$ **132.** $\lim_{x\to 0} \frac{\log_a(x+2) - \log_a 2}{x}$ **133.*** $\lim_{x\to 0} \left(\sin x^2\right)^{1/\log_5 x^2}$

134. $\lim_{x\to 0} \frac{e^{\sqrt{\sin x}} - 1}{\sqrt{x}}$ **135.** $\lim_{x\to 0} \frac{e^{\alpha x} - \sqrt{1-x}}{\sin x}$ **136.** $\frac{1 - \cos x + \ln(1+x)}{e^x - 1}$

137. $\lim_{x\to \pi/2} \operatorname{tg} x(e^{\cos x} - 1)$ **138.*** $\lim_{x\to 0} x \operatorname{tg}\left(xa + \operatorname{arctg} \frac{b}{x}\right)$ **139.** $\lim_{x\to +\infty} \frac{\log_2(e^x + 1)}{x + \sin x}$.

In molti casi può accadere che il $\lim_{x\to x_0} f(x)$ non esista, ma che ci siano invece i limiti destro e sinistro, ovvero i limiti delle restrizioni della funzione $f(x)$ agli insiemi $A \cap (x_0, +\infty)$ e, rispettivamente, $A \cap (-\infty, x_0)$. Talora poi la considerazione di questi limiti può essere di aiuto per calcolare il $\lim_{x\to x_0} f(x)$. Infatti quest'ultimo esisterà se e solo se i limiti destro e sinistro esistono e sono uguali.

Esempio 5.7

Si calcoli, se esiste, il limite $\lim_{x\to 4} [x]\{x\}$.

Calcoliamo i limiti destro e sinistro. Se $4 < x < 5$ (possiamo sempre limitarci a un intorno del punto 4) risulta $[x] = 4$, e dunque $\lim_{x\to 4^+} [x]\{x\} = \lim_{x\to 4^+} 4\{x\} = 0$. Al contrario, se $3 < x < 4$ abbiamo $[x] = 3$, e dunque $\lim_{x\to 4^-} [x]\{x\} = \lim_{x\to 4^-} 3\{x\} = 3$. Poiché i due limiti sono diversi, il limite cercato non esiste. ∎

Se poi la funzione $f(x)$ in questione è monotòna, i limiti destro e sinistro esistono sempre, e il problema è ridotto al loro calcolo.

Esempio 5.8

Si calcoli il limite

$$\lim_{x\to 0^+} 2^{-1/x}.$$

La funzione in esame è crescente (infatti $1/x$ è decrescente per $x > 0$, $-1/x$ è crescente, e dunque $2^{-1/x}$ è crescente), cosicché il limite cercato esiste. Per determinarlo, consideriamo la successione $x_n = 1/n$. Dato che il limite esiste, si ha (vedi *Lezioni*, cap. 3, Teorema 4.1)

$$\lim_{x\to 0^+} 2^{-1/x} = \lim_{n\to\infty} 2^{-1/x_n} = \lim_{n\to\infty} 2^{-n} = 0.$$

Allo stesso modo si dimostra che $\lim_{x\to 0^-} 2^{-1/x} = +\infty$. ∎

Esercizi

Calcolare, se esistono, i seguenti limiti, o altrimenti i limiti destro e sinistro:

140. $\lim_{x\to 0} \frac{x \sin x}{|x|}$ **141.** $\lim_{x\to 0} \frac{x \cos x}{|x|}$ **142.** $\lim_{x\to 0} [x]\{1 - x\}$

143. $\lim_{x\to 0} \frac{\ln(1 + 2x)}{\sqrt[3]{x^5}}$ **144.** $\lim_{x\to 0} |x|^{1/x}$ **145.** $\lim_{x\to 0} \frac{2^{x+1/x}}{1 + 2^{1/x}}$.

Calcolare i seguenti limiti:

146. $\lim_{x\to 0^+} (x \ln x)^{1/x}$ **147.** $\lim_{x\to 0^+} \frac{x^{\sin x} - 1}{x}$ **148.** $\lim_{x\to \frac{\pi}{2}^-} (\mathrm{tg}\, x)^{\sqrt{\cos x}}$

149. $\lim_{x\to 0^+} \left(\log_3 x + \frac{1}{x}\right)$ **150.** $\lim_{x\to 1^+} \frac{\sqrt{x^2 - 1}}{\ln\left(x + \sqrt{x^2 - 1}\right)}$.

I limiti di funzioni possono essere talvolta utilizzati con profitto per calcolare i limiti di successioni, soprattutto quando queste si presentano nella forma $f(x_n)$, con $x_n \to x_0$. In questo caso, se esiste il limite

$$\lim_{x\to x_0} f(x),$$

allora esisterà anche il $\lim_{n\to\infty} f(x_n)$, e sarà uguale al precedente.

Esempio 5.9

Si calcoli

$$\lim_{n\to\infty} n(\sqrt[n]{2} - 1).$$

Questa successione è della forma $f(x_n)$, dove $x_n = \frac{1}{n}$ e $f(x) = \frac{2^x - 1}{x}$. Si ha $\lim_{n\to\infty} x_n = 0$ e $\lim_{x\to 0} f(x) = \ln 2$, e dunque

$$\lim_{n\to\infty} n(\sqrt[n]{2} - 1) = \ln 2. \ \blacksquare$$

Esercizi

Si calcolino i limiti per $n \to \infty$ delle seguenti successioni:

151. $n^2\left(1-\cos\frac{1}{n}\right)$ **152.** $n[\ln(n+1)-\ln n]$ **153.*** $\ln^n\left(e+\frac{1}{n}\right)$

154. $\dfrac{\ln\frac{n+1}{n}}{\cos\pi\frac{n+1}{2n}}$ **155.** $n\sin\left(\sqrt[n]{3}\pi\right)$ **156.** $\left(3\sqrt[n]{2}-2\sqrt[n]{3}\right)^n$

157. $(1+n^2)\sin\dfrac{2}{n^2+3n}$ **158.** $(n+1)\left(3^{1/n}-1\right)$

159. $\left(n-\sqrt{n}\right)\left(\sqrt[3]{1+\frac{2}{n}}-1\right)$ **160.** $\left(n^2+\sqrt{n}\right)\ln\left(\cos\frac{1}{n}\right)$

161. $\dfrac{\ln\frac{n+2}{n+1}}{\sin\frac{\sqrt{n}+1}{n^2}}$ **162.** $\dfrac{n^3+n}{n-2}\cos\left(\frac{\pi}{2}-\frac{1}{n}\right)$

163. $n\left[\sqrt{\cos\frac{1}{n}}-e^{1/n}\right]$ **164.** $\left(1+\sin\frac{1}{n}\right)^{n+\sqrt{n}}$

165. $\dfrac{1-\cos\frac{1}{n}+\operatorname{tg}\frac{1}{n}}{\sqrt[n]{2}-1}$ **166.** $n\left(\sqrt{9+\sin(2^{1/n}-1)}-3\right)$.

Dire se convergono le seguenti serie:

167. $\sum_{n=0}^{\infty}\left(\frac{\pi}{2}-\operatorname{arctg} n\right)$ **168.** $\sum_{n=1}^{\infty}\left(1-\cos\frac{1}{n}\right)$ **169.*** $\sum_{n=0}^{\infty}(1-\cos x^n)$.

6 Funzioni continue

Ricordiamo dalle *Lezioni* (cap. 3, § 8) la definizione di funzione continua.

Definizione 6.1 *Sia $f : A \to \mathbb{R}$, e sia $x_0 \in A$. Si dice che $f(x)$ è continua nel punto x_0, se per ogni $\epsilon > 0$ esiste un $\delta > 0$ tale che per ogni $x \in A$, con $|x - x_0| < \delta$, risulta $|f(x) - f(x_0)| < \epsilon$. Se poi $f(x)$ è continua in ogni punto di A, si dirà continua in A.*

Si vede subito che se x_0 è un punto isolato di A, la funzione $f(x)$ è necessariamente continua in x_0 (infatti basterà prendere δ così piccolo che in $I(x_0, \delta)$ non cada nessun punto di A diverso da x_0). Se invece x_0 è un punto di accumulazione di A, la definizione è equivalente a

$$\lim_{x \to x_0} f(x) = f(x_0).$$

Sono definizioni equivalenti di funzione continua le seguenti:

(1) La funzione $f(x)$ è continua in x_0 se per ogni intorno V di $f(x_0)$ esiste un intorno U di x_0 tale che $f(U) \subset V$.

(2) La funzione $f(x)$ è continua in un aperto A se, per ogni aperto $B \subset \mathbb{R}$, $f^{-1}(B) \cap A$ è un aperto.

Esempio 6.1

Come si è visto nelle *Lezioni*, le funzioni elementari e le loro inverse, quando esistono, sono continue in tutto l'insieme di definizione. ■

Esempio 6.2

Consideriamo la funzione

$$f(x) = \begin{cases} x^2 & \text{se} \quad x \neq 0 \\ 1 & \text{se} \quad x \neq 0 \end{cases}$$

Si ha $\lim_{x \to 0} f(x) = 0 \neq f(0)$, e dunque la funzione non è continua nel punto 0. Abbiamo in questo caso una discontinuità eliminabile, dato che può essere rimossa cambiando il valore della funzione nel punto in esame. ■

Esempio 6.3

Di diverso tipo è la discontinuità della funzione

$$f(x) = \begin{cases} \dfrac{x}{|x|} & \text{se} \quad x \neq 0 \\ 1 & \text{se} \quad x = 0 \end{cases}$$

In questo caso si ha $\lim_{x \to 0^+} f(x) = 1$ e $\lim_{x \to 0^-} f(x) = -1$, cosicché il limite per $x \to 0$ non esiste. Né è possibile modificare questa circostanza cambiando il valore della funzione $f(x)$ in 0 (o anche in un numero finito di punti); in altre parole, la discontinuità è essenziale. Essa si dice *di prima specie*, dato che esistono finiti i limiti destro e sinistro. ■

Esempio 6.4

Si consideri la funzione

$$f(x) = \frac{x + |x|}{x^2}.$$

Per $x > 0$ risulta $f(x) = 2/x$, mentre $f(x) = 0$ per $x < 0$. La funzione è dunque continua per $x \neq 0$. Risulta inoltre

$$\lim_{x\to 0^+} f(x) = \lim_{x\to 0^+} \frac{2}{x} = +\infty, \quad \lim_{x\to 0^-} f(x) = \lim_{x\to 0^-} 0 = 0,$$

e dunque la funzione ha una discontinuità nell'origine, indipendentemente dal suo valore in 0. Si tratta di una *discontinuità di seconda specie*, in quanto uno dei limiti è infinito. ■

Un tipico esempio di funzioni che hanno discontinuità di prima specie sono le funzioni monotòne in un intervallo, dato che esse hanno sempre limiti destro e sinistro finiti in ogni punto interno all'intervallo di definizione. Come si è visto nelle *Lezioni* (cap. 3, § 9), le funzioni monotòne possono avere al più un'infinità numerabile di punti di discontinuità. L'esempio che segue mostra che ogni insieme numerabile può essere l'insieme delle discontinuità di una funzione monotòna crescente.

Esempio 6.5

Sia $E = \{q_1, q_2, \ldots, q_n, \ldots\}$ un insieme numerabile. Per ogni $k \in \mathbb{N}$ si consideri la funzione

$$f_k(x) = \begin{cases} 0 & \text{se} \quad x \leq q_k \\ 3^{-k} & \text{se} \quad x > q_k \end{cases}$$

e sia $f(x) = \sum_{k=1}^{\infty} f_k(x)$. La funzione $f(x)$ è definita per ogni $x \in \mathbb{R}$, dato che la serie che la definisce converge per ogni x, essendo maggiorata dalla serie convergente $\sum_{k=1}^{\infty} 3^{-k}$. Inoltre la funzione $f(x)$ è crescente, dato che sono crescenti tutte le $f_k(x)$, e dunque, se $x < y$,

$$f(x) = \sum_{k=1}^{\infty} f_k(x) \leq \sum_{k=1}^{\infty} f_k(y) = f(y).$$

Facciamo vedere che la funzione f è discontinua in ogni punto q_m. Per questo spezziamo la serie nel modo seguente:

$$f(x) = \sum_{k=1}^{m-1} f_k(x) + f_m(x) + \sum_{k=m+1}^{\infty} f_k(x).$$

Osserviamo ora che la prima somma è continua in q_m, e che si ha

$$0 \leq \sum_{k=m+1}^{\infty} f_k(x) \leq \sum_{k=m+1}^{\infty} 3^{-k} = \frac{1}{2} 3^{-m}.$$

Pertanto

$$\lim_{x\to q_m^+} f(x) \geq \sum_{k=1}^{m-1} f_k(q_m) + 3^{-m}$$

e

$$\lim_{x\to q_m^-} f(x) \le \sum_{k=1}^{m-1} f_k(q_m) + \frac{1}{2}3^{-m} < \lim_{x\to q_m^+} f(x).$$

La funzione f ha dunque una discontinuità di prima specie in ognuno dei punti q_k.

Facciamo ora vedere che $f(x)$ è continua in ogni punto $x_0 \notin E$. In primo luogo osserviamo che tutte le funzioni f_k sono continue in x_0. Sia ora $\epsilon > 0$, e sia m un intero tale che $3^{-m} < \epsilon$. Come si è visto sopra, risulta

$$\sum_{k=m+1}^{\infty} f_k(x) \le \frac{1}{2}3^{-m} < \frac{\epsilon}{2}$$

per ogni $x \in \mathbb{R}$. Sia ora $\delta > 0$ tale che nessuno dei punti $q_1, q_2, \ldots, q_m$ cada in $I(x_0, \delta)$. In tale intorno risulta allora $f_k(x) = f_k(x_0)$ $(k = 1, 2, \ldots, m)$. Ne segue che per ogni $x \in I(x_0, \delta)$ si ha

$$|f(x) - f(x_0)| = \left| \sum_{k=m+1}^{\infty} f_k(x) - \sum_{k=m+1}^{\infty} f_k(x_0) \right| \le \frac{\epsilon}{2} + \frac{\epsilon}{2} = \epsilon,$$

e dunque la funzione $f(x)$ è continua in x_0. ■

Esercizio

170. Si dimostri che se E è *denso* (cioè se in ogni intervallo cadono punti di E) la funzione $f(x)$ definita nell'esempio 6.5 è strettamente crescente. Si provi che un insieme E è denso se e solo se $\overline{E} = \mathbb{R}$.

Quando infine uno o ambedue i limiti destro e sinistro non esistono, come nel caso della funzione $\sin \frac{1}{x}$, o della *funzione di Dirichlet*

$$f(x) = \begin{cases} 1 & \text{se} \quad x \text{ è razionale} \\ 0 & \text{se} \quad x \text{ è irrazionale,} \end{cases}$$

si dirà che si ha una *discontinuità di terza specie*. La funzione di Dirichlet dà anche l'esempio di una funzione che non è continua in nessun punto di $\mathbb{R}$.

Esercizi

Dire se le funzioni seguenti sono continue in $\mathbb{R}$ (o se possono essere rese tali assegnando o cambiando opportunamente il loro valore in qualche punto). In caso contrario, classificare i punti di discontinuità.

171. $\operatorname{arctg} \frac{1}{x^2}$ **172.** $\operatorname{arctg} \frac{1}{x}$ **173.** $x[x]$ **174.** $\{x\}\{1 - x\}$

175. $\dfrac{x+e^{1/x}}{|x|-e^{1/x}}$ **176.** $|[x]|^{\{x\}}$ **177.** $\dfrac{1}{1-\ln|\cos x|}$ **178.** $\{(-1)^{[x]}x\}$

179. $\{x\}\{-x\}$ **180.** $\{x\}+\{-x\}$.

181. Dire se le funzioni che compaiono negli esercizi del paragrafo 3 sono continue. In caso contrario trovarne i punti di discontinuità.

Dire se sono continue le seguenti funzioni, e in caso contrario trovarne i punti di discontinuità:

182. $x\sin\big(\pi\{x\}\big)$ **183.** $f(x)=\lim\limits_{n\to\infty}\dfrac{x}{1+(2\sin x)^{2n}}$.

7 Funzioni uniformemente continue

Ricordiamo dalle *Lezioni* (cap. 3, § 11) che una funzione $f : A \to \mathbb{R}$ si dice uniformemente continua in A se, per ogni $\epsilon > 0$, esiste un $\delta > 0$ tale che, se $x_1, x_2 \in A$ e $|x_1 - x_2| < \delta$, risulta $|f(x_1) - f(x_2)| < \epsilon$.

È evidente che una funzione uniformemente continua in A lo è anche in ogni insieme $B \subset A$, e inoltre è continua in ogni punto di A. Al contrario, esistono delle funzioni continue che non sono uniformemente continue.

Per indagare l'uniforme continuità di una funzione sono utili i seguenti risultati, per le cui dimostrazioni rimandiamo alle *Lezioni*:

(1) Se f è uniformemente continua in un insieme limitato A, allora f è limitata in A.

(2) (Teorema di Weierstrass) Una funzione continua in un insieme A compatto (cioè chiuso e limitato) è uniformemente continua in A.

(3) (Teorema di estensione) Una funzione $f(x)$ è uniformemente continua in A se e solo se è la restrizione ad A di una funzione $\overline{f}(x)$ uniformemente continua in $\overline{A}$.

Quest'ultimo è un corollario del teorema 11.2 delle *Lezioni*. Infatti basterà definire $\overline{f}(x) = f(x)$ se $x \in A$, e $\overline{f}(x) = \lim\limits_{y\to x} f(y)$ se x è un punto di accumulazione di A. La funzione così definita coincide ovviamente con $f(x)$ in A, ed è uniformemente continua in $\overline{A}$.

In genere, il primo teorema può essere utile per dimostrare che una data funzione *non* è uniformemente continua; il secondo per provare l'uniforme continuità, e infine l'ultimo per ambedue gli scopi. Peraltro, quando tutti i metodi dovessero fallire, si può sempre ricorrere alla definizione.

Esempio 7.1

La funzione $f(x) = 1/(x^2 - 4)$ non è uniformemente continua in $(-1, 2)$, dato che non è limitata. Essa invece è uniformemente continua in $(-1, 1)$. Infatti $f(x)$ è definita e continua nell'intervallo chiuso $[-1, 1]$; dunque per il teorema di Weierstrass è uniformemente continua in $[-1, 1]$, e quindi anche in $(-1, 1)$ che è contenuto in questo. ■

Esempio 7.2

La funzione $f(x) = x \sin \dfrac{1}{x}$ è uniformemente continua nell'intervallo $(0, 1]$. Infatti $f(x)$ è continua in $(0, 1]$, e risulta

$$\lim_{x \to 0^+} x \sin \frac{1}{x} = 0.$$

Ne segue che $f(x)$ si può prolungare, ponendo $f(0) = 0$, a una funzione continua nell'intervallo chiuso $[0, 1]$, dunque uniformemente continua. ■

Esercizi

Dire se sono uniformemente continue le seguenti funzioni, negli intervalli segnati a lato:

184. $\dfrac{x e^x}{|x|}$ $\quad [-1, 0)$

185. $x \ln x$ $\quad (0, 3]$

186. $\left\{x - \dfrac{1}{2}\right\}$ $\quad \left(-\dfrac{1}{2}, \dfrac{1}{2}\right)$

187. $\left\{x - \dfrac{1}{2}\right\}$ $\quad \left[-\dfrac{1}{2}, \dfrac{1}{2}\right]$

188. $\operatorname{arctg} \dfrac{1}{x}$ $\quad (-1, 0)$

189. $\operatorname{arctg} \dfrac{1}{x}$ $\quad (0, 1)$

190. $\operatorname{arctg} \dfrac{1}{x}$ $\quad (-1, 0) \cup (0, 1)$

191. $x \operatorname{arctg} \dfrac{1}{x}$ $\quad (-1, 0) \cup (0, 1)$.

192. Dimostrare che, se $f(x)$ è uniformemente continua in $(a, b]$ e in $[b, c)$, allora lo è anche in (a, c).

193. Dimostrare che, se $f(x)$ è uniformemente continua in un intervallo (eventualmente illimitato) A, allora esiste una costante C tale che, per ogni x, $x_0 \in A$, risulta $|f(x) - f(x_0)| < 1 + C|x - x_0|$.

194. Mostrare con esempi che il teorema di Weierstrass non sussiste se l'insieme A (1) non è chiuso, (2) non è limitato.

Quando l'insieme A è chiuso ma non limitato, si può ancora ottenere l'uniforme continuità se si fanno sulla funzione continua $f(x)$ delle ulteriori ipotesi. Ad esempio, se A è limitato inferiormente, ma non superiormente, sarà sufficiente supporre che $f(x)$ abbia limite finito, o più in generale che abbia un asintoto, per $x \to +\infty$. Analogamente, se A è limitato superiormente, sarà sufficiente l'esistenza di un asintoto per $x \to -\infty$. Ambedue gli asintoti saranno sufficienti a garantire l'uniforme continuità quando A non è limitato né inferiormente né superiormente.

Ricordiamo che un asintoto per $x \to +\infty$ è una funzione affine $\alpha x + \beta$ tale che

$$\lim_{x\to+\infty} (f(x) - \alpha x - \beta) = 0.$$

Si può vedere facilmente che un asintoto esiste se e solo se esistono i due limiti

$$\lim_{x\to+\infty} \frac{f(x)}{x} = \alpha, \qquad \lim_{x\to+\infty} f(x) - \alpha x = \beta.$$

Esempio 7.3

La funzione

$$f(x) = \sqrt{\frac{x^3+2}{x+1}}$$

è uniformemente continua in $[1, +\infty)$. Infatti essa è continua nell'insieme dato, e inoltre

$$\lim_{x\to+\infty} \frac{f(x)}{x} = \lim_{x\to+\infty} \sqrt{\frac{x^3+2}{x^3+x^2}} = 1, \quad \lim_{x\to+\infty} f(x) - x = -\frac{1}{2}. \ \blacksquare$$

Esempio 7.4

La funzione $\sqrt{x}$ è uniformemente continua in $[0, +\infty)$. Per dimostrarlo, non potendo usare il criterio precedente dato che $\sqrt{x}$ non ha asintoto per $x \to +\infty$, ricordiamo che per ogni $x, y > 0$ risulta

$$\left|\sqrt{x} - \sqrt{y}\right| \le \sqrt{|x-y|}$$

(vedi cap. 2, Esercizio 8). Se ora $\epsilon > 0$, si avrà $\left|\sqrt{x} - \sqrt{y}\right| < \epsilon$ non appena $|x-y| < \epsilon^2 = \delta$, e dunque la funzione $\sqrt{x}$ è uniformemente continua. ■

Esercizi

195. Dimostrare che, se $f(x)$ è uniformemente continua in $[a, +\infty)$, e se $g(x)$ è una funzione continua nello stesso insieme e tale che

$$\lim_{x\to+\infty} [f(x) - g(x)] = 0,$$

allora anche $g(x)$ è uniformemente continua in $[a, +\infty)$.

Dire se sono uniformemente continue in $[1,+\infty)$ le seguenti funzioni:

196. $\sqrt[3]{x}$ **197.** $\sin x$ **198.** x^4 **199.** $\dfrac{x^2+1}{x^2}$

200. $\sin x^2$ **201.** $x\sqrt{x}$ **202.** $\dfrac{1}{\sqrt{x}}$ **203.** e^x

204. $x+\dfrac{\sin x^2}{x}$ **205.** $\dfrac{1}{\ln(1+x)}$.

Capitolo 6

Il calcolo differenziale

1 Derivazione delle funzioni elementari

Ricordiamo brevemente la definizione e alcune proprietà della derivata (*Lezioni*, cap. 4, § 6 e cap. 5, § 1). Una funzione $f(x)$, definita in un intorno del punto x_0, si dice derivabile in x_0 se esiste finito il limite

$$\lim_{x\to x_0} \frac{f(x)-f(x_0)}{x-x_0} .$$

In questo caso, il limite si chiama *derivata* della funzione $f(x)$ nel punto x_0, e si indica con il simbolo $f'(x_0)$ o con $\mathrm{D}f(x_0)$.

Se poi la funzione $f(x)$ è derivabile in tutti i punti di un aperto A, si dirà che essa è derivabile in A. In questo caso la derivata prima $f'(x)$ è una funzione definita in A.

Esempio 1.1

Dire se è derivabile nel punto $x_0 = 1$ la funzione

$$f(x) = \begin{cases} x^2+1 & \text{se} \quad x \geq 1 \\ 2x & \text{se} \quad x < 1 \end{cases}$$

Risulta $f(1) = 2$, e inoltre

$$\frac{f(x)-f(1)}{x-1} = \begin{cases} \dfrac{x^2-1}{x-1} = x+1 & \text{se} \quad x > 1 \\ \dfrac{2x-2}{x-1} = 2 & \text{se} \quad x < 1 \end{cases}$$

Si ha dunque

$$\lim_{x\to 1^+} \frac{f(x)-f(1)}{x-1} = \lim_{x\to 1^+}(x+1) = 2$$

$$\lim_{x\to 1^-} \frac{f(x)-f(1)}{x-1} = \lim_{x\to 1^-} 2 = 2.$$

Poiché i limiti destro e sinistro sono uguali, la funzione è derivabile nel punto 1, e $f'(1) = 2$. ∎

Esempio 1.2

Dire se è derivabile la funzione $f(x) = \sin|x|$.

Per $x > 0$ si ha $\sin|x| = \sin x$, e dunque $\mathrm{D}\sin|x| = \mathrm{D}\sin x = \cos x$. Analogamente, per $x < 0$ risulta $\sin|x| = -\sin x$, e dunque, per tali x, $\mathrm{D}\sin|x| = -\cos x$. Infine, nel punto $x = 0$ si ha

$$\lim_{x\to 0^+} \frac{\sin x}{x} = 1, \quad \lim_{x\to 0^-} \frac{-\sin x}{x} = -1,$$

e dunque la funzione è derivabile in tutti i punti tranne che nel punto 0. ∎

Esercizi

Trovare dove sono derivabili le seguenti funzioni, e calcolarne la derivata:

1. $x\sqrt{|x|}$ **2.** $x + |x|$ **3.** $\cos|x|$ **4.** $|x|\sin|x|$

5. $x^2 + 3x - 2$ **6.** $\sin(\sin x)$

7. $\begin{cases} 3x & \text{se} \quad x \geq 0 \\ x^3 - \sin x & \text{se} \quad x < 0 \end{cases}$ **8.** $\begin{cases} x & \text{se} \quad x \geq 1 \\ x^2 - x & \text{se} \quad x > 1 \end{cases}$

9. Dimostrare che, se $f(x)$ e $g(x)$ sono due funzioni definite in $\mathbb{R}$ e tali che $f(x) = g(x)$ in un aperto A, allora, se $f(x)$ è derivabile in un punto $x_0 \in A$, anche $g(x)$ è derivabile in x_0, e risulta $g'(x_0) = f'(x_0)$. Si può dire lo stesso senza supporre che A sia aperto?

10. Siano $f(x)$ e $g(x)$ due funzioni definite in $\mathbb{R}$ e tali che $f(x) = g(x)$ in un insieme $B \subset \mathbb{R}$. Sia x_0 un punto di accumulazione di B, e si supponga che sia f che g siano derivabili in x_0. Si dimostri che in tal caso risulta $f'(x_0) = g'(x_0)$.

11.* Trovare una funzione $f(x)$ derivabile nell'intervallo $(-1, 1)$ e tale che $f'(x)$ non sia continua in 0.

2 Regole di derivazione

Riportiamo nella seguente tabella le derivate delle funzioni elementari (*Lezioni*, cap. 5, § 2):

$f(x)$	$f'(x)$
x^α	$\alpha x^{\alpha-1}$
$\ln\lvert x+\alpha\rvert$	$1/(x+\alpha)$
e^x	e^x
a^x	$a^x \ln a$
$\sin x$	$\cos x$
$\cos x$	$-\sin x$
$\operatorname{tg} x$	$1/\cos^2 x$
$\operatorname{cotg} x$	$-1/\sin^2 x$
$\arcsin x$	$1/\sqrt{1-x^2}$
$\arccos x$	$-1/\sqrt{1-x^2}$
$\operatorname{arctg} x$	$1/(1+x^2)$
$\sinh x$	$\cosh x$
$\cosh x$	$\sinh x$

Per calcolare le derivate di combinazioni di queste funzioni, si potranno utilizzare le seguenti regole di derivazione (*Lezioni*, cap. 5, § 1):

$$\text{(1)} \qquad \mathrm{D}[f(x) \pm g(x)] = \mathrm{D}\, f(x) \pm \mathrm{D}\, g(x)$$

$$\text{(2)} \qquad \mathrm{D}[f(x)g(x)] = f(x)\,\mathrm{D}\, g(x) + g(x)\,\mathrm{D}\, f(x)$$

$$\text{(3)} \qquad \mathrm{D}\,\frac{f(x)}{g(x)} = \frac{g(x)\,\mathrm{D}\, f(x) - f(x)\,\mathrm{D}\, g(x)}{[g(x)]^2}$$

$$\text{(4)} \qquad \mathrm{D}(f \circ g)(x) \equiv \mathrm{D}\, f(g(x)) = f'(g(x))g'(x)$$

$$\text{(5)} \qquad \mathrm{D}\, f^{-1}(x) = \frac{1}{f'(f^{-1}(x))}$$

Esempio 2.1

Si calcoli la derivata della funzione

$$h(x) = \frac{\sin e^x}{\ln(x - \operatorname{tg} x^2)} \cdot$$

La funzione $h(x)$ è del tipo $f(x)/g(x)$, con $f(x) = \sin e^x$ e $g(x) = \ln(x - \operatorname{tg} x^2)$. In vista di un'applicazione della (3), dobbiamo calcolare le derivate $f'(x)$ e $g'(x)$. In ambedue i casi si può applicare la (4). Si ottiene

$$f'(x) = \cos e^x \, \mathrm{D}\, e^x = e^x \cos e^x$$

$$g'(x) = \frac{1}{x - \operatorname{tg} x^2}\, \mathrm{D}(x - \operatorname{tg} x^2) = \frac{1 - \dfrac{1}{\cos^2 x^2}\,\mathrm{D}x^2}{x - \operatorname{tg} x^2} = \frac{\cos^2 x^2 - 2x}{x\cos^2 x^2 - \sin x^2 \cos x^2}$$

In conclusione:

$$\mathrm{D}h(x) = \frac{e^x \cos e^x \ln(x - \operatorname{tg} x^2) - \sin e^x \dfrac{\cos^2 x^2 - 2x}{\cos^2 x^2 - \sin x^2 \cos x^2}}{\ln^2(x - \operatorname{tg} x^2)} \cdot \blacksquare$$

Esempio 2.2

Risulta

$$\lim_{n\to\infty} n\left(\left(1 + \frac{1}{n}\right)^\alpha - 1\right) = \alpha.$$

Infatti, il limite

$$\lim_{x\to 0} \frac{(1+x)^\alpha - 1}{x}$$

non è altro che la derivata nell'origine della funzione $(1+x)^\alpha$, e dunque è uguale ad α. D'altra parte, la successione $\dfrac{1}{n}$ tende a 0, e quindi si ha anche

$$\lim_{n\to\infty} n\left(\left(1 + \frac{1}{n}\right)^\alpha - 1\right) = \lim_{n\to\infty} \frac{\left(\left(1 + \dfrac{1}{n}\right)^\alpha - 1\right)}{\dfrac{1}{n}} = \alpha. \ \blacksquare$$

Esercizi

Calcolare le derivate delle seguenti funzioni:

12. $\dfrac{x^2 - 1}{x(x+2)}$ **13.** x^x **14.** $\sin x^{2e-x}$ **15.** $\ln|\ln \sin x|$ **16.** $\sin x \arccos x$

17. $\log_x 2x$ **18.** $\arcsin(x - \sin x)$ **19.** $2x\sqrt{1+x^2}$ **20.** $(x + \operatorname{arctg} x)^x$

21. $2^{x\sin x}$ **22.** $\sqrt{\dfrac{\sin x - x}{\cos x}}$ **23.** $\dfrac{x+\sqrt{2+x^2}}{x-\sqrt{2+x^2}}$ **24.** $\sqrt[3]{1-3x}-x$

25. $\sin\arccos x$ **26.** $x^2\mathrm{sgn}(x)$ **27.** $\dfrac{1}{\ln x}$ **28.** $\left(\dfrac{1}{x}\right)^{\sin x}$

29. $\sqrt{1+x^3}$ **30.** $\ln\left(x+\sqrt{1+x^2}\right)$ **31.** $\mathrm{arctg}(2x-x^2)$ **32.** x^4-4^x.

Lo studio della derivata prima può essere di aiuto per stabilire se una funzione è crescente o decrescente su un dato intervallo. Si ha infatti il seguente teorema (vedi *Lezioni*, cap. 4, Proposizione 8.3):

Teorema 2.1 *Sia $f(x)$ una funzione derivabile in un intervallo (a,b). Condizione necessaria e sufficiente affinché f sia crescente (decrescente) in (a,b) è che per ogni $x\in(a,b)$ risulti $f'(x)\geq 0$ (≤ 0).*

Se poi si ha $f'(x)>0$ (<0) in (a,b), allora la funzione f è strettamente crescente (decrescente) in (a,b). Si noti che non è vero in generale il viceversa, come si vede dalla funzione x^3, che è strettamente crescente in $(-1,1)$ ma ha derivata nulla in 0.

Esempio 2.3

Si consideri la funzione $f(x)=\sqrt{1+x}-\sqrt{x}$, definita per $x\geq 0$. Risulta

$$f'(x)=\frac{1}{2\sqrt{1+x}}-\frac{1}{2\sqrt{x}}<0,$$

e dunque $f(x)$ è strettamente decrescente. In particolare, per $x>0$ risulta $f(x)<f(0)$ e dunque

$$\sqrt{1+x}-\sqrt{x}<1. \blacksquare$$

Esercizi

33. Dimostrare che una funzione derivabile $f(x)$ è strettamente crescente in (a,b) se e solo se $f'(x)\geq 0$ in (a,b) e l'insieme E in cui la derivata prima si annulla non contiene nessun intervallo.

34. Dimostrare che la restrizione della funzione $f(x)=x\ln x$ alla semiretta $\left[\frac{1}{2},+\infty\right)$ è invertibile. Detta $g(x)$ la sua inversa, trovare $g'(0)$ e $g''(0)$.

35.* Dimostrare che l'equazione $x^{2n+1}+x+1=0$ ha una sola soluzione reale x_n. Trovare, se esiste, il limite $\lim_{n\to\infty} x_n$.

3 Derivate successive

Sia $f(x)$ una funzione derivabile, e sia $f'(x)$ la sua derivata. Se accade che $f'(x)$ sia anch'essa derivabile, la sua derivata si chiama *derivata seconda* della funzione $f(x)$, e si indica con $f''(x)$ o con $\mathrm{D}^2 f(x)$. In maniera analoga si definiscono le derivate terza, quarta ecc. La derivata k-esima della funzione $f(x)$ si indica con $\mathrm{D}^k f(x)$ o con $f^{(k)}(x)$.

Esercizi

Si calcolino le derivate seconde e terze delle seguenti funzioni:

36. x^2 **37.** $x^2 \sin x$ **38.** $e^x \cos x$ **39.** $\sin x^2$ **40.** $x^3 - \sin^2 x$

41. $\dfrac{x}{\ln x}$ **42.** $\ln \sin x$ **43.** $\sqrt{1+x}$ **44.** $\ln(x + x^2)$.

Il calcolo della derivata seconda, terza ecc. è nient'altro che l'esecuzione successiva di due, tre, ..., derivate. Più difficile è ottenere l'espressione generale della derivata k-esima di una funzione. Questo è possibile solo in alcuni casi semplici.

Esempio 3.1

Risulta, per $k \geq 1$,

$$\mathrm{D}^k \ln x = (-1)^{k-1}(k-1)!\, x^{-k}.$$

La formula precedente è valida per $k = 1$; procedendo per induzione, si ha

$$\mathrm{D}^{k+1} \ln x = \mathrm{D}\,\mathrm{D}^k \ln x = (-1)^{k-1}(k-1)!\,\mathrm{D}\, x^{-k} = (-1)^k k!\, x^{-k-1},$$

che conclude la dimostrazione. ∎

Esempio 3.2

Calcoliamo la derivata

$$\mathrm{D}^k(x^\alpha \ln x).$$

Si dimostra facilmente per induzione che

$$\mathrm{D}^k(x^\alpha \ln x) = a_k x^{\alpha-k} + b_k x^{\alpha-k} \ln x,$$

e dunque si tratterà di trovare i coefficienti a_k e b_k. Ora,

$$\begin{aligned}D^{k+1}(x^\alpha \ln x) &= D(a_k x^{\alpha-k} + b_k x^{\alpha-k}\ln x) = \\ &= [(\alpha-k)a_k + b_k]x^{\alpha-k-1} + (\alpha-k)b_k x^{\alpha-k-1}\ln x;\end{aligned}$$

quindi i coefficienti a_k e b_k verificano le relazioni

$$a_{k+1} = (\alpha-k)a_k + b_k$$

$$b_{k+1} = (\alpha-k)b_k,$$

e inoltre $a_0 = 0$, $b_0 = 1$. Dalla seconda relazione segue facilmente

$$b_k = \alpha(\alpha-1)\dots(\alpha-k+1).$$

Per risolvere la prima, poniamo $a_k = \alpha(\alpha-1)\dots(\alpha-k+1)A_k$. Si ottiene

$$A_{k+1} = A_k + \frac{1}{\alpha-k}$$

e dunque

$$A_k = \sum_{s=0}^{k-1}\frac{1}{\alpha-s}\,.$$

In conclusione:

$$D^k(x^\alpha \ln x) = \alpha(\alpha-1)\dots(\alpha-k+1)x^{\alpha-k}\left\{\sum_{s=0}^{k-1}\frac{1}{\alpha-s} + \ln x\right\}.$$

Questa formula si può verificare direttamente per induzione. Naturalmente, se α è un intero positivo ($\alpha = m$) la formula vale se $k \leq m$. In particolare si avrà

$$D^m(x^m \ln x) = m!\left\{\sum_{s=0}^{m-1}\frac{1}{m-s} + \ln x\right\}$$

e dunque:

$$D^{m+h}(x^m \ln x) = m!\,D^h \ln x = (-1)^{h-1}m!(h-1)!\,x^{-h}. \blacksquare$$

Esempio 3.3

Talvolta, per il calcolo delle derivate n-esime di un prodotto può essere utile la *formula di Leibniz* (*Lezioni*, cap. 6, Teorema 2.1)

$$D^n(fg) = \sum_{k=0}^{n}\binom{n}{k}D^k f\,D^{n-k}g.$$

Ad esempio, si voglia calcolare la derivata

$$\mathrm{D}^n\, e^x \ln x.$$

Risulta

$$\mathrm{D}^n\, e^x \ln x = \sum_{k=0}^{n} \binom{n}{k} \mathrm{D}^k \ln x\, \mathrm{D}^{n-k} e^x = e^x \ln x + e^x \sum_{k=1}^{n} \binom{n}{k} \mathrm{D}^k \ln x$$

e dunque

$$\mathrm{D}^n\, e^x \ln x = e^x \left\{ \ln x - n! \sum_{k=1}^{n} \frac{(-1)^k x^{-k}}{k(n-k)!} \right\}. \;\blacksquare$$

Esercizi

Trovare le derivate k-esime delle seguenti funzioni:

45. xe^x **46.** $x^p e^x$ **47.** $xe^{\alpha x}$ **48.** $\dfrac{1}{\sqrt{1-x}}$ **49.** $\cos^2 x$ **50.** $\ln^2 x$.

4 Massimi e minimi

Ricordiamo dalle *Lezioni* le definizioni di massimo e minimo (relativo e assoluto) e alcuni risultati fondamentali.

Definizione 4.1 *Sia $f(x)$ una funzione definita in un insieme A. Il punto $x_0 \in A$ si dice punto di massimo (assoluto) per la funzione f se per ogni $x \in A$ risulta $f(x) \leq f(x_0)$. Il valore $f(x_0)$ si chiama valore massimo o, più semplicemente, massimo della funzione f in A.*

Analoghe definizioni per punto di minimo e valore minimo. Molto spesso, oltre al massimo e al minimo assoluti, si considerano anche i massimi e i minimi relativi:

Definizione 4.2 *Sia $f(x)$ una funzione definita in un insieme A. Il punto $x_0 \in A$ si dice punto di massimo relativo per la funzione f se esiste un intorno U di x_0 tale che, per ogni $x \in U \cap A$, risulta $f(x) \leq f(x_0)$.*

Se poi si hanno le disuguaglianze strette, i punti corrispondenti si chiamano di massimo o di minimo (relativo o assoluto) *stretto*.

Si ha il seguente teorema:

Teorema 4.1 (di Weierstrass) (*Lezioni*, cap. 3, Teorema 10.4) *Una funzione continua in un insieme compatto ha massimo e minimo.*

Per quanto poi riguarda la ricerca dei punti di massimo e di minimo, e dei relativi valori, è essenziale il seguente teorema:

Teorema 4.2 (*Lezioni*, cap. 4, Proposizione 8.1) *Sia $f(x)$ una funzione definita in un insieme A, e sia x_0 un punto di massimo o di minimo relativo interno ad A. Se $f(x)$ è derivabile in x_0, allora risulta $f'(x_0) = 0$.*

In particolare, se $f(x)$ è continua in un insieme compatto C e derivabile in C (tranne eventualmente in un numero finito di punti), allora il massimo e il minimo di f (che esistono in virtù del teorema di Weierstrass) cadranno in uno dei punti seguenti:

(a) i punti di frontiera ∂C,

(b) i punti in cui $f(x)$ non è derivabile,

(c) i punti in cui la derivata $f'(x)$ si annulla.

Esempio 4.1

Si calcolino il massimo e il minimo della funzione $f(x) = x - x^3$ nell'intervallo chiuso $[0, 1]$.

La funzione $f(x)$ è sempre derivabile; si ha $f'(x) = 1 - 3x^2$, e dunque $f'(x) = 0$ per $x = 1/\sqrt{3}$ (il punto $x = -1/\sqrt{3}$ cade fuori dell'intervallo $[0, 1]$ e quindi non deve essere preso in considerazione). Risulta

$$f(0) = 0; \quad f(1) = 0; \quad f\left(\frac{1}{\sqrt{3}}\right) = \frac{2}{3\sqrt{3}} \cdot$$

Confrontando questi valori si deduce che il massimo della f nell'intervallo $[0, 1]$ è $2/(3\sqrt{3})$, che è assunto nel punto $1/\sqrt{3}$, e il minimo è 0, assunto nei punti 0 e 1. ∎

Esempio 4.2

La funzione $f(x) = |x|(2x - 1)$ è derivabile in tutti i punti dell'intervallo $[-1, 1]$, a eccezione dell'origine. Si ha

$$f'(x) = \begin{cases} 4x - 1 & \text{se} \quad x > 0 \\ -4x + 1 & \text{se} \quad x < 0 \end{cases}$$

che si annulla solo per $x = 1/4$. Confrontando i valori $f(-1) = -3$, $f(0) = 0$, $f(1/4) = -1/8$, $f(1) = 1$, si conclude che il massimo della f nell'intervallo $[-1, 1]$ è 1, assunto nel punto 1, e il minimo è -3, assunto nel punto -1. ∎

Esempio 4.3

Per andare dal punto A al punto B sulla circonferenza di raggio 1 (fig. 6.1), si percorre prima un tratto rettilineo di ampiezza 2ϑ con velocità v_1, e poi si prosegue lungo la circonferenza con velocità v_2. Trovare l'angolo ϑ in modo che il tempo impiegato sia minimo o massimo.

Il tempo è dato dalla formula

$$T(\vartheta) = \frac{2\sin\vartheta}{v_1} + \frac{(\pi/2 - 2\vartheta)}{v_2}$$

$(0 \leq \vartheta \leq \pi/4)$, e dunque

$$T'(\vartheta) = \frac{2}{v_1}\left(\cos\vartheta - \frac{v_1}{v_2}\right).$$

Si hanno allora tre casi:

(a) $v_1 \geq v_2$. In questo caso la derivata $T'(\vartheta)$ è sempre negativa, e dunque la funzione T è decrescente, cosicché

$$T_{\max} = T(0) = \frac{\pi}{2v_2}, \quad T_{\min} = T\left(\frac{\pi}{4}\right) = \frac{\sqrt{2}}{v_1}.$$

(b) $v_1 < v_2 < \sqrt{2}v_1$. La derivata si annulla per $\vartheta = \arccos v_1/v_2$, e la funzione T è prima crescente e poi decrescente. Il tempo massimo si ha dunque per $\vartheta = \arccos v_1/v_2$, e vale

$$T_{\max} = \frac{2}{v_2}\left\{\sqrt{\frac{v_2^2}{v_1^2} - 1} + \frac{\pi}{4} - \arccos\frac{v_1}{v_2}\right\},$$

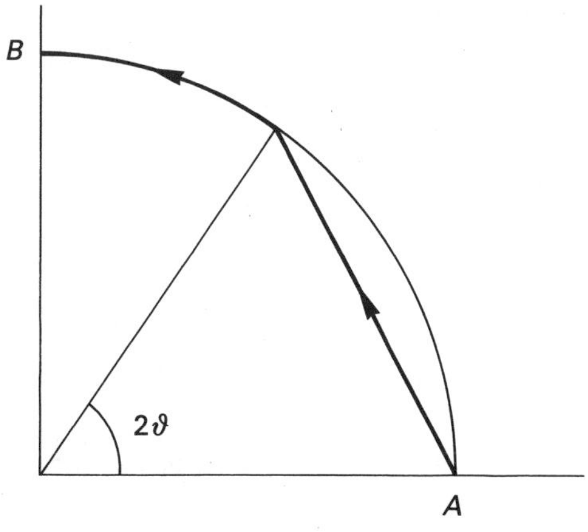

Figura 6.1

mentre il minimo si ha per $\vartheta = \pi/4$ $\left(T_{\min} = \dfrac{\sqrt{2}}{v_1}\right)$ se $\dfrac{2\sqrt{2}}{\pi} < \dfrac{v_1}{v_2} < 1$, e per $\vartheta = 0$ $(T_{\min} = \dfrac{\pi}{2v_2})$ se $\dfrac{1}{\sqrt{2}} < \dfrac{v_1}{v_2} < \dfrac{2\sqrt{2}}{\pi}$.

(c) $v_2 \geq \sqrt{2}v_1$. Risulta $T' \geq 0$ nell'intervallo $[0, \pi/4]$, e dunque il tempo è massimo per $\vartheta = \pi/4$ $\left(T_{\max} = \dfrac{\sqrt{2}}{v_1}\right)$ e minimo per $\vartheta = 0$ $\left(T_{\min} = \dfrac{\pi}{2v_2}\right)$. ■

Esempio 4.4

Fra tutti i cilindri inscritti nella sfera di raggio 1, si trovi quello di volume massimo.

Se $2x$ è l'altezza del cilindro (fig. 6.2), il volume sarà

$$f(x) = 2\pi x(1 - x^2).$$

Di questa funzione bisogna calcolare il massimo nell'intervallo $[0, 1]$. Si ha

$$f'(x) = 2\pi(1 - 3x^2),$$

che si annulla per $x = -1/\sqrt{3}$ (da non considerare, in quanto cade fuori dell'intervallo in esame) e per $x = 1/\sqrt{3}$. Si ha

$$f(0) = f(1) = 0, \quad f\left(\frac{1}{\sqrt{3}}\right) = \frac{4\pi}{3\sqrt{3}},$$

e dunque il volume massimo di un cilindro inscritto nella sfera di raggio 1 è $\dfrac{4\pi}{3\sqrt{3}}$. ■

Se l'insieme C in cui si considera la funzione $f(x)$ non è compatto (ad esempio se è un intervallo aperto, una semiretta, o tutta la retta), non è detto che la funzione abbia massimo e minimo. Per deciderlo, occorrerà esaminare il comportamento della funzione nell'intorno dei punti di frontiera di C che non appartengono a C, ed eventualmente, se C non è limitato superiormente [inferiormente], il comportamento di $f(x)$ per $x \to +\infty[-\infty]$.

Esempio 4.5

Trovare il massimo e il minimo, se esistono, della funzione $f(x) = (2x + 1)e^{-x}$ nell'insieme $[0, +\infty)$.

Risulta $f'(x) = (1 - 2x)e^{-x}$, che si annulla solo per $x = 1/2$. Si ha $f(0) = 1$, $f(1/2) = 2e^{-1/2}$, e inoltre $\lim_{x \to +\infty} f(x) = 0$. Poiché $\sqrt{e} < 2$, il valore massimo è assunto nel punto $1/2$. D'altra parte la funzione è sempre positiva, ed ha estremo inferiore 0, per cui non ha minimo. ■

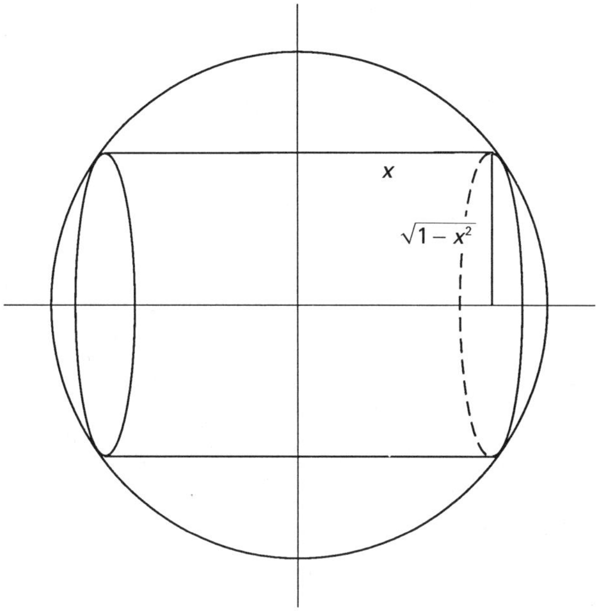

Figura 6.2

Esercizi

Trovare, se esistono, il massimo M e il minimo m delle seguenti funzioni, negli intervalli indicati a fianco di ognuna di esse:

51. $\sin x - \cos x$ $[0, 2\pi]$

52. $\dfrac{x}{1+x^2}$ $[-2, 3]$

53. $x \ln x$ $\left[\dfrac{1}{2}, 2\right]$

54. $x(x-2)^2$ $[0, 3]$

55. $\dfrac{e^x}{x}$ $\left[\dfrac{1}{2}, 2\right]$

56.* $x^n \ln^k x$ $\left[\dfrac{1}{e}, e\right]$

57. $ax^2 + \dfrac{b}{x}$ $(0, +\infty)$

58. $\dfrac{x}{1+x^2}$ $(-\infty, +\infty)$

59. $\dfrac{x^2}{x^2+1}$ $(-\infty, +\infty)$

60. $x^n e^{-x}$ $(n \geq 0)$ $[0, +\infty)$

61. $2\cos x - 3\sin x$ $[0, \pi]$

62. $7\sin x + \sin 2x$ $\left[0, \dfrac{\pi}{2}\right]$

63. $x - \operatorname{arctg} x$ $(-\infty, +\infty)$

64. $\ln \sin x - 2\sin x$ $\left(0, \dfrac{\pi}{2}\right]$

65. $\sin|x| - |\sin x|$ $[-10, 10]$

66. $e^{2x} + 3e^x - 2x$ $[-1, 0]$

67. $(x^2 - 3)\,e^{2-x}$ $\quad [1, +\infty)$

68. $\sin x + |\cos x|$ $\quad [0, \pi]$

69. $(x^2 - 8)\,e^{-x}$ $\quad [3, +\infty)$

70. $(2x - 1)\,e^{-x^2}$ $\quad [0, +\infty)$

71. $2xe^{1-x/2}$ $\quad (-\infty, +\infty)$

72. $x^p + x^{-q}$ $(p, q > 0)$ $\quad (0, +\infty)$

73. $f(x) = \begin{cases} \operatorname{arctg}\left(x/\sqrt{1+2x^2}\right) & \text{se} \quad -1 \le x < 0 \\ 1 + x - x^2 & \text{se} \quad 0 \le x \le 1 \end{cases}$ $\quad [-1, 1]$

74. $x \ln x + 3x$ $\quad (0, 5]$

75. $3\ln(1 + x^2) + x^3$ $\quad [-2, 0]$

76. $|x| \sin x + \cos x$ $\quad [-\pi, \pi]$

77. $\operatorname{arctg} x - \ln(1 + x^2)$ $\quad [0, 1]$.

78. Il volume di un prisma retto, la cui base è un triangolo equilatero, è V. Trovare il lato della base in modo che la superficie totale sia minima.

79. Fra tutti i cilindri inscritti nella sfera di raggio 1, trovare
(a) quello di superficie laterale σ massima,
(b) quello di superficie totale S massima.

80. Fra tutti i rettangoli con i vertici su un'ellisse di semiassi a e b, trovare quello di area massima.

81. Fra tutti i cilindri inscritti in un ellissoide ottenuto ruotando attorno all'asse delle x l'ellisse di equazione

$$\frac{x^2}{a^2} + \frac{y^2}{b^2} = 1,$$

trovare
(a) quello di volume V massimo,
(b) quello di superficie laterale σ massima,
(c) quello di superficie totale S massima.

82. Fra i coni inscritti nella sfera di raggio 1, trovare
(a) quello di volume V massimo,
(b) quello di superficie laterale σ massima,
(c) quello di superficie totale S massima.

83.* Fra i coni circoscritti alla sfera di raggio 1, trovare (se esistono)
(a) quello di volume V minimo,
(b) quello di superficie laterale σ minima,
(c) quello di superficie totale S minima.

84. Nella parabola di equazione $y = x^2$ si tirino dall'origine due rette perpendicolari in modo che

(a) il rettangolo composto dai segmenti staccati su di esse dalla parabola abbia area minima,

(b) la somma delle lunghezze dei segmenti sia minima.

85. Dimostrare che un triangolo di cui siano dati la base e il perimetro ha area massima se è isoscele.

86. Fra tutti i rettangoli di data area trovare quello di diagonale minima.

87. Fra tutti i triangoli isosceli inscritti nel cerchio di raggio 1, trovare

(a) quello di area massima,

(b) quello di perimetro massimo,

(c) quello di perimetro minimo.

88. Una figura è costituita da un rettangolo sormontato da un semicerchio (fig. 6.3). Se il perimetro P della figura è assegnato, trovare l'area massima.

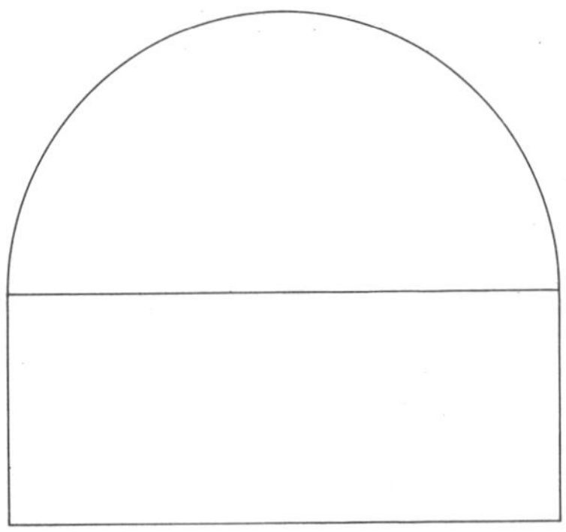

Figura 6.3

89. Con un foglio rettangolare di lati a e b si vuole costruire una scatola ritagliando quattro quadrati di lato r agli angoli e ripiegando i lembi (fig. 6.4). Come si deve scegliere r in modo che il volume sia massimo?

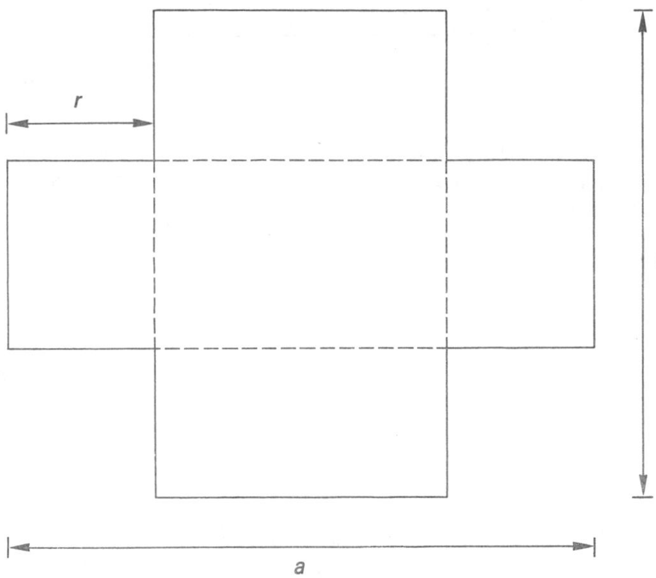

Figura 6.4

90. Fra tutti i triangoli rettangoli aventi la somma dei cateti S fissata, trovare (se esistono) quelli di ipotenusa minima e massima.

91. Nel cerchio di raggio 1 inscrivere un rettangolo tale che, detti a il suo lato minore e b il maggiore, la quantità ab^2 sia massima.

92. Da un cerchio di raggio 1 ritagliare un settore tale che, facendo combaciare i due lati in modo da formare un cono, questo abbia volume massimo.

93. Un punto materiale di massa m può muoversi sulla parabola di equazione $y = x^2$, ed è unito con una molla di costante k al punto P_0 di coordinate $(0, 1)$ (fig. 6.5). Trovare il punto in cui l'energia totale è minima (si ricordi che l'energia è data dalla somma dell'energia gravitazionale mgy e di quella elastica, che è uguale a k moltiplicato per il quadrato della distanza del punto da P_0).

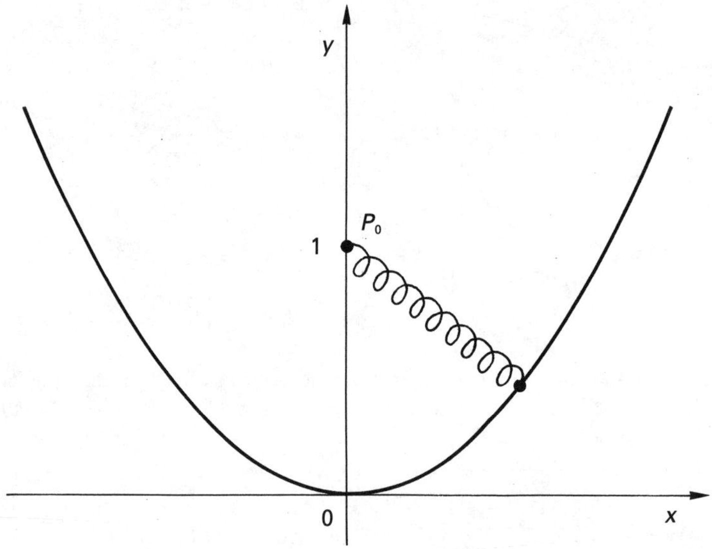

Figura 6.5

94. Un grave cade da A verso P, e poi prosegue fino a B con la velocità acquistata in P (fig. 6.6). Trovare la posizione del punto P sul segmento BC in modo tale che il tempo totale del percorso sia minimo.

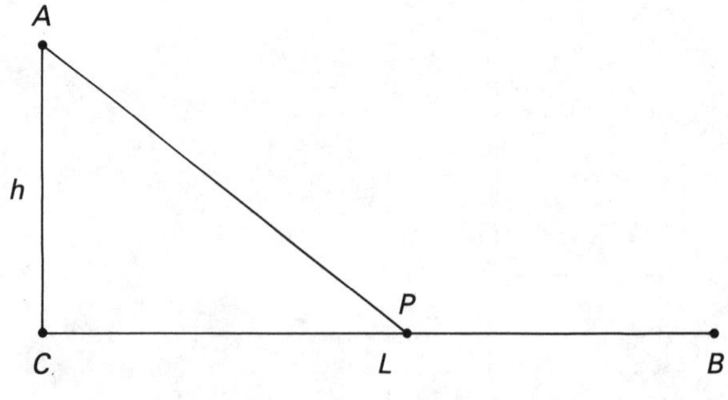

Figura 6.6

95. Tre sfere elastiche sono situate su una retta. La prima sfera si muove con velocità v e urta la seconda, che è in quiete; questa acquista una certa velocità e va a urtare la terza. Se le masse della prima e della terza sfera sono assegnate, trovare quale deve essere la massa della seconda affinché la velocità assunta dalla terza sfera sia massima.

96. Una grondaia è costruita piegando una striscia di larghezza L in modo da ottenere un profilo costituito da una base orizzontale e da due quarti di circonferenza come nella figura 6.7. Trovare quale deve essere la lunghezza della base affinché la capacità sia massima.

Figura 6.7

97. Si deve andare da un punto A (l'origine degli assi) a un punto B di coordinate (a, b), percorrendo prima un tratto sull'asse delle x con velocità v_1 e poi un tratto rettilineo fino a B con velocità v_2 (fig. 6.8). Trovare in quale punto si deve abbandonare l'asse delle x perché il tempo totale impiegato sia minimo.

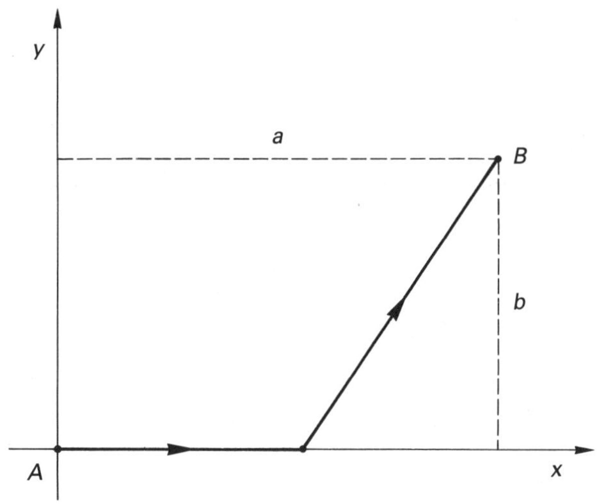

Figura 6.8

Talvolta si riesce a dimostrare delle disuguaglianze notevoli riconducendole a problemi di massimo e minimo.

Esempio 4.6

Sia p un numero reale maggiore di 1. Si trovi il massimo della funzione

$$f(x) = x - \frac{x^p}{p}$$

nella semiretta $[0, +\infty)$.

La derivata $f'(x) = 1 - x^{p-1}$ si annulla per $x = 1$. Si ha $f(0) = 0$, $f(1) = 1 - \frac{1}{p} > 0$, e inoltre

$$\lim_{x \to +\infty} f(x) = -\infty.$$

Da quest'ultima relazione segue che esiste un punto $x_0 > 1$ tale che $f(x) < 0$ per ogni $x > x_0$. Risulta ovviamente $f(x_0) \leq 0$, e il massimo della funzione $f(x)$ sarà assunto nell'intervallo $[0, x_0]$, e dunque nel punto 1, dato che $f(1) > 0 = f(0) \geq f(x_0)$. Si ha allora

$$x - \frac{x^p}{p} \leq 1 - \frac{1}{p} \cdot$$

Osserviamo che se $p = 1$ si ha $f(x) \equiv 0$, mentre se $p < 1$ la funzione non è limitata superiormente. ■

Esempio 4.7

Dire per quali $a > 0$ è risolubile l'equazione

$$x = \log_a x$$

e quante sono le soluzioni.

La funzione $\log_a x$ è definita per gli a positivi e diversi da 1, e risulta $\log_a x = \frac{\ln x}{\ln a}$. Consideriamo dunque la funzione

$$f(x) = x - \frac{\ln x}{\ln a} \cdot$$

Si dovranno distinguere due casi.

(1) $a > 1$. Risulta $\lim_{x \to +\infty} f(x) = \lim_{x \to 0} f(x) = +\infty$, e dunque la funzione ha un minimo. La derivata

$$f'(x) = 1 - \frac{1}{x \ln a}$$

si annulla solo per $x_0 = \frac{1}{\ln a}$, cosicché la funzione è decrescente in $(0, x_0)$ e crescente in $(x_0, +\infty)$. Il minimo di $f(x)$ sarà

$$m = \frac{1}{\ln a} + \frac{\ln \ln a}{\ln a},$$

e risulterà maggiore, uguale o minore di 0 a seconda che $\ln \ln a$ sia maggiore, uguale o minore di -1, cioè che a sia maggiore, uguale o minore di $e^{1/e}$. Nel primo caso la funzione ha minimo positivo, e quindi non si potrà annullare; nel secondo il minimo è 0, e dunque la funzione $f(x)$ si annulla solo nel punto $x_0 = e$. Infine, se $1 < a < e^{1/e}$, la funzione ha minimo negativo nel punto x_0, e dunque si annullerà in due punti, uno minore e uno maggiore di x_0.

(2) $a < 1$. In questo caso si ha $\ln a < 0$, e quindi $\lim_{x\to+\infty} f(x) = +\infty$ e $\lim_{x\to 0} f(x) = -\infty$. Inoltre la derivata prima è sempre positiva, e dunque la funzione è crescente. Ne segue che esiste uno e un solo valore x_0 in cui si ha $f(x_0) = 0$.

In conclusione, l'equazione $x = \log_a x$ ha una soluzione se $0 < a < 1$, due soluzioni se $1 < a < e^{1/e}$, una soluzione se $a = e^{1/e}$, e infine nessuna soluzione se $a > e^{1/e}$. ∎

Esercizi

98. Sia $0 < a < 1$, e sia $\varphi(a)$ la soluzione dell'equazione $x - \log_a x = 0$ (vedi esempio precedente). Si dimostri che risulta

$$\lim_{a\to 1^-} \varphi(a) = 1.$$

Dimostrare le seguenti disuguaglianze:

99. $\frac{1}{\sin x} \geq 2 - 2\sqrt{3}\left(x - \frac{\pi}{6}\right); \quad x \in \left[\frac{\pi}{6}, \frac{\pi}{3}\right]$

100. $\cos x \leq \frac{1}{\sqrt{1 + x^2}}; \quad 0 \leq x \leq \frac{\pi}{2}$

101. $\operatorname{arctg} x > \frac{x}{1 + x^2}; \quad x \in (0, +\infty)$

102. $x + \sin x \leq 2(e^x - 1); \quad x \geq 0$

103. $e^x \geq 1 + x + \frac{x^2}{2} + \ldots + \frac{x^n}{n!}; \quad x \geq 0, \; n \in \mathbb{N}$

104. $\operatorname{tg} x \geq x + \frac{x^3}{3}; \quad 0 \leq x \leq \frac{\pi}{2}$

105. $t^a \leq at + 1 - a; \quad t \geq 0, \; 0 < a < 1$

106. $e^{|x|} - |x| + \cos x \geq 2; \quad x \in \mathbb{R}$

107. $x^x \geq x; \quad x > 0$

108. $(1 + x)^p - x^p \leq 1; \quad p \leq 1, \; x > 0.$

109. Dimostrare che per $0 \leq x \leq 1$ si ha

$$\arccos x = 2 \arcsin \sqrt{\frac{1 - x}{2}} = 2 \arccos \sqrt{\frac{1 + x}{2}} = \operatorname{arctg} \sqrt{\frac{1 - x^2}{x^2}}\,.$$

110. Verificare che l'equazione

$$4x^2 - \ln(1 + x^2) = \frac{\pi}{2} - 2 \operatorname{arctg} x$$

ha una sola soluzione nell'intervallo $[0, 1]$.

5 Massimi e minimi relativi

In molti casi si richiedono non tanto il massimo e il minimo assoluto di una funzione, quanto piuttosto i punti di massimo e di minimo relativi. Come nel paragrafo precedente, i punti di massimo e di minimo (brevemente: gli *estremi*) relativi saranno da ricercare tra

(a) i punti in cui la funzione $f(x)$ non è derivabile,

(b) i punti in cui la derivata si annulla,

(c) i punti di frontiera di A (in particolare, se A è un intervallo, gli estremi).

Naturalmente, una volta trovati i punti di cui sopra, non si tratterà più di confrontare i valori della funzione, ma di esaminare per ognuno di essi se si tratta di un massimo o di un minimo relativo (o di nessuno dei due). Nei casi (b) e (c) questo si può fare esaminando il comportamento della derivata prima ed eventualmente il segno della derivata seconda (vedi *Lezioni*, cap. 6, Teorema 2.2), mentre nel caso (a) non ci sono metodi generali, anche se talvolta può essere utile esaminare separatamente i comportamenti della funzione a destra e a sinistra del punto in questione.

Esempio 5.1

Si trovino gli estremi relativi della funzione

$$f(x) = |x|e^x.$$

La funzione è definita ovunque ed è derivabile in $\mathbb{R} - \{0\}$. Si ha

$$f'(x) = \begin{cases} (x+1)e^x & x > 0 \\ -(x+1)e^x & x < 0 \end{cases}$$

e dunque $f'(x) = 0$ per $x = -1$. Poiché $f'(x)$ è positiva per $x < -1$ e negativa per $-1 < x < 0$, il punto -1 è di massimo relativo. Per quel che riguarda il punto 0, basterà osservare che $f(x) \geq 0$ e $f(0) = 0$. Ne segue che 0 è un punto di minimo relativo. ■

Esercizi

Trovare i punti di massimo e di minimo relativi delle seguenti funzioni:

111. $2x^3 - 9x^2 + 12x - 1$ **112.** $x^3 + x^2 + x + 1$ **113.** $x(x-1)^2$ **114.** $x^4 - x^3$

115.* $x^k(x-1)^m$, con k ed m interi > 1

116. $x^2 + x - \frac{1}{x}$

117. $\frac{x^2}{\sqrt{x^2-1}}$

118. $\frac{x^n}{\sqrt{1-x^2}}$

119. $\frac{x+1}{\sqrt[3]{x-1}}$

120. $2\sin 3x + \sin 6x$

121. $(x+1)^h(x^2-1)^k$

122. $|x^2-4|^{5/3}$

123. $x^3 + ax^2 + bx + c$

124. $2\ln x - 5\,\mathrm{arctg}\, x$.

125. Sia $f(x)$ una funzione derivabile in $[a,b]$, e supponiamo che abbia un massimo (un minimo) relativo in a. Cosa si può dire della derivata $f'(a)$? E cosa di $f'(b)$ se $f(x)$ ha un massimo o un minimo relativo in b?

126.* Si dice che una funzione $F(x)$ ha la proprietà di Darboux in un intervallo $[a,b]$ se in ogni intervallo $[\alpha,\beta] \subset [a,b]$ assume tutti i valori compresi tra $F(\alpha)$ e $F(\beta)$. Dimostrare che, se $F(x)$ è una funzione derivabile in $[a,b]$, la sua derivata ha la proprietà di Darboux.

6 I teoremi di De l'Hôpital e il calcolo dei limiti

Quando il limite di una funzione si presenta sotto la forma indeterminata $0/0$ o ∞/∞, è talora vantaggioso ricorrere a uno dei teoremi di De l'Hôpital, ma che più propriamente si dovrebbero chiamare di Johann Bernoulli (*Lezioni*, cap. 6, § 1):

Teorema 6.1 *Siano $f(x)$ e $g(x)$ due funzioni derivabili in $[a,b] - \{x_0\}$, e tali che $\lim_{x\to x_0} f(x) = \lim_{x\to x_0} g(x) = 0$ (ovvero $\lim_{x\to x_0} f(x) = \pm\infty$ e $\lim_{x\to x_0} g(x) = \pm\infty$). Supponiamo che $g(x)$ e $g'(x)$ siano diverse da 0 in un intorno di x_0. Se esiste il limite*

$$\lim_{x\to x_0} \frac{f'(x)}{g'(x)},$$

allora esiste anche il limite del rapporto $\frac{f(x)}{g(x)}$, e risulta

$$\lim_{x\to x_0} \frac{f(x)}{g(x)} = \lim_{x\to x_0} \frac{f'(x)}{g'(x)}.$$

Esempio 6.1

Calcolare il limite

$$\lim_{x\to 0} \frac{\ln(1+x) - x}{x^2}.$$

Siamo nel caso 0/0, e dunque si può vedere se esiste il limite del rapporto delle derivate:

$$\lim_{x\to 0} \frac{\frac{1}{1+x}-1}{2x} = \lim_{x\to 0} \frac{-1}{2(1+x)} = -\frac{1}{2}\cdot$$

Per il teorema di De l'Hôpital si ha allora

$$\lim_{x\to 0} \frac{\ln(1+x)-x}{x^2} = -\frac{1}{2}\cdot \blacksquare$$

Esempio 6.2

Si calcoli il limite

$$\lim_{x\to 0} \frac{x-\sin x}{x^3}\cdot$$

Calcolando la derivata del numeratore e del denominatore, si trova

$$\lim_{x\to 0} \frac{f'(x)}{g'(x)} = \lim_{x\to 0} \frac{1-\cos x}{3x^2} = \frac{1}{6},$$

e dunque per il teorema di De l'Hôpital si avrà anche

$$\lim_{x\to 0} \frac{x-\sin x}{x^3} = \frac{1}{6}\cdot \blacksquare$$

Esempio 6.3

Si trovi il limite

$$\lim_{x\to 1} \frac{1/x-2+x}{\sin^2 \pi x}\cdot$$

Si è nelle ipotesi del teorema di De l'Hôpital, e dunque ci si può ridurre al calcolo del limite del rapporto delle derivate:

$$\lim_{x\to 1} \frac{-1/x^2+1}{2\pi \sin \pi x \cos \pi x},$$

che è ancora del tipo 0/0. Derivando di nuovo:

$$\lim_{x\to 1} \frac{1/x-2+x}{\sin^2 \pi x} = \lim_{x\to 1} \frac{2/x^3}{2\pi^2(\cos^2 \pi x - \sin^2 \pi x)} = \frac{1}{\pi^2}. \blacksquare$$

Esempio 6.4

Si calcoli il limite

$$\lim_{x\to +\infty} x\left(\operatorname{arctg} x - \frac{\pi}{2}\right).$$

Abbiamo qui un limite del tipo $0 \cdot \infty$, che si riduce al tipo $0/0$ se si scrive

$$\lim_{x\to+\infty} x\left(\operatorname{arctg} x - \frac{\pi}{2}\right) = \lim_{x\to+\infty} \frac{\operatorname{arctg} x - \pi/2}{1/x}\,.$$

Si ha allora

$$\lim_{x\to+\infty} x\left(\operatorname{arctg} x - \frac{\pi}{2}\right) = \lim_{x\to+\infty} \frac{1/(1+x^2)}{-1/x^2} = -1. \ \blacksquare$$

Quando poi il limite cercato si presenta nella forma 0^0, ∞^0 o 1^∞, ci si può ricondurre al caso $0 \cdot \infty$ (e di conseguenza ai casi $0/0$ o ∞/∞) scrivendo

$$f(x)^{g(x)} = e^{g(x)\ln f(x)}.$$

Infine, i limiti della forma $\infty - \infty$ si possono trasformare in limiti del tipo ∞/∞, scrivendo

$$f(x) - g(x) = \ln \frac{e^{f(x)}}{e^{g(x)}}\,.$$

Esempio 6.5

Si calcoli

$$\lim_{x\to 0}\left(\frac{\sin x}{x}\right)^{\frac{1}{x}}.$$

Risulta

$$\lim_{x\to 0}\left(\frac{\sin x}{x}\right)^{\frac{1}{x}} = e^{\lim\limits_{x\to 0} \frac{\ln \frac{\sin x}{x}}{x}}.$$

Ora si ha

$$\lim_{x\to 0} \frac{\ln \frac{\sin x}{x}}{x} = \lim_{x\to 0} \frac{x}{\sin x}\,\frac{x\cos x - \sin x}{x^2} = \lim_{x\to 0} \frac{x\cos x - \sin x}{x \sin x} = 0$$

e dunque, in conclusione,

$$\lim_{x\to 0}\left(\frac{\sin x}{x}\right)^{\frac{1}{x}} = 1. \ \blacksquare$$

Esempio 6.6

Si calcoli il limite

$$\lim_{n\to\infty} n(\sqrt[n]{n} - 1).$$

Naturalmente non si può usare direttamente il teorema di De l'Hôpital, dato che qui si ha a che fare con una successione. Si può però (*Lezioni*, cap. 3, Teorema 4.1) considerare il limite

$$\lim_{x\to+\infty} x\left(x^{\frac{1}{x}}-1\right),$$

che è della forma $0\cdot\infty$. Risulta

$$\lim_{x\to+\infty}\frac{x^{\frac{1}{x}}-1}{\dfrac{1}{x}}=\lim_{x\to+\infty}\frac{x^{\frac{1}{x}}\left(\dfrac{1-\ln x}{x^2}\right)}{-\dfrac{1}{x^2}}=\lim_{x\to+\infty}x^{\frac{1}{x}}(\ln x-1)=+\infty,$$

e dunque si avrà anche

$$\lim_{n\to\infty} n(\sqrt[n]{n}-1)=+\infty.\ \blacksquare$$

Esercizi

Si calcolino, se esistono, i seguenti limiti:

127. $\lim\limits_{x\to0}(1+x^m)^{1/x^k}$

128. $\lim\limits_{x\to0^+}\dfrac{x^{-x}-1}{x}$

129. $\lim\limits_{x\to+\infty}\dfrac{x\left(x^{\frac{1}{x}}-1\right)}{\ln x}$

130. $\lim\limits_{n\to\infty} n\left(\sqrt[n]{A}-1\right)$

131. $\lim\limits_{x\to+\infty} x^3\left(\operatorname{arctg}x-\dfrac{\pi}{2}+\dfrac{1}{x}\right)$

132. $\lim\limits_{x\to0}\left(1+\sin x\right)^{\frac{1}{3x}}$

133. $\lim\limits_{x\to+\infty}\left(\dfrac{\sin^2 x}{x}\right)^x$

134. $\lim\limits_{x\to0^+} x^x$

135. $\lim\limits_{x\to0}\dfrac{e^x-1-x}{1-\cos x+x^2}$

136. $\lim\limits_{x\to0^+}\dfrac{\cos x}{x}$

137. $\lim\limits_{x\to0}\left(\dfrac{\sin x}{x}\right)^{1/x^2}$

138. $\lim\limits_{x\to+\infty}\left\{x-x^2\ln\left(1+\sin\dfrac{1}{x}\right)\right\}$

139. $\lim\limits_{x\to0}\dfrac{(\arcsin x)^2+\ln(1-\sin^2 x)}{\cosh^2 x-1}$

140. $\lim\limits_{x\to+\infty} 2^{\sin x}$

141. $\lim\limits_{x\to+\infty}\dfrac{\ln x+\sin x}{1+\cos^2 x}$

142. $\lim\limits_{x\to0}\dfrac{[\sqrt{1-\sin x}-\cos x]\sin x}{\left[\cos x-\sqrt{1-\operatorname{tg}x}\right]\ln(1+x)}$

143. $\lim_{x\to 0} \dfrac{\ln(1 + x \operatorname{arctg} x) - e^{x^2} + 1}{\sqrt{1 + 2x^4} - 1}$

144. $\lim_{x\to -\infty} \dfrac{1 - \cos^2 x}{1 + \sin^2 x}$

145. $\lim_{x\to \frac{1}{2}^+} \left[\operatorname{tg}(\pi x^2) + (2x - 1)4^x + 6x - 4\right] \operatorname{cotg}\left(x - \dfrac{1}{2}\right)$

146. $\lim_{x\to 0} (\cos x)^{1/x^2}$

147. $\lim_{x\to 0^+} \dfrac{\sqrt{1 - (1 - x^2)^2}\, \ln(1 + 2\sin x) \operatorname{arctg} \dfrac{x}{2}}{x - \sin x}$

148. $\lim_{x\to 0} \dfrac{\ln \dfrac{\sin x}{x}}{\ln \cos x}$

149. $\lim_{x\to 0} \dfrac{(\sinh x - \sin x)^2}{(\cosh x - \cos x)^3}$

150. $\lim_{x\to 0} \dfrac{(1 + x^2)^{1/x} - 1}{x}$

151. $\lim_{x\to 0^+} \left[\dfrac{x - \operatorname{arctg} x}{x^2}\right]^{\ln x}$

152. $\lim_{x\to +\infty} \left[\dfrac{3x^2 - x}{1 + x^2} + \cos\sqrt{x}\right]^{2x}$

153. $\lim_{x\to +\infty} \left(5x \sin \dfrac{1}{x} + \cos x\right)^x$

154. $\lim_{x\to +\infty} \left(e^{-x} + \dfrac{1}{4}|\sin x|\right)^{3x}$

155. $\lim_{x\to 0^+} \left[x^2 \operatorname{cotg} x + \sin x\right]^{1/\ln x}$

156. $\lim_{x\to 0} \left[\dfrac{1}{x \operatorname{tg} x} - \dfrac{1}{x^2}\right]$

157. $\lim_{x\to +\infty} \left[\dfrac{2^{1/x} + 3^{1/x} + 5^{1/x}}{3}\right]^x$

158. $\lim_{x\to 0^+} \dfrac{\cos \sqrt[3]{x} - \sqrt[3]{\cos x}}{x^2}$

159. $\lim_{x\to 0^+} \dfrac{\cos \sqrt[3]{x} - \sqrt[3]{\cos x}}{x^{2/3}}$

160. $\lim_{x\to +\infty} \dfrac{\ln(3 + \sin x)}{x}$

161. $\lim_{x\to +\infty} x^2(\operatorname{arctg} x - \arccos x^{-2})$

162. $\lim_{x\to +\infty} x(\operatorname{arctg} x - \arccos x^{-2})$

163. $\lim_{x\to +\infty} |\sin x|^{2x}$

164. $\lim_{x\to 0^+} \dfrac{x^{\sin x} - 1}{x}$

165. $\lim_{x\to 0} \dfrac{x^2 \operatorname{arctg}[3(x - x^2)]}{\sinh x - x \cosh x}$

166. $\lim_{x\to 0} \dfrac{\sin[\ln(3x + 1)]}{e^x - 3^x}$

167. $\lim_{x\to 0^+} \dfrac{\sqrt{1 - e^{-x}}}{\sqrt{x}}$

168. $\lim_{x\to 0^+} \dfrac{\sqrt[4]{1 + \sin^2 x} - 1}{\left\{(1 + \sin x)^{-1/x} - e^{-1}\right\} \ln\left(1 + \sqrt{1 - e^{-x^2}}\right)}$

169. $\lim_{x\to 0} \dfrac{3 \operatorname{arctg} x + \sin^2 x(1 - \cos 2x)}{27x^4 + 5\sin x}$

170. $\lim_{x\to 0} \dfrac{(1 - \cos x) \operatorname{tg} x + 5x}{2\sqrt[3]{x^2} - \sqrt[3]{x}}$

171. $\lim_{x\to 0} \dfrac{\ln(1+x)^3}{\sin 5x + \sqrt[3]{x^4}\sin x}$

172. $\lim_{x\to 0^+} \left\{(\sin x)^{-1/x^2} - x^{-1/x^2}\right\}$

173. $\lim_{x\to 0} \dfrac{\ln(e^x \cos x) - \sin(\sinh x)}{(e^x - 4^x)^2}$

174. $\lim_{x\to 0} \dfrac{(3^x - 2^x)\,\mathrm{tg}\, x}{\cos 2x - 1}$

175. $\lim_{x\to 0} \dfrac{\cos(e^x - e^{-x}) - 1}{\mathrm{arctg}\, x^2}$

176. $\lim_{x\to 0^+} [1 + \arcsin(e^x - 1)]^{1/\sin x}$

177. $\lim_{x\to 0^+} \dfrac{1 + 2^{1/x}}{3 + 2^{1/x}}$

178. $\lim_{x\to 0^-} \dfrac{1 + 2^{1/x}}{3 + 2^{1/x}}$

179. $\lim_{x\to +\infty} \left(1 + \dfrac{1}{2x}\right)^{3x+\ln x}$

180. $\lim_{x\to \frac{\pi}{2}^-} (\mathrm{tg}\, x)^{\sqrt{\cos x}}$

181. $\lim_{x\to 0} \dfrac{e - (1 + \mathrm{arctg}\, x)^{1/x}}{x}$

182. $\lim_{x\to \frac{\pi}{4}} \dfrac{\sqrt{2} - \sin x - \cos x}{\ln \sin 2x}$

183. $\lim_{x\to +\infty} \{\ln x\}^{(-1)^{[x]}/x}$

184. $\lim_{x\to +\infty} (\sqrt{x} - 1 + \cos x)$

185. $\lim_{x\to 0} \dfrac{1 + 2x - \cos x}{\mathrm{tg}\, x + x^3}$

186. $\lim_{x\to 0} \dfrac{2^x - 3^x}{1 - 4^x}$

187. $\lim_{x\to 0^+} \dfrac{\sin x}{x + \sqrt{x}}$

188. $\lim_{x\to 1^-} \dfrac{\sqrt{1 - x^2}}{\arccos x}$

189. $\lim_{x\to +\infty} \left\{\ln(2x^2 + x - 3) - \ln(x^2 + 1)\right\}$

190. $\lim_{x\to 1} \dfrac{\ln x}{\mathrm{tg}\, \pi x}$

191. $\lim_{x\to 0} \left(1 + \mathrm{arctg}\, x\right)^{(1-\sin x)/(x^2+2x)}$

192. $\lim_{x\to 0} \left(7 - \dfrac{3x \sin x}{1 - \cos x}\right)^{1/x^2}$

193. $\lim_{x\to 0^+} \left(\sin x + \cos x\right)^{1/x}$

194. $\lim_{x\to 0^+} \left(\sin x + \cos x\right)^{(2+x)/x^2}$

195. $\lim_{x\to 0^-} \left(\sin x + \cos x\right)^{1/x}$

196. $\lim_{x\to 0^+} \left(4\,\mathrm{tg}\, x + \cos x\right)^{1/x}$

197. $\lim_{x\to 0^+} \left(1 + 2x^3 + x\right)^{\mathrm{cotg}\, x}$

198. $\lim_{x\to +\infty} \left(1 + \dfrac{1}{2x}\right)^{3\sqrt{x^2+1}+\ln x}$

199. $\lim_{x\to 0} \dfrac{\sqrt{4 - x^2} - 2\cos x}{x^2}$

200. $\lim_{x\to 0} \dfrac{\ln\left(\sqrt{1 - x^2} + x\right) - x}{x^2}$

201. $\lim_{x\to 0^+} \left(\dfrac{x - \mathrm{arctg}\, x}{x^2}\right)^{1/\ln x}$

202. $\lim_{x\to 0} \dfrac{1 - \cos x \cosh x}{x^4}$

203. $\lim_{x\to \frac{\pi}{2}} \dfrac{1 + \sin x \cos x - \cos x - \sin x}{\left(x - \pi/2\right)^2}$

204. $\lim_{x\to -\infty} \dfrac{\sqrt{2x^2 + 3}}{4x + 2} \cdot \left(1 + \dfrac{1}{x}\right)^{\frac{3}{4}x}$

205. $\lim_{x\to 0} \dfrac{(1 + x)^{1/x} - e}{x}$.

Dire per quali numeri reali a esistono finiti e diversi da 0 i seguenti limiti:

206. $\lim_{x\to 0} \dfrac{\sin x}{\sqrt{1-x^a}-\cos x}$

207. $\lim_{x\to 0^+} \dfrac{\sin^a x}{\sqrt{1+\sin x}-\sqrt{\sin x+\cos x}}$

208. $\lim_{x\to \pi} \dfrac{2(x-\pi)^a}{\sqrt{1+\operatorname{tg} x}-\sqrt{1-\operatorname{tg} x}}$

209. $\lim_{x\to 0} \dfrac{\cos\left(\pi \dfrac{1-\cos ax}{x^2}\right)}{x^2}$

210. $\lim_{x\to +\infty} \left[x - x^a \ln\left(1+\dfrac{1}{x}\right)\right]$

211. $\lim_{x\to 0^+} \ln\left(\cos x + \operatorname{arctg} \dfrac{x^2+6x}{x+4}\right)\left(\ln(1+e^{1/x})\right)^a$

212. $\lim_{x\to 0^+} \dfrac{e^{x^2}-1}{\sqrt{1-\sin^a x}-\cos x}$

213. $\lim_{x\to 0} \dfrac{a^{x^2}-\cos x}{x^3 \sin x}$.

Dire per quale o quali valori reali di a risulta

214. $\lim_{x\to 0^+} \dfrac{a\sqrt{x^2+2x}+(1-a)\sqrt{\sin x}}{\sqrt{x}} = 0$

215. $\lim_{x\to +\infty} \left(\sqrt{4x^2+x}-2x-a\right) = -\dfrac{1}{2}$.

7 La formula di Taylor

Abbiamo visto nelle *Lezioni* (cap. 6, § 5) che, se $f(x)$ è una funzione di classe C^n in un intorno di un punto x_0, si ha la *formula di Taylor*:

$$f(x) = \sum_{k=0}^{n} \frac{f^{(k)}(x_0)}{k!}(x-x_0)^k + R_n(x;x_0),$$

dove il *resto n-esimo* $R_n(x;x_0)$ è infinitesimo, per $x \to x_0$, di ordine superiore a n:

$$\lim_{x\to x_0} \frac{R_n(x;x_0)}{(x-x_0)^n} = 0.$$

Se poi $f(x)$ è infinitamente derivabile, si può considerarne la serie o lo sviluppo di Taylor, che in molti casi converge alla funzione data (vedi *Lezioni*, cap. 6, § 7).

Ricordiamo dalle *Lezioni* gli sviluppi di Taylor delle funzioni elementari, nei quali il punto iniziale x_0 è l'origine (a fianco è indicato, per ciascuna funzione, l'intervallo di convergenza della serie di Taylor):

$$e^x = \sum_{n=0}^{\infty} \frac{x^n}{n!} \qquad x \in \mathbb{R}$$

$$\sin x = \sum_{n=0}^{\infty} (-1)^n \frac{x^{2n+1}}{(2n+1)!} \qquad x \in \mathbb{R}$$

$$\cos x = \sum_{n=0}^{\infty} (-1)^n \frac{x^{2n}}{(2n)!} \qquad x \in \mathbb{R}$$

$$\frac{1}{1-x} = \sum_{n=0}^{\infty} x^n; \quad \frac{1}{1+x} = \sum_{n=0}^{\infty} (-1)^n x^n \qquad x \in (-1, 1)$$

$$\frac{1}{1+x^2} = \sum_{n=0}^{\infty} (-1)^n x^{2n} \qquad x \in (-1, 1)$$

$$\ln(1-x) = -\sum_{n=0}^{\infty} \frac{x^{n+1}}{n+1} \qquad x \in (-1, 1)$$

$$\ln \frac{1+x}{1-x} = 2 \sum_{n=0}^{\infty} \frac{x^{2n+1}}{2n+1} \qquad x \in (-1, 1)$$

$$\operatorname{arctg} x = \sum_{n=0}^{\infty} (-1)^n \frac{x^{2n+1}}{2n+1} \qquad x \in (-1, 1)$$

$$(1+x)^\alpha = \sum_{n=0}^{\infty} \binom{\alpha}{n} x^n; \quad \binom{\alpha}{n} = \frac{\alpha(\alpha-1)\dots(\alpha-n+1)}{n!} \qquad x \in (-1, 1)$$

$$\frac{1}{\sqrt{1+x}} = \sum_{n=0}^{\infty} (-1)^n \frac{(2n-1)!!}{(2n)!!} x^n \qquad x \in (-1, 1)$$

$$\frac{1}{\sqrt{1-x^2}} = \sum_{n=0}^{\infty} \frac{(2n-1)!!}{(2n)!!} x^{2n} \qquad x \in (-1, 1)$$

$$\arcsin x = \sum_{n=0}^{\infty} \frac{(2n-1)!!}{(2n)!!(2n+1)} x^{2n+1} \qquad x \in (-1, 1)$$

Naturalmente, ci si può limitare a considerare un numero finito di termini della serie; in questo caso il resto sarà dell'ordine del primo termine omesso. Così, se nella serie del seno ci si arresta al termine x^5, il resto sarà dell'ordine di x^7. Se poi si vuole ottenere una stima quantitativa del resto, si potrà ricorrere, ad esempio, alla sua espressione integrale:

$$R_n(x;x_0) = \frac{1}{n!}\int_{x_0}^{x}(x-t)^n f^{(n+1)}(t)dt,$$

ovvero si potrà utilizzare la forma di Lagrange:

$$R_n(x;x_0) = \frac{(x-x_0)^{n+1}}{(n+1)!}\, f^{(n+1)}(\xi),$$

dove ξ è un opportuno punto compreso tra x e x_0.

Esercizi

Trovare lo sviluppo di Taylor delle funzioni seguenti, con punto iniziale $x_0 = 0$:

216. $\frac{1}{2-x}$ **217.** $\frac{1}{\sqrt{4-x^3}}$ **218.** $\sin(\pi - x)$

219. 2^{x-1} **220.** $\arcsin\frac{x}{2}$ **221.** $\ln[(1+x)(1-x)]$.

Scrivere fino al termine x^5 incluso gli sviluppi delle seguenti funzioni:

222. $\sin^3 x$ **223.** $\sqrt{1+x} - \sqrt{1-x}$ **224.** $\sin^2 x - \sin x^2$

225. $(e^x - 1)^2$ **226.** $\ln(1+\sin x)$ **227.** $\operatorname{tg} x$

228. $\frac{1}{1+x+x^2}$ **229.** $\frac{x-\sin x}{x^2}$ **230.** $\operatorname{arctg}(1-x^2)$.

La formula di Taylor ha varie applicazioni. Ad esempio, essa è utile per il calcolo approssimato dei valori di particolari funzioni.

Esempio 7.1

Si calcoli $\sqrt{e}$ con un errore non superiore a 10^{-6}. Si ha

$$\sqrt{e} = \sum_{k=0}^{n}\frac{1}{k!2^k} + R_n\left(\frac{1}{2};0\right).$$

Quanto alla stima del resto, risulta utile la forma di Lagrange:

$$R_n\left(\frac{1}{2};0\right) = \frac{1}{(n+1)!2^{n+1}}\, e^{\xi},$$

dove ξ è un numero compreso tra 0 e $1/2$. Essendo $e^{\xi} \le \sqrt{e} < 2$, si trova

$$0 < R_n\left(\frac{1}{2};0\right) < \frac{1}{(n+1)!2^n}.$$

Se vogliamo avere un errore inferiore a 10^{-6}, sarà sufficiente prendere $n = 7$. Avremo allora

$$\sqrt{e} \simeq \sum_{k=0}^{7} \frac{1}{k!2^k} \simeq 1,648\,721. \ \blacksquare$$

Esempio 7.2

Un valore approssimato di π si può ottenere dallo sviluppo di $\arcsin\frac{1}{2}$. Nelle *Lezioni* (cap. 6, § 6) abbiamo visto che

$$\arcsin x = \sum_{k=0}^{n} \frac{(2k-1)!!}{(2k)!!(2k+1)} x^{2k+1} + R_{2n+2}(x;0),$$

dove

$$R_{2n+2}(x;0) = \frac{(2n+1)!!}{(2n+2)!!} \int_0^x t^{2n+2}[1-\eta(t)^2]^{-n-3/2} dt$$

ed $\eta(t)$ è un numero compreso tra 0 e t. Nel nostro caso si ha $x = 1/2$, e dunque $0 < \eta(t) \leq t < 1/2$, cosicché

$$R\left(\frac{1}{2};0\right) \leq \frac{(2n+1)!!}{(2n+2)!!}\left(\frac{4}{3}\right)^{n+3/2} \int_0^{1/2} t^{2n+2} dt =$$

$$= \frac{(2n+1)!!}{(2n+2)!!(2n+3)}\left(\frac{1}{3}\right)^{n+3/2} \leq \frac{(2n+1)!!}{(2n+2)!!(2n+3)}\left(\frac{1}{3}\right)^{n+1}.$$

Se ora si vuole avere un errore minore di 10^{-4}, sarà sufficiente prendere $n = 4$; si ha allora

$$\arcsin\frac{1}{2} = \frac{\pi}{6} \simeq \sum_{k=0}^{4} \frac{(2k-1)!!}{(2k)!!(2k+1)}\left(\frac{1}{2}\right)^{2k+1} \simeq 0{,}5236. \ \blacksquare$$

Esempio 7.3

Calcolare l'integrale

$$\int_1^{\infty} e^{-x^2} dx$$

con un errore inferiore a 10^{-4}.

Cominciamo col determinare un numero α tale che risulti

$$\int_{\alpha}^{\infty} e^{-x^2} dx \leq \frac{1}{2}\, 10^{-4}.$$

Poiché $e^{-x^2} \leq e^{-\alpha x}$ per $x \geq \alpha$, si ha

$$\int_{\alpha}^{\infty} e^{-x^2} dx \leq \int_{\alpha}^{\infty} e^{-\alpha x} dx = \frac{1}{\alpha}\, e^{-\alpha^2}.$$

Ora si ha $e^{-9}/3 \simeq 4{,}12 \times 10^{-5}$, e dunque basterà prendere $\alpha = 3$.

Ciò premesso, si dovrà ora calcolare l'integrale

$$\int_{1}^{3} e^{-x^2} dx$$

con un errore inferiore a $\frac{1}{2}\, 10^{-4}$. Dallo sviluppo di e^{-x^2} si ha

$$\int_{1}^{3} e^{-x^2} dx = \sum_{k=0}^{n} \frac{(-1)^k (3^{2k+1} - 1)}{k!(2k+1)} + \int_{1}^{3} R_{2n+2}(x; 0) dx.$$

L'ultimo integrale si può maggiorare con $\frac{3^{2n+3}}{(n+1)!(2n+3)}$, che è minore di $\frac{1}{2}\, 10^{-4}$ non appena $n = 28$. Con tale valore di n otteniamo

$$\int_{1}^{\infty} e^{-x^2} dx \simeq \sum_{k=0}^{28} \frac{(-1)^k (3^{2k+1} - 1)}{k!(2k+1)} \simeq 0{,}1394.$$

Si noti come i primi termini della somma sono piuttosto grandi, e come il valore relativamente piccolo dell'integrale sia dovuto alla compensazione di addendi positivi e negativi. Ciò spiega perché ci siano voluti molti termini per ottenere l'approssimazione richiesta; un fatto che rende lo sviluppo di Taylor un metodo tutto sommato poco efficiente (tranne che in alcuni casi) per il calcolo approssimato di integrali.

Esercizi

Calcolare i seguenti numeri con un errore minore di 10^{-4}:

231. $\ln 2$ **232.** $\ln \frac{10}{9}$ **233.** $\sinh 1$ **234.** $\int_0^1 \frac{\sin x}{x}\, dx$ **235.** $\int_0^{1/2} \frac{\ln(1+x)}{x}\, dx.$

8 Lo sviluppo di Taylor e il calcolo dei limiti

Lo sviluppo di Taylor può essere di aiuto per il calcolo dei limiti della forma 0/0, specie quando venga usato insieme al cosiddetto *principio di sostituzione degli infinitesimi*.

Ricordiamo che una funzione $f(x)$ si dice un *infinitesimo* (per $x \to x_0$) se $\lim_{x \to x_0} f(x) = 0$. Se $f(x)$ e $g(x)$ sono due infinitesimi, si dice che $g(x)$ è *di ordine superiore* a $f(x)$ se

$$\lim_{x \to x_0} \frac{g(x)}{f(x)} = 0.$$

In questo caso si scrive anche $g = o(f)$ e si dice che g è un *o-piccolo* di f. Ricordiamo inoltre, benché ciò non sia rilevante in questo momento, che esiste anche la notazione $g = O(f)$ (g è un *o-grande* di f). A differenza della precedente, non c'è univocità nella definizione di $O(f)$. Taluni intendono con ciò che esiste finito e diverso da zero il limite

$$\lim_{x \to x_0} \frac{g(x)}{f(x)};$$

altri, più generalmente, che in un intorno di x_0 si ha

$$0 < A \leq \frac{g(x)}{f(x)} \leq B < +\infty.$$

Ancora più generalmente, noi intenderemo che $|g(x)|$ si possa maggiorare con $|f(x)|$, ovvero che il rapporto $g(x)/f(x)$ sia limitato in un intorno di x_0.

Ciò posto, il principio di sostituzione degli infinitesimi dice che, se $g = o(f)$ e $G = o(F)$, allora

$$\lim_{x \to x_0} \frac{f(x) + g(x)}{F(x) + G(x)} = \lim_{x \to x_0} \frac{f(x)}{F(x)}.$$

La semplice dimostrazione è lasciata per esercizio.

Esempio 8.1

Si calcoli il limite

$$\lim_{x \to 0} \frac{x - \sin x}{x \ln \cos x}.$$

Risulta $\sin x = x - x^3/6 + o(x^3)$; e dunque $x - \sin x = x^3/6 + o(x^3)$. Analogamente, si ha $\cos x = 1 - x^2/2 + o(x^2)$, e pertanto

$$\ln \cos x = -\frac{x^2}{2} + o(x^2).$$

In conclusione,

$$\lim_{x\to 0}\frac{x-\sin x}{x\ln\cos x}=\lim_{x\to 0}\frac{\dfrac{x^3}{6}+o(x^3)}{-\dfrac{x^3}{2}+o(x^3)}=\lim_{x\to 0}\frac{\dfrac{x^3}{6}}{-\dfrac{x^3}{2}}=-\frac{1}{3}\cdot\ \blacksquare$$

In generale, occorre sviluppare il numeratore e il denominatore arrestandosi al primo termine non nullo, e calcolare il limite del rapporto così ottenuto, ciò che a questo punto è piuttosto agevole.

È possibile fare un confronto tra questo metodo e quello basato sui teoremi di De l'Hôpital. Quest'ultimo è più generale, dato che contempla anche il caso ∞/∞. Per quanto riguarda invece i limiti del tipo $0/0$, si vede subito che con il teorema di De l'Hôpital occorre calcolare almeno tante derivate quanto è il grado del primo termine non nullo dello sviluppo. Ne segue che se questo grado è abbastanza grande, in pratica da 3 in su, è consigliabile usare gli sviluppi di Taylor, mentre per gradi piccoli i due metodi sono sostanzialmente equivalenti. Naturalmente, bisogna stare ben attenti a non trascurare termini dello stesso ordine dell'infinitesimo principale. Per questo, è bene scrivere sempre il termine $o(\ldots)$, in modo da tener presente quali termini si sono trascurati. Senza tale accorgimento si rischiano errori, come si vede dall'esempio che segue.

Esempio 8.2

Si calcoli

$$\lim_{x\to 0}\frac{\sqrt[4]{1-4x^2+x^4}-1+x^2}{x^4}\,.$$

Si ha $\sqrt[4]{1+t}\simeq 1+\frac{1}{4}t$, e dunque $\sqrt[4]{1-4x^2+x^4}\simeq 1-x^2+\frac{1}{4}x^4$. Ne segue che il limite richiesto è

$$\lim_{x\to 0}\frac{\frac{1}{4}x^4}{x^4}=\frac{1}{4}\,.$$

In realtà, si è commesso un errore nel calcolo del numeratore. Infatti nello sviluppo della radice si è trascurato il termine t^2 ovvero $(-x^2+x^4)^2$, che è sì trascurabile rispetto a $(-x^2+x^4)$, ma non rispetto al numeratore, nel quale i termini in x^2 si elidono. Infatti, se si tiene conto dei termini omessi, risulta $\sqrt[4]{1+t}=1+\frac{1}{4}t+o(t)$, e dunque

$$\sqrt[4]{1-4x^2+x^4}=1-x^2+\frac{1}{4}x^4+o(x^2)=1-x^2+o(x^2),$$

cosicché il numeratore si riduce all'espressione $o(x^2)$. Bisogna dunque prendere in considerazione un termine ulteriore nello sviluppo della radice:

$$\sqrt[4]{1-4x^2+x^4} = 1 - x^2 + \frac{1}{4}x^4 - \frac{3}{32}(-4x^2+x^4)^2 + o(x^4) =$$

$$= 1 - x^2 - \frac{5}{4}x^4 + o(x^4),$$

da cui

$$\lim_{x\to 0} \frac{\sqrt[4]{1-4x^2+x^4} - 1 + x^2}{x^4} = \lim_{x\to 0} \frac{-\frac{5}{4}x^4}{x^4} = -\frac{5}{4} \cdot \blacksquare$$

Esercizi

Calcolare i seguenti limiti:

236. $\lim_{x\to 0} \frac{1-e^{-x^2}+x^3\sin(1/x)}{x^2}$

237. $\lim_{x\to 0} \frac{x^2-\sin^2 x}{x^3(e^x-\cos x)}$

238. $\lim_{x\to 0} \frac{(5^{1+\mathrm{tg}^2 x}-5)(1+\sin^5 x)}{1-\cos x}$

239. $\lim_{x\to 0} \frac{x^5[(e^{x^3})^2-1]}{\sqrt{1+x^8}-\sqrt[3]{1+x^8}}$

240. $\lim_{x\to 0^+} \frac{\sqrt[4]{1+\sin^2 x}-1}{\ln\left[1+\sqrt{1-e^{-x^2}}\right]\left[(1+\sin x)^{-1/x}-e^{-1}\right]}$

241. $\lim_{x\to 0} \frac{(\sin^2 x - \ln\cos x)\ln(1+\sin x)}{x\sin x\sin 2x}$

242. $\lim_{x\to 0} \frac{(\arcsin x)^2+\ln(1-\sin^2 x)}{\cosh x^2 - 1}$

243. $\lim_{x\to 0} \frac{5\,\mathrm{arctg}\,x + 32x\sin^3 x}{1-\cos 2x+\sin 4x}$

244. $\lim_{x\to 0} \frac{\ln(1+x)\,\mathrm{arctg}\,x - x\sin x}{\mathrm{arctg}\,x - 1 - \ln(1+x)+\cos x}$

245. $\lim_{x\to 0} \frac{\sin x^4\,(\sin x^2-\sin^2 x)}{1-\cos x^4}$

246. $\lim_{x\to 0} \frac{x^5 e^{x^3}-\ln(1+x^5)}{\left[\sqrt{1+x^4}-1\right]^2}$

247. $\lim_{x\to 0} \frac{\left[\sqrt{1-x^4}-\sqrt{1+x^4}\right]^2}{x^4(\sin x^4-\sin^4 x)}$

248. $\lim_{x\to 0} \frac{x\arcsin x - x^2}{\sqrt{1+x^4}-\cos x^2}$

249. $\lim_{x\to 0} \frac{\mathrm{tg}\,x - x}{(1-\cos x)\sin x}$

250. $\lim_{x\to 0^+} \frac{\sqrt{(1+x^2)^2-1}\,\mathrm{arctg}\,x\,\ln(1+2\sin x)}{x-\sin x}$

251. $\lim_{x\to 0} \frac{\ln(1+x\,\mathrm{arctg}\,x)-e^{x^2}+1}{\sqrt{1+2x^4}-1}$

252. $\lim_{x\to 0^+} \frac{\cos(\sinh x)-\cosh(\sin x)}{(e^{\sqrt{x}}-5^{\sqrt{x}})^4}$

253. $\lim_{x\to 0} \frac{\sin x^3 - \sin^3 x}{x^3(\cos x^3 - \cos^3 x)}$

254. $\lim_{x\to +\infty} \ln(1+x)\sin\left(\frac{1}{\ln(2x-1)}\right)$

255. $\lim_{x\to 0^+} \frac{\ln(1-\cos 2x)}{\ln \operatorname{tg} 2x}$

256. $\lim_{x\to 0^+} \frac{\sqrt{1-x} - \cos\sqrt{x}}{\ln[\ln(e+x^2)]}$.

9 Funzioni convesse

Una funzione $f(x)$ definita in un intervallo (a,b) si dice *convessa* se per ogni coppia di punti x_1, $x_2 \in (a,b)$ e per ogni λ, $0 \le \lambda \le 1$, si ha

$$f(\lambda x_1 + (1-\lambda)x_2) \le \lambda f(x_1) + (1-\lambda)f(x_2). \qquad [9.1]$$

Geometricamente, una funzione $f(x)$ è convessa in (a,b) se, comunque si prendano i punti $(x_1, f(x_1))$ e $(x_2, f(x_2))$ sul grafico di f, il segmento che li congiunge sta tutto al di sopra del grafico, una relazione che equivale a

$$f(x) \le f(x_1) + \frac{f(x_2)-f(x_1)}{x_2 - x_1}(x - x_1).$$

La funzione $f(x)$ si dice *concava*, se $-f(x)$ è convessa.

Esempio 9.1

La funzione

$$f(x) = \begin{cases} -x & \text{se} \quad x < 0 \\ x^2 & \text{se} \quad x \ge 0 \end{cases}$$

è convessa in $\mathbb{R}$.

Per dimostrarlo, consideriamo due punti x_1 e x_2 e facciamo vedere che il segmento di estremi $(x_1, f(x_1))$ e $(x_2, f(x_2))$ è sempre al di sopra del grafico della funzione $f(x)$. Se x_1 e x_2 hanno lo stesso segno, ciò segue dal fatto che ambedue le funzioni $-x$ e x^2 sono convesse. Supponiamo ora che $x_1 < 0 < x_2$. Il segmento di estremi $(x_1, f(x_1))$ e $(x_2, f(x_2))$ taglia l'asse delle y in un punto di ordinata positiva, e dunque si trova al di sopra dei due segmenti che congiungono i suoi estremi con l'origine. D'altra parte, sempre per la convessità delle due funzioni $-x$ e x^2, questi due segmenti stanno al di sopra del grafico di $f(x)$, che dunque risulta convessa. ■

Quando la funzione $f(x)$ è regolare in (a,b), si hanno i seguenti risultati (vedi *Lezioni*, cap. 6, § 3):

(1) Una funzione $f(x)$ derivabile è convessa se e solo se per ogni $x_1,\ x_0 \in (a,b)$ risulta

$$f(x_1) \geq f(x_0) + f'(x_0)(x_1 - x_0);$$

geometricamente, se il grafico sta tutto al di sopra della retta tangente in qualsiasi punto.

(2) Una funzione $f(x)$ derivabile è convessa se e solo se $f'(x)$ è crescente.

(3) Una funzione $f(x)$ di classe C^2 è convessa se e solo se $f''(x) \geq 0$.

Esempio 9.2

La funzione $f(x) = 1/x^2$ ha derivata seconda $f''(x) = 6/x^4 > 0$. Di conseguenza essa è convessa in $(-\infty, 0)$ e in $(0, +\infty)$.

Non è invece convessa in tutto l'insieme di definizione $\mathbb{R} - \{0\}$, dato che questo non è un intervallo. ∎

Esempio 9.3

La funzione $\ln x$ è di classe C^2 in $(0, +\infty)$, e ha derivata seconda negativa. Ne segue che $\ln x$ è concava, e dunque $\ln(1/x) = -\ln x$ è convessa. In particolare si ha

$$\ln x_1 \leq \ln x_0 + \frac{1}{x_0}(x_1 - x_0),$$

e, prendendo $x_1 = 1 + x,\ x_0 = 1$, si trova

$$\ln(1 + x) \leq x. \ ∎$$

Esempio 9.4

Per $\alpha \geq 1$, la funzione $(1 + x)^\alpha$ è convessa nell'intervallo $(-1, +\infty)$. Ne segue, per $x \geq -1$,

$$(1 + x)^\alpha \geq 1 + \alpha x. \ ∎$$

Esercizi

257. Dimostrare che, se $f(x)$ e $g(x)$ sono convesse in (a,b), lo sono anche le funzioni $f(x) + g(x)$ e $f(x) \vee g(x) = \max\{f(x),\ g(x)\}$.

Dire per quali valori di α sono convesse in $\mathbb{R}$ le funzioni

258.* $e^x + \alpha x^3$ **259.** $e^{\alpha x} - (1 + \alpha)x^2$.

260.* Dimostrare che, se $f(x)$ è convessa in (a, b) e se $[\alpha, \beta] \subset (a, b)$, la funzione $f(x)$ è lipschitziana in $[\alpha, \beta]$, cioè che esiste una costante M tale che

$$|f(x_1) - f(x_2)| \leq M|x_1 - x_2| \ \ \forall x_1, x_2 \in [\alpha, \beta].$$

10 Studio del grafico di funzioni

Abbiamo visto nelle *Lezioni* (cap. 6, § 4) in cosa consiste lo studio qualitativo del grafico di una funzione. Esso è in genere un esame mirante a fornire una descrizione di massima dell'andamento di una funzione data, spesso in vista di uno studio più approfondito per la soluzione di problemi particolari. Così, ad esempio, se si vuole risolvere l'equazione $f(x) = 0$ sarà necessario uno studio preliminare della funzione $f(x)$, che permetta di determinare se l'equazione data ammette soluzioni, quante esse sono e dove si trovano, in modo da poter poi affrontare con maggior sicurezza il loro calcolo approssimato. Se invece si vuole avere un'idea dell'andamento asintotico della funzione $f(x)$, cioè del suo comportamento per valori grandi di x, sarà spesso utile lo studio degli asintoti e del modo in cui la funzione data si avvicina ad essi, e così via.

Uno studio generale del grafico di una funzione deve tener conto di queste diverse possibili esigenze, e dunque sarà, allo stesso tempo, più generale di quanto sarebbe necessario in vista della soluzione di ogni singolo problema particolare, e più generico poiché esso mira a servire di punto di partenza per tutti.

Come abbiamo visto nelle *Lezioni*, lo studio di una funzione comprende i seguenti passi:

(1) La determinazione dell'insieme di definizione e lo studio del comportamento della funzione in vicinanza della frontiera di questo.

(2) La ricerca dei punti di massimo e di minimo relativi (o quanto meno la determinazione del loro numero e della loro posizione approssimata) e dei corrispondenti valori.

(3) L'individuazione di eventuali asintoti e del modo di avvicinarsi ad essi.

(4) Lo studio degli intervalli di concavità e di convessità della funzione e dei punti di flesso.

Una volta eseguite queste ricerche, si può infine disegnare un grafico che metta in luce l'andamento della funzione in esame. In questo grafico verranno privilegiati gli aspetti qualitativi (massimi, minimi, punti di flesso, asintoti ecc.) rispetto alla precisione quantitativa nel rappresentare fedelmente i valori assunti dalla funzione. Da questo punto di vista, lo studio del grafico che proponiamo è diverso e complementare di quello che si potrebbe fare calcolando con un computer un numero cospicuo di valori della funzione e riportandoli in un diagramma, uno studio in cui la precisione numerica è l'aspetto predominante.

Esempio 10.1

Si studi la funzione

$$\frac{x^2+3}{x-1}.$$

(1) La funzione è definita in $\mathbb{R} - \{1\}$, e risulta

$$\lim_{x\to 1^+} \tfrac{x^2+3}{x-1} = +\infty, \qquad \lim_{x\to 1^-} \tfrac{x^2+3}{x-1} = -\infty,$$

$$\lim_{x\to +\infty} \tfrac{x^2+3}{x-1} = +\infty, \qquad \lim_{x\to -\infty} \tfrac{x^2+3}{x-1} = -\infty.$$

(2) La derivata prima è

$$f'(x) = \frac{x^2-2x-3}{(x-1)^2}$$

e si annulla nei punti -1 e 3. Dall'esame dei segni si vede subito che -1 è un punto di massimo relativo, e 3 un punto di minimo relativo. I valori assunti dalla funzione sono rispettivamente -2 e 6.

(3) Come si è visto nelle *Lezioni*, gli eventuali asintoti $y = ax+b$ (per $x \to \pm\infty$) si trovano calcolando i limiti

$$\lim_{x\to\pm\infty} \frac{f(x)}{x} = a$$

e, se questo esiste ed è finito,

$$\lim_{x\to\pm\infty} (f(x) - ax) = b.$$

Nel nostro caso,

$$\lim_{x\to\pm\infty} \frac{f(x)}{x} = \lim_{x\to\pm\infty} \frac{x^2+3}{x^2-x} = 1$$

e

$$\lim_{x\to\pm\infty} (f(x) - x) = \lim_{x\to\pm\infty} \frac{3+x}{x-1} = 1,$$

e quindi la retta $y = x+1$ è un asintoto sia per $x \to +\infty$ che per $x \to -\infty$. La quantità

$$f(x) - x - 1 = \frac{4}{x-1}$$

è positiva per $x > 1$ e negativa per $x < 1$, cosicché la funzione sta al di sopra dell'asintoto per $x \to +\infty$, e al di sotto per $x \to -\infty$.

(4) La derivata seconda,

$$f''(x) = \frac{8}{(x-1)^3},$$

è positiva per $x > 1$ e negativa per $x < 1$. Ne segue che $f(x)$ è convessa per $x > 1$ e concava per $x < 1$. Dato che $f''(x)$ non si annulla mai, non ci sono punti di flesso. Il grafico della funzione è dunque quello rappresentato nella figura 6.9.

■

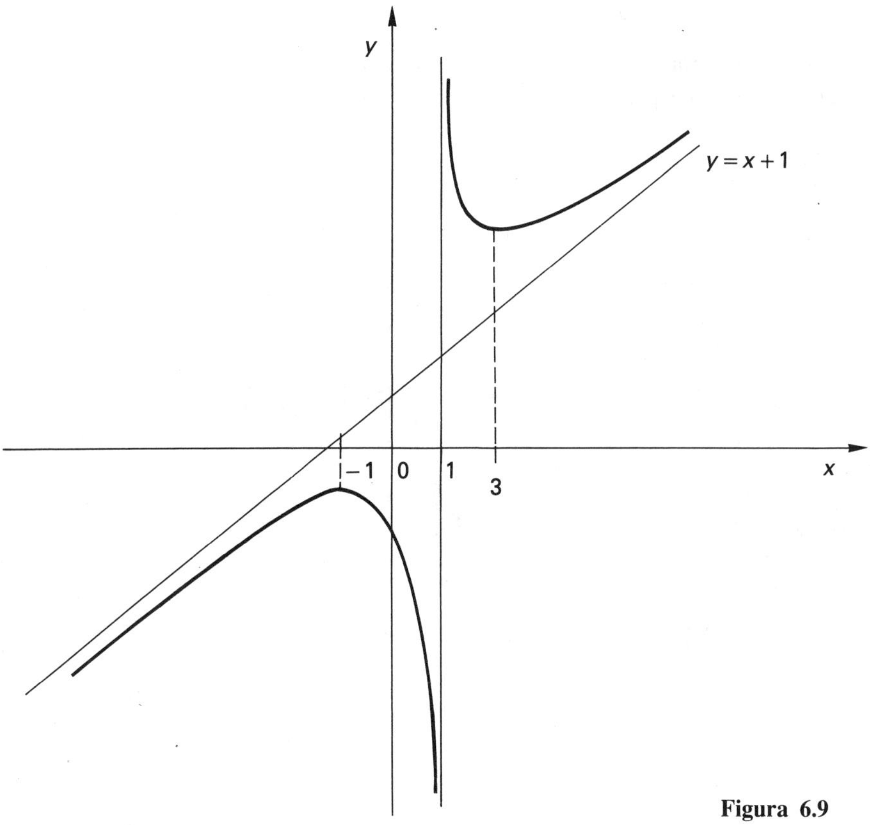

Figura 6.9

Esempio 10.2

Si tracci il grafico della funzione

$$f(x) = \sqrt{x^2 + x} - x.$$

(1) La funzione è definita per $x^2 + x \geq 0$, e dunque in $(-\infty, -1] \cup [0, +\infty)$. Si ha

$$\lim_{x\to+\infty} \left(\sqrt{x^2+x} - x\right) = \frac{1}{2}, \quad \lim_{x\to-\infty} \left(\sqrt{x^2+x} - x\right) = +\infty;$$

e inoltre

$$\lim_{x\to-1^-} \left(\sqrt{x^2+x} - x\right) = 1, \quad \lim_{x\to0^+} \left(\sqrt{x^2+x} - x\right) = 0.$$

(2) La derivata prima,

$$f'(x) = \frac{2x+1}{2\sqrt{x^2+x}} - 1,$$

non si annulla mai; essa è positiva per $x > 0$ e negativa per $x < -1$, cosicché la funzione decresce per $x < -1$ e cresce per $x > 0$. Si ha inoltre

$$\lim_{x\to-1^-} f'(x) = -\infty, \quad \lim_{x\to0^+} f'(x) = +\infty,$$

e dunque nei punti -1 e 0 la tangente è verticale.

(3) Abbiamo già trovato un asintoto orizzontale $y = 1/2$ per $x \to +\infty$. Per $x \to -\infty$ si ha

$$\lim_{x\to-\infty} \left(\frac{\sqrt{x^2+x}}{x} - 1\right) = -2, \quad \lim_{x\to-\infty} \left(\sqrt{x^2+x} + x\right) = -\frac{1}{2},$$

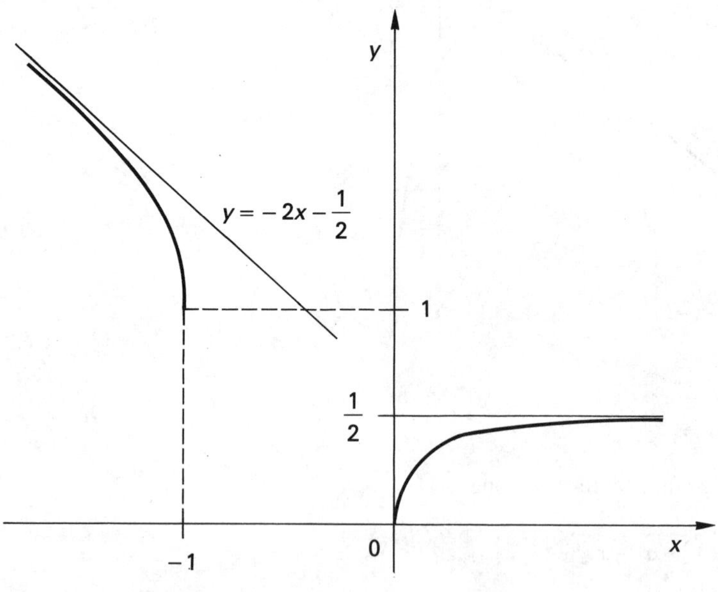

Figura 6.10

e dunque la retta $y = -2x - 1/2$ è un asintoto per $x \to -\infty$. In ambedue i casi risulta $f(x) - ax - b < 0$, e quindi la funzione si avvicina agli asintoti dal di sotto.

(4) La derivata seconda,

$$f''(x) = -\frac{1}{4(x^2+x)^{3/2}},$$

è sempre negativa, e quindi la funzione è concava sia in $(-\infty, -1]$ che in $[0, +\infty)$. Il grafico è dunque quello rappresentato nella figura 6.10. ∎

Esempio 10.3

Non di rado il calcolo esplicito degli zeri della derivata prima (e più ancora di quelli della derivata seconda) non è possibile. Si dovrà allora ricorrere a dei calcoli approssimati, o quanto meno si dovranno determinare il numero e la collocazione approssimata di tali zeri.

Supponiamo ad esempio di voler studiare la funzione

$$f(x) = \frac{x}{4x+1}e^{-x}.$$

La funzione è definita per $x \neq -1/4$, e si ha

$$\lim_{x\to+\infty} f(x) = 0, \qquad \lim_{x\to-\infty} f(x) = +\infty,$$

$$\lim_{x\to-\frac{1}{4}^-} f(x) = +\infty, \qquad \lim_{x\to-\frac{1}{4}^+} f(x) = -\infty.$$

Risulta inoltre

$$f'(x) = -\frac{4x^2+x-1}{(4x+1)^2}\,e^{-x}, \quad f''(x) = \frac{16x^3+8x^2-7x-10}{(4x+1)^3}\,e^{-x}.$$

La derivata prima si annulla per $x = \dfrac{-1 \pm \sqrt{17}}{8}$. Per la derivata seconda si potrebbe risolvere l'equazione di terzo grado $16x^3 + 8x^2 - 7x - 10 = 0$. D'altra parte, ci interessa soprattutto determinare quante volte la derivata seconda si annulla, e dove si trovano gli eventuali zeri. Per questo sarà sufficiente studiare il comportamento del polinomio al numeratore.

Essendo di terzo grado, il polinomio $g(x) = 16x^3 + 8x^2 - 7x - 10$ avrà almeno una radice reale; resta da vedere se le altre due sono reali o complesse. Per questo osserviamo che risulta

$$\lim_{x\to-\infty} g(x) = -\infty, \quad \lim_{x\to+\infty} g(x) = +\infty.$$

Si ha poi $g'(x) = 48x^2 + 16x - 7$, e questa si annulla per $x = -7/12$ e per $x = 1/4$. È chiaro che $g(x)$ ha un massimo relativo per $x = -7/12$, e un minimo relativo per $x = 1/4$. I valori della funzione $g(x)$ sono rispettivamente $-172/27$ e -11, ambedue negativi. La funzione $g(x)$ ha allora l'andamento riportato nella figura 6.11, con un solo zero reale in un punto $x_0 > 1/4$.

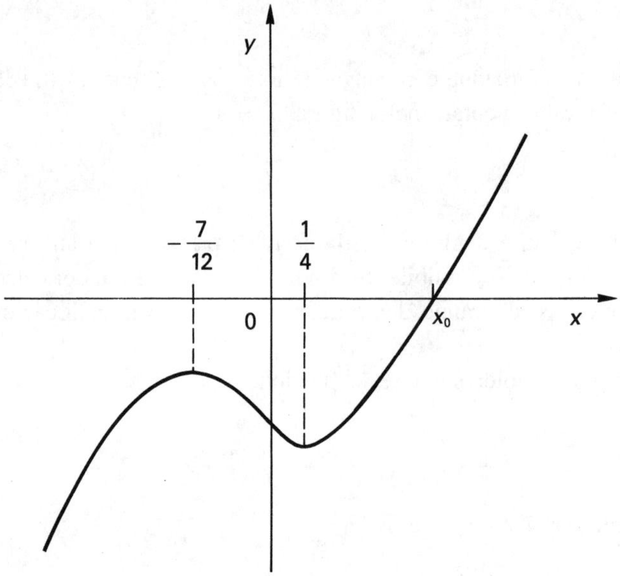

Figura 6.11

In conclusione, la funzione $f(x)$ è convessa negli intervalli $(-\infty, -1/4)$ e $(x_0, +\infty)$, ed è concava in $(-1/4, x_0)$. Il suo grafico è riportato nella figura 6.12. ■

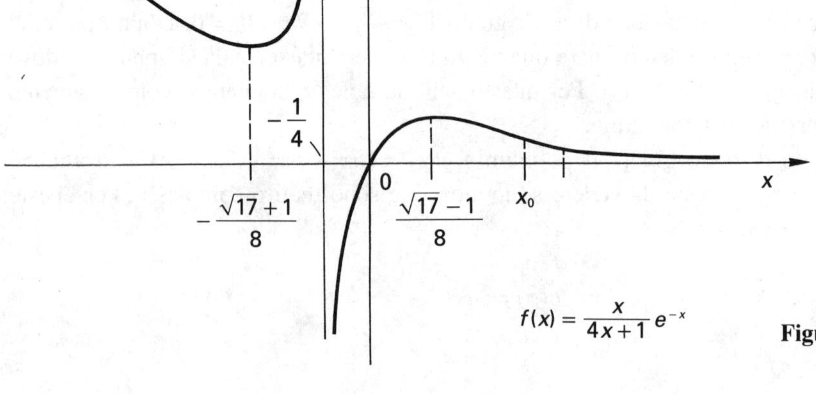

Figura 6.12

Esercizi

Tracciare il grafico delle seguenti funzioni:

261. $\sqrt{x+1} - \sqrt{x}$ **262.** $(x^2 + 2x)e^x$ **263.** $-\ln \sin x$ **264.** $\sqrt{\dfrac{x^3}{x+3}}$

265. $\dfrac{1-x}{x^2+3}$ **266.** $\dfrac{e^x+1}{e^x-1}$ **267.** $\dfrac{x-1}{x^3}$ **268.** $x^2(\ln x - 1)$

269. $\dfrac{e^{2x}+1}{e^x-1}$ **270.** $\dfrac{x+3}{x^2-5}$ **271.** $x + 2\cos x$ **272.** $\dfrac{x^2-2}{x+1}$

273. $\dfrac{x}{x-1}e^{-x}$ **274.** $\ln(1 + 2\sin^2 x)$ **275.** $(x+1)e^{x/(x-1)}$ **276.** $(x-2)e^{x/(x-1)}$

277. $\ln \dfrac{x^2}{x-1}$ **278.** $2x - \arcsin x$ **279.** $\dfrac{\ln x}{x^2}$ **280.** $\sin x + \cos x$

281. $x - 2\,\mathrm{arctg}\, x$ **282.** $e^{-x/(x^2+1)}$ **283.** $e^{x/(x^2-1)}$ **284.** $\cos x \; e^{\frac{1}{2}\sin x}$

285. $\dfrac{x}{x+1}e^{-x}$ **286.*** $\dfrac{\mathrm{arctg}\, x}{x}$.

In alcuni casi la funzione in esame contiene un parametro α, e quindi assume aspetti diversi a seconda del valore del parametro. Anche in questo caso si può studiare il grafico della funzione, privilegiando ancor più l'aspetto qualitativo.

Esempio 10.4

Si studi la funzione

$$f(x) = \frac{x}{x^2 + \alpha} \quad (\alpha \neq 0).$$

(1) L'insieme di definizione è $\mathbb{R}$ se $\alpha > 0$, mentre se $\alpha < 0$ si devono escludere i punti $\pm\sqrt{-\alpha}$. Si ha

$$\lim_{x \to \pm\infty} f(x) = 0,$$

e inoltre, se $\alpha < 0$, risulta

$$\lim_{x \to -\sqrt{-\alpha}^{\pm}} f(x) = \mp\infty, \qquad \lim_{x \to \sqrt{-\alpha}^{\pm}} f(x) = \pm\infty.$$

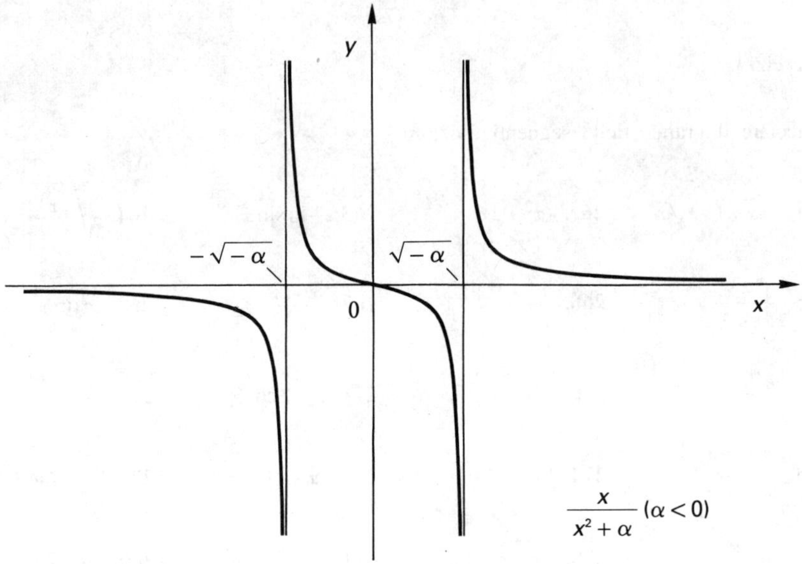

(*a*)

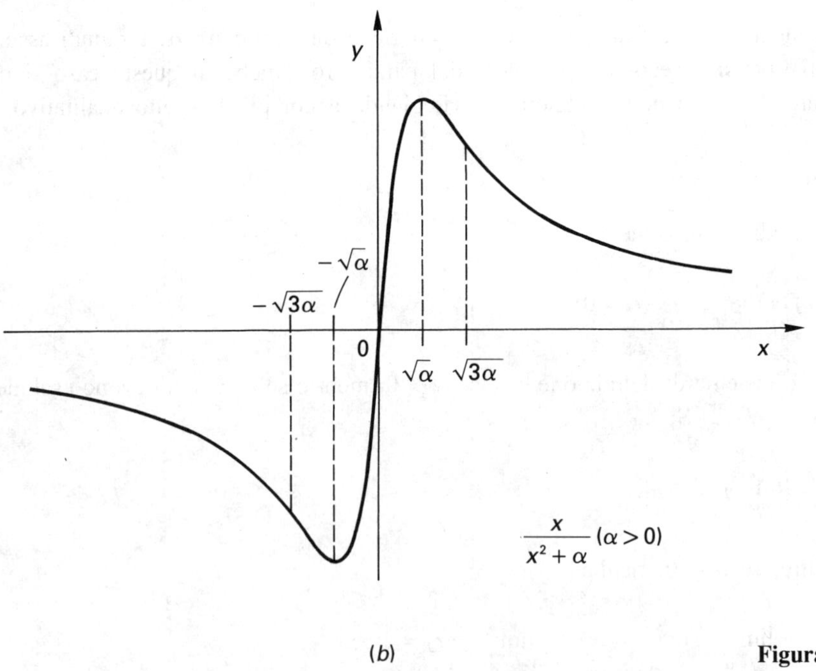

(*b*)

Figura 6.13

(2) La derivata prima è

$$f'(x) = \frac{\alpha - x^2}{(x^2 + \alpha)^2};$$

se $\alpha < 0$ essa è sempre negativa, e dunque la funzione è decrescente in ognuno dei tre intervalli $(-\infty, -\sqrt{-\alpha})$, $(-\sqrt{-\alpha}, \sqrt{-\alpha})$, $(\sqrt{-\alpha}, +\infty)$. Se invece $\alpha > 0$, la derivata si annulla per $x = \pm\sqrt{\alpha}$, e la funzione ha un minimo relativo in $-\sqrt{\alpha}$ e un massimo relativo in $\sqrt{\alpha}$.

(3) La derivata seconda è

$$f''(x) = \frac{2x(x^2 - 3\alpha)}{(x^2 + \alpha)^3}.$$

Se $\alpha < 0$, essa si annulla solo per $x = 0$, che è un punto di flesso, ed è negativa in $(-\infty, -\sqrt{-\alpha})$ e in $(0, \sqrt{-\alpha})$, e positiva altrimenti. La funzione $f(x)$ è dunque concava in $(-\infty, -\sqrt{-\alpha})$ e in $(0, \sqrt{-\alpha})$, convessa in $(-\sqrt{-\alpha}, 0)$ e in $(\sqrt{-\alpha}, +\infty)$.

Se invece $\alpha > 0$, si ha $f'' = 0$ per $x = 0$ e $x = \pm\sqrt{3\alpha}$, e la funzione è convessa negli intervalli $(-\sqrt{3\alpha}, 0)$ e $(\sqrt{3\alpha}, +\infty)$, e concava altrimenti.

I grafici relativi ai due casi sono riportati nella figura 6.13. ■

Esercizio

287. Studiare in dipendenza del parametro α l'andamento della funzione

$$f(x) = \ln x - \frac{\alpha}{x}.$$

Capitolo 7

Il calcolo integrale

Il calcolo esplicito degli integrali di funzioni continue si basa sul *teorema fondamentale del calcolo integrale* (vedi *Lezioni*, cap. 4, Teorema 9.2), di cui riportiamo l'enunciato:

Sia $f(x)$ una funzione continua nell'intervallo $[a, b)$. La funzione integrale

$$F(x) = \int_a^x f(t)\,\mathrm{d}t$$

è derivabile, e si ha, per ogni $x \in [a, b)$, $F'(x) = f(x)$.

Inoltre, se $G(x)$ è una funzione derivabile in $[a, b)$ tale che $G'(x) = f(x)$ in $[a, b)$, allora

$$F(x) = G(x) - G(a).$$

Una funzione $G(x)$ che verifica la relazione $G'(x) = f(x)$ si dice una *primitiva* della funzione $f(x)$. In particolare, la *funzione integrale* $F(x)$ è una primitiva di $f(x)$. Nota che sia una primitiva della funzione integranda, l'integrale definito è subito trovato: infatti basterà porre $x = b$ nell'espressione di $F(x)$ precedente per ottenere

$$\int_a^b f(t)\,\mathrm{d}t = G(x)|_a^b = G(b) - G(a).$$

L'integrazione è così ricondotta alla ricerca delle primitive. Come abbiamo già osservato nelle *Lezioni*, non sempre è possibile esprimere la primitiva di una funzione per mezzo di funzioni elementari o di loro combinazioni. Nel seguito esamineremo alcuni casi importanti in cui l'integrazione può essere eseguita.

1 Integrazione delle funzioni razionali

Una funzione razionale è una funzione del tipo

$$f(x) = \frac{P(x)}{Q(x)},$$

dove $P(x)$ e $Q(x)$ sono due polinomi in x. Possiamo supporre che il grado del numeratore sia minore di quello del denominatore; in caso contrario si dovrà eseguire la divisione, in modo da ottenere

$$f(x) = L(x) + \frac{R(x)}{Q(x)},$$

con $R(x)$, resto della divisione di P per Q, di grado minore di Q.

È noto che ogni polinomio $Q(x)$ si fattorizza nel prodotto di fattori di primo e di secondo grado (i primi corrispondono alle radici reali, i secondi alle complesse). Noi supporremo che questa fattorizzazione sia già stata eseguita, e che il polinomio $Q(x)$ sia dato nella forma

$$Q(x) = (x - x_1)^{m_1}(x - x_2)^{m_2} \cdots (x - x_k)^{m_k}[(x - \alpha_1)^2 + \beta_1]^{n_1} \cdots \\ \cdots [(x - \alpha_s)^2 + \beta_s]^{n_s}.$$

Per integrare una funzione razionale si dovranno determinare delle costanti $A_1, A_2, \ldots, A_k, B_1, \ldots, B_s, C_1, \ldots, C_s$, e un polinomio $Z(x)$ in modo tale che

$$\frac{P(x)}{Q(x)} = \frac{A_1}{x - x_1} + \ldots + \frac{A_k}{x - x_k} + \frac{2B_1(x - \alpha_1) + C_1}{(x - \alpha_1)^2 + \beta_1} + \ldots + \\ + \frac{2B_s(x - \alpha_s) + C_s}{(x - \alpha_s)^2 + \beta_s} + \frac{\mathrm{d}}{\mathrm{d}x}\frac{Z(x)}{Q_1(x)}, \qquad [1.1]$$

dove $Q_1(x)$ è il polinomio che contiene tutte le radici (reali e complesse) di $Q(x)$ con molteplicità diminuita di uno:

$$Q_1(x) = (x - x_1)^{m_1 - 1} \cdots (x - x_k)^{m_k - 1}[(x - \alpha_1)^2 + \beta_1]^{n_1 - 1} \cdots \\ \cdots [(x - \alpha_s)^2 + \beta_s]^{n_s - 1},$$

e il grado di $Z(x)$ è inferiore di uno a quello di $Q_1(x)$. Le costanti A_i, B_i, C_i e i coefficienti di $Z(x)$ (in totale in numero pari al grado di $Q(x)$) dovranno essere determinati in modo che la [1.1] sia un'identità. Ciò fatto, l'integrazione è immediata (*Lezioni*, cap. 5, §§ 3 sg.).

Esempio 1.1

Calcolare l'integrale

$$\int \frac{x-3}{x(x-1)(x-2)}\,\mathrm{d}x.$$

Si pone

$$\frac{x-3}{x(x-1)(x-2)} = \frac{A}{x} + \frac{B}{x-1} + \frac{C}{x-2}\,.$$

Per determinare le costanti A, B e C si può procedere come segue. Si moltiplicano ambo i membri per x e si pone $x = 0$, ottenendo $A = -3/2$. Moltiplicando per $(x - 1)$ e ponendo $x = 1$, si trova $B = 2$. Infine, moltiplicando per $(x - 2)$ e ponendo $x = 2$, si ricava $C = -1/2$. In definitiva,

$$\frac{x-3}{x(x-1)(x-2)} = -\frac{3}{2x} + \frac{2}{x-1} - \frac{1}{2(x-2)},$$

e dunque

$$\int \frac{x-3}{x(x-1)(x-2)}\,\mathrm{d}x = -\frac{3}{2}\ln|x| + 2\ln|x-1| - \frac{1}{2}\ln|x-2|. \blacksquare$$

Esempio 1.2

Si calcoli

$$\int \frac{x^3+1}{x(x-1)^2}\,\mathrm{d}x.$$

Qui il grado del numeratore è pari a quello del denominatore, e quindi si deve anzitutto eseguire la divisione. Si ottiene

$$\frac{x^3+1}{x(x-1)^2} = 1 + \frac{2x^2-x+1}{x(x-1)^2}\,.$$

D'altra parte,

$$\frac{2x^2-x+1}{x(x-1)^2} = \frac{A}{x} + \frac{B}{x-1} + \frac{C}{(x-1)^2}.$$

Le costanti A e C si possono determinare come sopra. Moltiplicando per x e ponendo $x = 0$, si ottiene $A = 1$; moltiplicando per $(x - 1)^2$ e ponendo $x = 1$, si trova $C = 2$. Per trovare B si può dare un valore arbitrario a x, ad esempio $x = 2$. Si ricava

$$\frac{7}{2} = \frac{A}{2} + B + C$$

e dunque $B = 1$. In conclusione,

$$\int \frac{x^3+1}{x(x-1)^2}\,\mathrm{d}x = x + \ln|x| + \ln|x-1| - \frac{2}{x-1} \cdot \blacksquare$$

Esempio 1.3

Calcolare

$$\int \frac{3x-2}{(x-1)(x^2-2x+2)}\,\mathrm{d}x \cdot$$

Posto

$$\frac{3x-2}{(x-1)(x^2-2x+2)} = \frac{A}{x-1} + \frac{2B(x-1)+C}{(x-1)^2+1},$$

si trova al solito modo $A = 1$. Per trovare B e C, si può ancora moltiplicare per $x^2 - 2x + 2 = (x-1)^2 + 1$ e porre $x = 1 + i$, che è radice di $x^2 - 2x + 2$. Si trova

$$\frac{1+3i}{i} = 2Bi + C,$$

da cui, uguagliando separatamente la parte reale e l'immaginaria, si ricavano i valori $B = -1/2$ e $C = 3$. In conclusione,

$$\int \frac{3x-2}{(x-1)(x^2-2x+2)}\,\mathrm{d}x = \ln|x| - \frac{1}{2}\ln(x^2-2x+2) + 3\,\mathrm{arctg}(x-1). \blacksquare$$

Esempio 1.4

Calcolare

$$\int \frac{\mathrm{d}x}{x^2(x^2+2)^2} \cdot$$

Si pone

$$\frac{1}{x^2(x^2+2)^2} = \frac{A}{x} + \frac{2Bx+C}{x^2+2} + \frac{\mathrm{d}}{\mathrm{d}x}\left(\frac{Dx^2+Ex+F}{x(x^2+2)}\right)$$

e, sviluppando la derivata e riducendo allo stesso denominatore, si ottiene

$$Ax(x^2+2)^2 + (2Bx+C)x^2(x^2+2) + (2Dx+E)x(x^2+2) -$$
$$-(Dx^2+Ex+F)(3x^2+2) = 1.$$

Uguagliando i coefficienti delle varie potenze della x, si trova

$$
\begin{aligned}
&A + 2B = 0\\
&C - D = 0\\
&4A + 4B - 2E = 0\\
&2C + 2D - 3F = 0\\
&4A = 0\\
&-2F = 1,
\end{aligned}
$$

da cui segue $A = B = E = 0$, $F = -1/2$, $C = D = -3/8$. In conclusione si ha allora

$$\int \frac{dx}{x^2(x^2+2)^2} = -\frac{3}{8\sqrt{2}} \operatorname{arctg} \frac{x}{\sqrt{2}} - \frac{1}{8} \frac{3x^2+4}{x(x^2+2)} \cdot \ ■$$

Esercizi

1. $\int \frac{dx}{(x+1)(x+2)(x+3)}$ **2.** $\int \frac{x-1}{4x^3-x}\,dx$ **3.** $\int \frac{x^4+9}{x^2-5x+6}\,dx$

4. $\int \frac{x-3}{2x^3-7x^2+5x}\,dx$ **5.** $\int \frac{x}{x^3-1}\,dx$ **6.** $\int \frac{dx}{x^3+x}$

7. $\int \frac{x^5+4}{x^2+3x+2}\,dx$ **8.** $\int \frac{dx}{3x^3+4x^2-4x}$ **9.** $\int \frac{dx}{x(x^3+1)}$

10. $\int \frac{x(x+3)}{x^4-1}\,dx$ **11.** $\int \frac{dx}{x^2(x+1)}$ **12.** $\int \frac{x-3}{x^4+x^2}\,dx$

13. $\int \frac{t\,dt}{(t+2)(t-1)}$ **14.** $\int \frac{dt}{t(t+1)(t-3)}$ **15.** $\int \frac{x^3dx}{(x+1)(x-2)}$

16. $\int \frac{x^2dx}{(1-x)(x-2)}$ **17.** $\int \frac{t^3+3}{(t+1)(t^2+1)}\,dt$ **18.** $\int \frac{x^2-1}{x^2(x^2+1)}\,dx$

19. $\int \frac{dt}{t^2(t+1)^2}$ **20.** $\int \frac{t\,dt}{(t^2+2)(t-2)}$ **21.** $\int \frac{dt}{t(t^2+2t+3)}$

22. $\int \frac{dt}{(t+1)(t^2+1)^2}$ **23.** $\int \frac{x+3}{(x^4-16)}\,dx.$

2 L'integrazione per sostituzione

Oltre ad essere interessanti di per sé, gli integrali delle funzioni razionali sono importanti perché ad essi si riconducono, con opportune sostituzioni, un buon numero di altri integrali.

Il metodo di *integrazione per sostituzione* si basa sulla formula di derivazione di una funzione composta:

$$\mathrm{D}\, F(g(x)) = F'(g(x))g'(x).$$

Questa formula si può rileggere in termini di primitive: se si deve integrare una funzione del tipo $\varphi(g(x))g'(x)$, e se si conosce una primitiva F della funzione φ, la funzione composta $F(g(x))$ sarà la primitiva cercata di $\varphi(g(x))g'(x)$. Si avrà dunque

$$\int \varphi(g(x))\, g'(x)\, \mathrm{d}x = \int \varphi(y)\, \mathrm{d}y \bigg|_{y=g(x)}. \qquad [2.1]$$

Esempio 2.1

Si calcoli l'integrale

$$\int \frac{\sin x}{\sin^2 x - 3 \sin x + 2} \cos x \, \mathrm{d}x.$$

Siamo qui nella situazione descritta sopra, con $g(x) = \sin x$ e $\varphi(y) = \dfrac{y}{y^2 - 3y + 2}$. Calcoliamo dunque una primitiva della funzione φ. Risulta

$$\frac{y}{y^2 - 3y + 2} = \frac{A}{y-1} + \frac{B}{y-2}.$$

Determinando le costanti A e B come negli esempi precedenti, si trova $A = -1$ e $B = 2$. Una primitiva della funzione φ è allora

$$-\ln|y-1| + 2\ln|y-2|,$$

cosicché in conclusione

$$\int \frac{\sin x}{\sin^2 x - 3 \sin x + 2} \cos x \, \mathrm{d}x = -\ln(1 - \sin x) + 2\ln(2 - \sin x). \ \blacksquare$$

La formula [2.1] si può interpretare in questo modo: se si vuol calcolare l'integrale

$$\int \varphi(g(x))\, g'(x)\, \mathrm{d}x,$$

si compie la sostituzione $y = g(x)$ (e di conseguenza $\mathrm{d}y = g'(x)\,\mathrm{d}x$), riducendosi al calcolo dell'integrale della funzione $\varphi(y)$; una volta trovata una primitiva $F(y)$ della funzione φ, si torna alla variabile x con la sostituzione $y = g(x)$.

Esempio 2.2

Si calcoli

$$\int \frac{1 + 2e^x}{e^{2x} - 1}\,\mathrm{d}x.$$

L'integrale non sembra a prima vista del tipo descritto sopra; lo diventa però subito se si moltiplica e divide la funzione integranda per e^x. Siamo allora nel caso considerato, con $g(x) = e^x$ e $\varphi(y) = \dfrac{1 + 2y}{y(y^2 - 1)}$. Abbiamo quindi

$$\int \frac{1 + 2e^x}{e^{2x} - 1}\,\mathrm{d}x = \int \frac{1 + 2y}{y(y^2 - 1)}\,\mathrm{d}y.$$

Quest'ultimo integrale si calcola come sopra; il risultato è

$$\int \frac{1 + 2e^x}{e^{2x} - 1}\,\mathrm{d}x = -\ln|y| + \frac{3}{2}\ln|y - 1| - \frac{1}{2}\ln|y + 1| =$$

$$= -x + \frac{3}{2}\ln|e^x - 1| - \frac{1}{2}\ln|e^x + 1|. \quad \blacksquare$$

In generale, un integrale del tipo

$$\int \frac{P(e^x)}{Q(e^x)}\,\mathrm{d}x,$$

dove P e Q sono dei polinomi, si può calcolare moltiplicando e dividendo per e^x e facendo la sostituzione $e^x = t$. In questo modo ci si riduce all'integrale

$$\int \frac{P(t)}{t\,Q(t)}\,\mathrm{d}t,$$

che è del tipo considerato nel paragrafo precedente.

Benché utile per il calcolo di alcuni integrali, la formula [2.1] non sarebbe molto importante se usata solamente nel modo appena detto: dopo tutto, non sono molti gli integrali che si presentano nella forma $\varphi(g(x))\,g'(x)$. In realtà la [2.1] si può interpretare in un secondo modo, più generale. Supponiamo infatti che la funzione $g(x)$ sia invertibile, e sia $g^{-1}(x)$ la sua inversa. Possiamo allora scrivere la [2.1] nella forma equivalente

$$\int \varphi(g(t))\,g'(t)\,\mathrm{d}t\bigg|_{t=g^{-1}(x)} = \int \varphi(x)\,\mathrm{d}x.$$

Supponiamo ora di voler calcolare l'integrale $\int \varphi(x)\,\mathrm{d}x$. Possiamo eseguire un cambiamento di variabili $x = g(t)$, tramite il quale l'integrale cercato diventa

$$\int \varphi(g(t))\, g'(t)\, \mathrm{d}t.$$

Se la funzione $g(t)$ è ben scelta, può accadere che il nuovo integrale sia più facile del primo, a che quindi si possa trovare una primitiva $G(t)$ della funzione $\varphi(g(t))\, g'(t)$. A questo punto si può tornare alla variabile x ponendo $t = g^{-1}(x)$, e ottenere quindi l'integrale cercato.[1]

La scelta della sostituzione più opportuna dipende ovviamente dalla funzione da integrare. Ci sono però un certo numero di sostituzioni standard che possono essere utilizzate per ricondurre alcune classi di integrali a integrali di funzioni razionali.

Una prima sostituzione riguarda integrali del tipo

$$\int R(\sin x, \cos x)\, \mathrm{d}x,$$

dove R è ancora una funzione razionale, cioè il rapporto tra due polinomi. In questo caso si esegue la sostituzione $t = \operatorname{tg} \frac{x}{2}$, cosicché

$$\cos x = \frac{1 - t^2}{1 + t^2}, \quad \sin x = \frac{2t}{1 + t^2}, \quad x = 2 \operatorname{arctg} t, \quad \mathrm{d}x = \frac{2\mathrm{d}t}{t^2 + 1}\cdot$$

In tal modo l'integrale diventa

$$\int R\left(\frac{2t}{t^2 + 1}, \frac{t^2 - 1}{t^2 + 1}\right) \frac{2\mathrm{d}t}{t^2 + 1},$$

che è del tipo trattato nel paragrafo precedente.

Esempio 2.3

Si consideri l'integrale

$$\int \frac{1 + \cos x}{1 - \cos x}\, \mathrm{d}x.$$

[1] Naturalmente, se si vuole calcolare l'integrale definito $\int_a^b \varphi(x)\mathrm{d}x$, non è necessario eseguire il cambiamento di variabile $t = g^{-1}(x)$ e poi sottrarre i valori negli estremi b e a della funzione così ottenuta. Questo procedimento porta infatti alla formula

$$\int_a^b \varphi(x)\mathrm{d}x = \int_{g^{-1}(a)}^{g^{-1}(b)} \varphi(g(t))\, g'(t)\, \mathrm{d}t,$$

che può dunque essere usata direttamente per calcolare integrali definiti.

Con la sostituzione indicata sopra si trova

$$\int \frac{1+\cos x}{1-\cos x}\,\mathrm{d}x = \int \frac{2\mathrm{d}t}{t^2(1+t^2)} = -\frac{2}{t} - 2\,\mathrm{arctg}\,t = -\frac{2}{\mathrm{tg}\frac{x}{2}} - x. \ \blacksquare$$

Esempio 2.4

Calcolare

$$\int \frac{\sin x}{4-5\sin x}\,\mathrm{d}x.$$

Si ha

$$\int \frac{\sin x}{4-5\sin x}\,\mathrm{d}x = \int \frac{2\mathrm{d}t}{(1+t^2)(2+2t^2-5t)} = \int \frac{2\mathrm{d}t}{(1+t^2)(t-2)(2t-1)}.$$

Quest'ultimo integrale si calcola al modo usuale, e dà

$$\frac{2}{15}\ln|t-1| - \frac{8}{15}\ln|2t-1| + \frac{1}{5}\ln(t^2+1), \quad t = \mathrm{tg}\,\frac{x}{2}. \ \blacksquare$$

Se la funzione razionale $R(\sin x, \cos x)$ contiene solo le funzioni $\sin^2 x$, $\cos^2 x$ e $\sin x \cos x$, è più utile la sostituzione $t = \mathrm{tg}\,x$, che conduce a un integrale più semplice di quello che si otterrebbe con la sostituzione standard vista sopra.

Esempio 2.5

Calcolare

$$\int \frac{\cos^2 x}{1-2\sin^2 x}\,\mathrm{d}x.$$

Posto $t = \mathrm{tg}\,x$, si ha $\cos^2 x = \dfrac{1}{1+t^2}$, $\sin^2 x = \dfrac{t^2}{1+t^2}$, $\sin x\ \cos x = \dfrac{t}{1+t^2}$, $\mathrm{d}x = \dfrac{\mathrm{d}t}{1+t^2}$, e dunque

$$\int \frac{\cos^2 x}{1-2\sin^2 x}\,\mathrm{d}x = \int \frac{\mathrm{d}t}{(1+t^2)(1-t^2)} = \frac{1}{4}\ln|t+1| - \frac{1}{4}\ln|t-1| + \frac{1}{2}\,\mathrm{arctg}\,t,$$

e, tornando alla x,

$$\int \frac{\cos^2 x}{1-2\sin^2 x}\,\mathrm{d}x = \frac{1}{4}\ln\left|\frac{\cos 2x}{1-\sin 2x}\right| + \frac{1}{2}x. \ \blacksquare$$

Esempio 2.6

Calcolare l'integrale

$$\int \frac{1-\sin x\cos x}{1-2\sin^2 x}\,\mathrm{d}x.$$

Posto $t = \operatorname{tg} x$, si ha

$$\int \frac{1 - \sin x \cos x}{1 - 2 \sin^2 x} \, dx = \int \frac{t^2 - t + 1}{(1 - t^2)(t^2 + 1)} \, dt =$$

$$= \frac{3}{4} \ln|t + 1| - \frac{1}{4} \ln|t - 1| - \frac{1}{4} \ln(t^2 + 1),$$

e dunque, semplificando

$$\int \frac{1 - \sin x \cos x}{1 - 2 \sin^2 x} \, dx = \frac{1}{4} \ln\left(\frac{1 + \sin 2x}{1 - \sin 2x} |\cos 2x| \right). \ \blacksquare$$

Esercizi

24. $\displaystyle\int \frac{dx}{3 \sin x + 4 \cos x}$ **25.** $\displaystyle\int \frac{1 + \operatorname{tg} x}{\cos x} \, dx$ **26.** $\displaystyle\int \frac{\sin x}{1 - \sin x} \, dx$

27. $\displaystyle\int \frac{dx}{\sin x}$ **28.** $\displaystyle\int \frac{1 + \cos x}{4 \sin x - 3 \sin x} \, dx$ **29.** $\displaystyle\int \frac{dx}{1 + \cos x}$

30. $\displaystyle\int \frac{2 - \sin^2 x}{\sin 2x} \, dx$ **31.** $\displaystyle\int \frac{1 + \sin 4x}{(\sin x - \cos x) \cos x} \, dx$

32. $\displaystyle\int \frac{\sin x}{(1 - \sin x)(1 + \cos x)} \, dx$ **33.** $\displaystyle\int \frac{2 \sin x + \sin^3 x}{\cos^3 x} \, dx$

34. $\displaystyle\int \frac{\cos x}{(1 - \sin x)(1 - \cos x)} \, dx$ **35.** $\displaystyle\int \frac{1 + 2 \cos^2 x}{1 + 2 \sin^2 x} \, dx$

36. $\displaystyle\int \frac{\cos x}{4 \sin x - 3 \cos x} \, dx$ **37.** $\displaystyle\int \frac{dx}{1 + \sin^2 x}$ **38.** $\displaystyle\int \frac{dx}{\sin 2x + \cos^2 x}$.

3 Primo intermezzo: la disuguaglianza di Young

È questa una disuguaglianza di una certa utilità in analisi, e che contiene come casi particolari molte disuguaglianze che abbiamo visto in precedenza.

Teorema 3.1 (Disuguaglianza di Young) *Sia $f(x)$ una funzione di classe C^1 e strettamente crescente, con $f(0) = 0$, e sia f^{-1} la sua inversa. Per ogni coppia*

a, b di numeri positivi, con $b < \sup f$ e $a < \sup f^{-1}$, risulta

$$ab \leq \int_0^a f(t)\,\mathrm{d}t + \int_0^b f^{-1}(s)\,\mathrm{d}s. \qquad [3.1]$$

Dimostrazione. Supponiamo (come nella fig. 7.1) che risulti $b \leq f(a)$ (in caso contrario basterà scambiare tra loro gli assi). La figura stessa mostra la ragione della disuguaglianza [3.1] se si osserva che le aree A_1 e A_2 sono appunto i due integrali a secondo membro. Per dare una dimostrazione più rigorosa, si faccia il cambiamento di variabile $s = f(x)$ nel secondo integrale; si ottiene

$$\int_0^a f(t)\,\mathrm{d}t + \int_0^b f^{-1}(s)\,\mathrm{d}s = \int_0^a f(t)\,\mathrm{d}t + \int_0^{f^{-1}(b)} x f'(x)\,\mathrm{d}x =$$

$$= \int_0^a f(t)\,\mathrm{d}t + x f(x)\Big|_0^{f^{-1}(b)} - \int_0^{f^{-1}(b)} f(x)\,\mathrm{d}x =$$

$$= \int_{f^{-1}(b)}^a f(t)\,\mathrm{d}t + b f^{-1}(b).$$

L'ultimo integrale si può valutare facilmente, ricordando che f è crescente, e dunque $f(t) \geq f(f^{-1}(b)) = b$. Ne segue

$$\int_0^a f(t)\,\mathrm{d}t + \int_0^b f^{-1}(s)\,\mathrm{d}s \geq [a - f^{-1}(b)]b + b f^{-1}(b) = ab,$$

cioè la disuguaglianza richiesta. ■

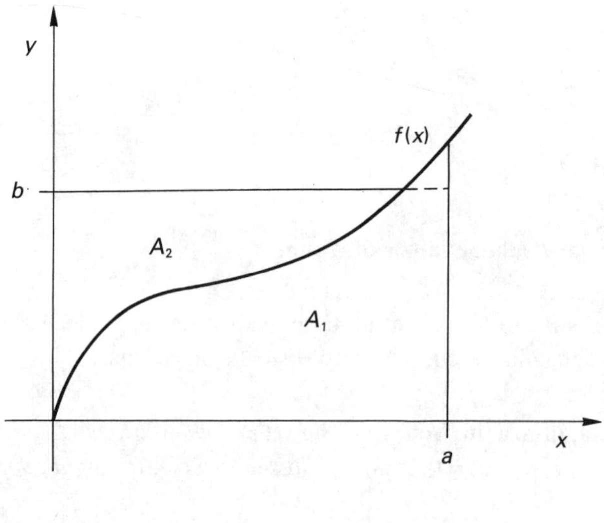

Figura 7.1

Esempio 3.1

Se si prende $f(x) = x$, si ha $f^{-1}(x) = x$ e dunque

$$ab \leq \int_0^a x\,\mathrm{d}x + \int_0^b x\,\mathrm{d}x = \frac{1}{2}a^2 + \frac{1}{2}b^2.$$

Più in generale, si può porre $f(x) = x^{p-1}$ $(p > 1)$; risulta $f^{-1}(x) = x^{1/(p-1)}$, e dunque

$$ab \leq \int_0^a x^{p-1}\,\mathrm{d}x + \int_0^b x^{1/(p-1)}\,\mathrm{d}x = \frac{a^p}{p} + \frac{b^q}{q},$$

con $q = \dfrac{p}{p-1}$ (ovvero $\dfrac{1}{p} + \dfrac{1}{q} = 1$). ■

Osservazione 3.1

L'esame della dimostrazione dice anche che nella disuguaglianza di Young si ha il segno = se e solo se $a = f^{-1}(b)$, ovvero $b = f(a)$. Nella disuguaglianza dell'esempio precedente ciò avviene quando $b = a^{p-1}$. ■

Esempio 3.2

Prendendo $f(x) = e^x - 1$, si ha $f^{-1}(x) = \ln(x+1)$, e dunque

$$ab \leq e^a - a + (b+1)\ln(b+1) - b,$$

con il segno = quando $b = e^a - 1$. ■

Esercizi

Scrivere la disuguaglianza di Young quando $f(x)$ è una delle seguenti funzioni:

39. $\dfrac{e^x - e^{-x}}{2}$ **40.** $\sin x$ **41.** $\operatorname{arctg} x$.

4 Integrazione di alcune funzioni irrazionali

Diverse specie di integrali che coinvolgono radicali si riconducono a integrali di funzioni razionali mediante opportune sostituzioni.

Esempio 4.1

Calcolare l'integrale

$$\int \frac{1+\sqrt{x}}{1+x+\sqrt{x}}\,\mathrm{d}x.$$

Ponendo $x = t^2$, ci si riconduce all'integrale

$$2\int \frac{1+t}{1+t+t^2}\,t\,\mathrm{d}t,$$

che può essere calcolato coi metodi del paragrafo precedente. Si trova

$$2\int \frac{1+t}{1+t+t^2}\,t\,\mathrm{d}t = 2t - \frac{4}{\sqrt{3}}\ \mathrm{arctg}\ \frac{2t+1}{\sqrt{3}},$$

e dunque

$$\int \frac{1+\sqrt{x}}{1+x+\sqrt{x}}\,\mathrm{d}x = 2\sqrt{x} - \frac{4}{\sqrt{3}}\ \mathrm{arctg}\ \frac{2\sqrt{x}+1}{\sqrt{3}}\cdot \blacksquare$$

Esempio 4.2

Calcolare

$$\int \frac{2+\sqrt[3]{x+1}}{1+\sqrt{x+1}}\,\mathrm{d}x.$$

Si pone in questo caso $x+1 = t^6$; si ottiene

$$\int \frac{2+t^2}{1+t^3}\,6t^5\,\mathrm{d}t = \frac{6}{5}t^5 + 4t^3 - 3t^2 - 6\ln|t+1| -$$

$$- 3\ln(t^2 - t + 1) + 2\sqrt{3}\ \mathrm{arctg}\ \frac{2t-1}{\sqrt{3}},$$

e dunque

$$\int \frac{2+\sqrt[3]{x+1}}{1+\sqrt{x+1}}\,\mathrm{d}x = \frac{6}{5}(x+1)^{5/6} + 4\sqrt{x+1} - 3(x+1)^{1/3} - 3\ln\left(\sqrt[6]{x+1}+1\right) -$$

$$- 3\ln\left(1+\sqrt{x+1}\right) + 2\sqrt{3}\,\mathrm{arctg}\,\frac{2\sqrt[6]{x+1}-1}{\sqrt{3}}\cdot \blacksquare$$

Esempio 4.3

Calcolare

$$\int \frac{1+\sqrt{\dfrac{x+1}{x+2}}}{1-\sqrt[3]{\dfrac{x+1}{x+2}}}\,dx.$$

Si pone $\dfrac{x+1}{x+2}=t^6$, da cui $x=\dfrac{2t^6-1}{1-t^6}$ e $dx=\dfrac{6t^5dt}{(1-t^6)^2}$. Con questa sostituzione l'integrale proposto diventa

$$\int \frac{6t^5dt}{(1-t^2)(1-t^3)^2(1+t^3)}=\int \frac{6t^5dt}{(1-t)^3(1+t)^2(1+t+t^2)^2(1-t+t^2)}.$$

Quest'ultimo integrale si calcola con un po' di fatica, ottenendo

$$\frac{1}{12(t-1)^2}+\frac{1}{6(t-1)}+\frac{23}{72}\ln|t-1|+\frac{1}{4(t+1)}+\frac{1}{8}\ln|t+1|+\frac{1}{3(t^2+t+1)}+$$
$$+\frac{1}{36}\ln(t^2+t+1)+\frac{1}{2\sqrt{3}}\operatorname{arctg}\frac{2t+1}{\sqrt{3}}-\frac{1}{4}\ln(t^2-t+1)+\frac{1}{2\sqrt{3}}\operatorname{arctg}\frac{2t-1}{\sqrt{3}},$$

e il risultato finale si ricava scrivendo $\sqrt[6]{\dfrac{x+1}{x+2}}$ al posto di t. ■

In generale, se si deve integrare la funzione

$$R\left(x,\left(\frac{ax+b}{cx+d}\right)^{r_1},\left(\frac{ax+b}{cx+d}\right)^{r_2},\ldots,\left(\frac{ax+b}{cx+d}\right)^{r_n}\right),$$

dove $R(x,\xi_1,\xi_2,\ldots,\xi_n)$ è una funzione razionale (cioè il rapporto tra due polinomi) in $x,\xi_1,\xi_2,\ldots,\xi_n$, e dove $r_1,r_2,\ldots,r_n$ sono numeri razionali, si farà la sostituzione

$$\frac{ax+b}{cx+d}=t^N,$$

dove N è il minimo comune multiplo dei denominatori dei numeri $r_1,r_2,\ldots,r_n$. Inutile dire che i calcoli si complicano notevolmente non appena l'integrale coinvolge più di due radicali.

Una seconda classe di integrali che si riducono a integrali di funzioni razionali sono quelli del tipo

$$\int R\left(x,\sqrt{ax^2+bx+c}\right)dx.$$

Questi integrali si trattano in maniera diversa a seconda che sia $a > 0$ o $a < 0$ (il caso $a = 0$ rientra in quelli già trattati). Se $a > 0$, si pone

$$ax^2 + bx + c = a(x+t)^2,$$

ovvero

$$x = \frac{at^2 - c}{b - 2at}\cdot$$

Si ha allora $\sqrt{ax^2+bx+c} = -\sqrt{a}\,\dfrac{at^2 - bt + c}{b - 2at}$, $\mathrm{d}x = -2a\dfrac{at^2 - bt + c}{(b-2at)^2}\,\mathrm{d}t$, e dunque l'integrale dato si riduce a

$$-2a\int R\left(\frac{at^2-c}{b-2at}, -\sqrt{a}\left(\frac{at^2-bt+c}{b-2at}\right)\right)\frac{at^2-bt+c}{(b-2at)^2}\,\mathrm{d}t,$$

cioè all'integrale di una funzione razionale fratta.

Esempio 4.4

Si calcoli l'integrale

$$\int \frac{\sqrt{x^2+2}}{2x-1}\,\mathrm{d}x.$$

La sostituzione $x = \dfrac{2-t^2}{2t}$ ci riconduce all'integrale

$$\int \frac{(t^2+2)^2}{2t^2(t^2+t-2)}\,\mathrm{d}t,$$

che, calcolato con i metodi standard, dà

$$\frac{1}{2}t + \frac{1}{t} - \frac{1}{2}\ln|t| + \frac{3}{2}\ln|t-1| - \frac{3}{2}\ln|t+2|,$$

e dunque (sostituendo $t = \sqrt{x^2+2} - x$ e osservando che $\dfrac{1}{t} = \dfrac{\sqrt{x^2+2}+x}{2}$)

$$\int \frac{\sqrt{x^2+2}}{2x-1}\,\mathrm{d}x = \sqrt{x^2+2} - \frac{1}{2}\ln\left(\sqrt{x^2+2}-x\right) + \frac{3}{2}\ln\left|\sqrt{x^2+2}-x-1\right| - $$

$$-\frac{3}{2}\ln\left(\sqrt{x^2+2}-x+2\right). \ \blacksquare$$

Esempio 4.5

Si calcoli

$$\int \frac{1+\sqrt{x^2+3x}}{2-\sqrt{x^2+3x}}\,\mathrm{d}x.$$

La sostituzione $x = \dfrac{t^2}{3-2t}$ conduce all'integrale

$$-2\int \frac{(t^2-3t)(3+t-t^2)}{(3-2t)^2(t^2-7t+6)}\,\mathrm{d}t,$$

che risolto dà

$$\frac{1}{2}t + \frac{9}{4(2t-3)} + 3\ln|3t-2| - \frac{12}{5}\ln|t-1| + \frac{12}{5}\ln|t-6|.$$

Per tornare alla x, basterà ora sostituire $t = \sqrt{x^2+3x} - x$. ■

Quando $a < 0$, la sostituzione precedente non funziona, e si dovrà invece porre[2]

$$x = \frac{1}{2a}\left(\alpha\frac{1-t^2}{1+t^2} - b\right), \quad \alpha = \sqrt{b^2-4ac}.$$

Si ha

$$ax^2 + 2bx + c = \frac{\alpha^2}{4a}\left\{\left(\frac{1-t^2}{1+t^2}\right)^2 - 1\right\} = \frac{t^2\alpha^2}{-a(t^2+1)^2}, \quad \mathrm{d}x = \frac{-2\alpha t\,\mathrm{d}t}{a(t^2+1)^2},$$

e dunque l'integrale si trasforma in

$$-\int R\left(\frac{1}{2a}\left(\alpha\frac{1-t^2}{1+t^2} - b\right), \frac{t\alpha}{\sqrt{-a}(1+t^2)}\right)\cdot\frac{2\alpha t}{a(t^2+1)^2}\,\mathrm{d}t,$$

che si può calcolare con i metodi precedenti. Una volta eseguiti i calcoli, si può tornare alla variabile x con la sostituzione

$$t = \sqrt{\frac{\alpha-(2ax+b)}{\alpha+(2ax+b)}}.$$

[2] Si noti che, se $a < 0$, deve risultare $b^2 - 4ac > 0$, perché altrimenti la quantità sotto radice sarebbe sempre negativa.

Esempio 4.6

Calcolare l'integrale

$$\int \frac{\sqrt{2x - x^2} + x}{2 - \sqrt{2x - x^2}}\, dx.$$

Si ha $a = -1$, $b = 2$, $c = 0$, $\alpha = 2$ e dunque

$$x = 1 - \frac{1 - t^2}{1 + t^2} = \frac{2t^2}{1 + t^2}, \quad dx = \frac{4t}{(1 + t^2)^2}\, dt.$$

Con questa trasformazione ci riconduciamo all'integrale

$$\int \frac{4t^2(1 + t)}{(t - 1)^2(1 + t^2)^2}\, dt = -\frac{2}{t - 1} + \ln|t - 1| + \frac{(t + 1)}{t^2 + 1} - \frac{1}{2}\ln(t^2 + 1) - 2\,\mathrm{arctg}\, t,$$

che si può esprimere in termini di x ponendo $t = \sqrt{\dfrac{x}{2 - x}}$. ∎

Esempio 4.7

Si calcoli

$$\int \frac{dx}{x\left(8 - 5\sqrt{4 - x^2}\right)}.$$

Si ha $a = -1$, $b = 0$, $c = 4$, $\alpha = 4$, $x = -2\,\dfrac{1 - t^2}{1 + t^2}$, $dx = \dfrac{8t dt}{(1 + t^2)^2}$, e l'integrale diventa

$$-\int \frac{t dt}{(1 - t^2)(2 + 2t^2 - 5t)} = -\frac{1}{2}\ln|t - 1| + \frac{1}{18}\ln|t + 1| + \frac{2}{9}\ln|t - 2| + \frac{2}{9}\ln|2t - 1|,$$

che può essere espresso in termini di x ponendo $t = \sqrt{\dfrac{2 + x}{2 - x}}$. ∎

Come abbiamo osservato nelle *Lezioni* (cap. 5, § 7), si otterrebbe lo stesso risultato eseguendo successivamente le sostituzioni

$$x = \frac{\alpha v - b}{a} \quad (\alpha = b^2 - ac), \; v = \cos u, \; u = \mathrm{tg}\,\frac{t}{2},$$

ovvero, più brevemente,

$$x = \frac{\alpha \cos u - b}{a}, \; u = \mathrm{tg}\,\frac{t}{2}\cdot$$

In molti casi è più opportuno eseguire queste due sostituzioni successivamente, in quanto talvolta la funzione che risulta dopo la prima sostituzione (una funzione razionale di sin u e cos u) si può integrare con la sostituzione più semplice $u = \operatorname{tg} t$.

Esempio 4.8

Calcolare

$$\int \frac{\sqrt{2 - x^2}}{1 - x^2}\, dx.$$

Posto $x = \sqrt{2} \cos t$, si ottiene

$$\int \frac{\sqrt{2 - x^2}}{1 - x^2}\, dx = -2 \int \frac{\sin^2 t}{1 - 2\cos^2 t}\, dt,$$

e di qui, con la sostituzione $u = \operatorname{tg} t$,

$$\int \frac{\sqrt{2 - x^2}}{1 - x^2}\, dx = 2 \int \frac{u^2}{(1 + u^2)(1 - u^2)}\, du.$$

Quest'ultimo integrale si calcola facilmente; si ottiene

$$-\frac{1}{2} \ln|u + 1| + \frac{1}{2} \ln|u - 1| + \operatorname{arctg} u$$

e, tornando alla x, si ha il risultato richiesto:

$$\int \frac{\sqrt{2 - x^2}}{1 - x^2}\, dx = \frac{1}{2} \ln\left|\frac{1 - x^2}{1 + x\sqrt{2 - x^2}}\right| + \arccos \frac{x}{\sqrt{2}} \cdot \blacksquare$$

A integrali del tipo considerato finora si possono ricondurre quelli del tipo

$$\int R(x, \sqrt{ax + b}, \sqrt{cx + d})\, dx,$$

dove al solito R è una funzione razionale (rapporto di due polinomi) nelle sue variabili. Con una prima sostituzione $ax + b = t^2$ si ottiene infatti l'integrale

$$\int R\left(\frac{t^2 - b}{a}, t, \sqrt{\frac{c}{a}(t^2 - b) + d}\right) \frac{2t dt}{a},$$

che è appunto del tipo visto sopra.

Esempio 4.9

Si calcoli

$$\int \frac{2\sqrt{x} - 3\sqrt{1+x}}{\sqrt{x} + \sqrt{1+x}}\,\mathrm{d}x.$$

Con la sostituzione $x = t^2$, si trova

$$\int \frac{2\sqrt{x} - 3\sqrt{1+x}}{\sqrt{x} + \sqrt{1+x}}\,\mathrm{d}x = \int \frac{2t - 3\sqrt{t^2+1}}{t + \sqrt{t^2+1}}\,2t\,\mathrm{d}t,$$

da cui, ponendo al solito $t^2 + 1 = (u+t)^2$, si giunge all'integrale

$$\int \frac{(5u^2+1)(1-u^2)(1+u^2)}{4u^3}\,\mathrm{d}u = -\frac{5}{6}u^4 - \frac{1}{8}u^2 - \frac{1}{8}u^{-2} + \frac{5}{4}\ln|u|,$$

dove

$$u = \sqrt{1+t^2} - t = \sqrt{1+x} - \sqrt{x}. \ \blacksquare$$

In alcuni casi si può evitare la sostituzione descritta, che in genere porta a calcoli piuttosto complicati, e ottenere l'integrazione con metodi più semplici. Una circostanza favorevole si presenta quando si ha a che fare con integrali della forma

$$\int \frac{P(x)}{\sqrt{ax^2+bx+c}}\,\mathrm{d}x,$$

in cui $P(x)$ è un polinomio di grado n in x. In questo caso si pone

$$\int \frac{P(x)}{\sqrt{ax^2+bx+c}}\,\mathrm{d}x = Q(x)\sqrt{ax^2+bx+c} + A\int \frac{\mathrm{d}x}{\sqrt{ax^2+bx+c}},$$

dove $Q(x)$ è un polinomio di grado $n-1$ e A è una costante. I coefficienti di Q e la costante A possono essere determinati derivando e moltiplicando per $\sqrt{ax^2+bx+c}$. L'ultimo integrale dà luogo a una funzione logaritmo o arcoseno, a seconda che sia $a > 0$ o $a < 0$.

Esempio 4.10

Calcolare

$$\int \frac{x-3}{\sqrt{2x^2+1}}\,\mathrm{d}x.$$

Posto

$$\int \frac{x-3}{\sqrt{2x^2+1}}\,\mathrm{d}x = B\sqrt{2x^2+1} + A\int \frac{\mathrm{d}x}{\sqrt{2x^2+1}},$$

derivando si ottiene

$$\frac{x-3}{\sqrt{2x^2+1}} = \frac{2Bx}{\sqrt{2x^2+1}} + \frac{A}{\sqrt{2x^2+1}},$$

da cui $B = 1/2$, $A = -3$. Si ha allora

$$\int \frac{x-3}{\sqrt{2x^2+1}}\,\mathrm{d}x = \frac{1}{2}\sqrt{2x^2+1} - \frac{3}{\sqrt{2}}\ln\left(x + \sqrt{4x^2+2}\right),$$

dato che, se $a > 0$, risulta

$$\int \frac{\mathrm{d}x}{\sqrt{ax^2+bx+c}} = \frac{1}{\sqrt{a}}\ln\left(ax + \frac{b}{2} + \sqrt{a(ax^2+bx+c)}\right). \blacksquare$$

Esempio 4.11

Calcolare

$$\int \frac{2x-3}{\sqrt{3+2x-x^2}}\,\mathrm{d}x.$$

Si ha

$$\int \frac{2x-3}{\sqrt{3+2x-x^2}}\,\mathrm{d}x = B\sqrt{3+2x-x^2} + A\int \frac{\mathrm{d}x}{\sqrt{3+2x-x^2}},$$

e derivando si ottiene $B = -1$, $A = 1$, da cui

$$\int \frac{2x-3}{\sqrt{3+2x-x^2}}\,\mathrm{d}x = -\sqrt{3+2x-x^2} + \arcsin\left(\frac{x-1}{2}\right),$$

poiché se $a < 0$ si ha

$$\int \frac{\mathrm{d}x}{\sqrt{ax^2+bx+c}} = \frac{1}{\sqrt{-a}}\arcsin\frac{b+2ax}{\alpha}, \quad \alpha = \sqrt{b^2-4ac}. \blacksquare$$

Esempio 4.12

Calcolare l'integrale

$$\int \frac{x^2+1}{\sqrt{x^2+4}}\,\mathrm{d}x.$$

Si ha

$$\int \frac{x^2+1}{\sqrt{x^2+4}}\,\mathrm{d}x = (Ax+B)\sqrt{x^2+4} + C\int \frac{\mathrm{d}x}{\sqrt{x^2+4}}\,.$$

Derivando e moltiplicando per $\sqrt{x^2+4}$, si ottiene

$$x^2+1 = A(x^2+4) + Ax^2 + Bx + C,$$

e dunque $A = 1/2$, $B = 0$, $C = -1$. In conclusione,

$$\int \frac{x^2+1}{\sqrt{x^2+4}}\,\mathrm{d}x = \frac{1}{2}x\sqrt{x^2+4} - \ln\left(x + \sqrt{4+x^2}\right). \ \blacksquare$$

Agli integrali precedenti si possono ridurre quelli del tipo

$$\int \frac{\mathrm{d}x}{(px+q)\sqrt{ax^2+bx+c}},$$

mediante la sostituzione $t = \dfrac{1}{px+q}$.

Esempio 4.13

Calcolare

$$\int \frac{\mathrm{d}x}{(x+1)\sqrt{x^2-2x-2}}\,.$$

Facendo la sostituzione $t = \dfrac{1}{x+1}$, si ha $x = \dfrac{1}{t} - 1$, $\mathrm{d}x = -\dfrac{\mathrm{d}t}{t^2}$, e l'integrale diventa

$$\int \frac{\mathrm{d}x}{(x+1)\sqrt{x^2-2x-2}} = -\int \frac{\mathrm{d}t}{\sqrt{1-4t+t^2}}\,.$$

L'ultimo integrale è immediato e dà

$$\int \frac{\mathrm{d}t}{\sqrt{1-4t+t^2}} = \ln\left(t - 2 + \sqrt{t^2-4t+1}\right). \ \blacksquare$$

Un tipo speciale di integrali che coinvolgono dei radicali sono i cosiddetti *integrali binomi*, della forma

$$\int x^r(a+bx^s)^q\,\mathrm{d}x,$$

dove r, s e q sono numeri razionali. Questi integrali si possono integrare elementarmente nei tre casi seguenti:

(1) q è un intero. In questo caso basta porre $x = t^N$, dove N è il minimo comune multiplo dei denominatori di r ed s.

(2) $\frac{r+1}{s}$ è intero. Si fa la sostituzione $a + bx^s = t^h$, dove h è il denominatore di q.

(3) $\frac{r+1}{s} + q$ è intero. In questo caso è efficace la sostituzione $ax^{-s} + b = t^h$.

Esempio 4.14

Calcolare

$$\int \sqrt[3]{1 + \sqrt[4]{x}}\, \mathrm{d}x.$$

Si ha $r = 0$, $s = \frac{1}{4}$, $q = \frac{1}{3}$. Poiché $\frac{r+1}{s} = \frac{1}{s} = 4$, siamo nel caso (2). Si porrà quindi

$$1 + \sqrt[4]{x} = t^3,\ x = (t^3 - 1)^4,\ \mathrm{d}x = 12t^2(t^3 - 1)^3 \mathrm{d}t,$$

e dunque l'integrale diventa

$$\int 12t^4(t^3 - 1)^3 \mathrm{d}t = \frac{6}{7}t^{14} - \frac{36}{11}t^{11} + \frac{9}{2}t^8 - \frac{12}{5}t^5. \ ■$$

Esempio 4.15

Si trovi

$$\int \frac{\sqrt[3]{1 + \sqrt{x}}}{\sqrt[3]{x^2}}\, \mathrm{d}x.$$

Risulta $r = -\frac{2}{3}$, $s = \frac{1}{2}$, $q = \frac{1}{3}$, e dunque siamo nel caso (3), in quanto $\frac{r+1}{s} + q$ è intero. Si porrà allora

$$x^{-\frac{1}{2}} + 1 = t^3,\ x = (t^3 - 1)^{-2},\ \mathrm{d}x = -6t^2(t^3 - 1)^{-3}.$$

Con questa sostituzione l'integrale diventa

$$-\int \frac{6t^3}{(t^3 - 1)^2}\, \mathrm{d}t = \frac{2}{3(t-1)} - \frac{2}{3}\ln|t-1| - \frac{2}{3}\frac{t-1}{t^2+t+1} + \\ + \frac{1}{3}\ln(t^2 + t + 1) + \frac{2}{\sqrt{3}}\operatorname{arctg}\frac{2t+1}{\sqrt{3}} \cdot \ ■$$

Esercizi

42. $\displaystyle\int \frac{x-4}{\sqrt{x^2-4x+5}}\,\mathrm{d}x$ **43.** $\displaystyle\int \frac{\sqrt{x^2-1}}{x(2x-1)}\,\mathrm{d}x$ **44.** $\displaystyle\int \frac{x^3}{\sqrt{x^2+x}}\,\mathrm{d}x$

45. $\displaystyle\int \frac{\sqrt[3]{1+\sqrt[4]{x}}}{\sqrt{x}}\,\mathrm{d}x$ **46.** $\displaystyle\int \frac{\mathrm{d}x}{\sqrt[4]{x}\,\sqrt{1+\sqrt{x}}}$ **47.** $\displaystyle\int \sqrt{\frac{3+4\sqrt{x}}{\sqrt{x}}}\,\frac{\mathrm{d}x}{x}$

48. $\displaystyle\int \frac{3-x^2}{\sqrt{2-x^2}}\,\mathrm{d}x$ **49.** $\displaystyle\int \frac{\mathrm{d}x}{(1+x^2)\sqrt{1-x^2}}$ **50.** $\displaystyle\int \frac{1-x^2}{\sqrt{1+x^2}}\,\mathrm{d}x$

51. $\displaystyle\int \frac{(1+x^2)^{3/4}}{\sqrt{x}}\,\mathrm{d}x$ **52.** $\displaystyle\int \frac{\sqrt{1-x^2}+1}{x^2}\,\mathrm{d}x$ **53.** $\displaystyle\int \frac{\mathrm{d}x}{\sqrt{1+\sqrt{x}}}$

54. $\displaystyle\int \sqrt[3]{\frac{4-x}{x}}\,\mathrm{d}x$ **55.** $\displaystyle\int \frac{\mathrm{d}x}{(1+x^2)\sqrt{1+x^2}}$ **56.** $\displaystyle\int \frac{\sqrt{1+\sqrt[3]{x}}}{x}\,\mathrm{d}x$

57. $\displaystyle\int \sqrt{1+\sqrt{x}}\,\mathrm{d}x$ **58.*** $\displaystyle\int \frac{\sqrt{1+x}-\sqrt{x}}{5\sqrt{x}+3\sqrt{1+x}}\,\mathrm{d}x$ **59.*** $\displaystyle\int \frac{2x+1-2\sqrt{x^2+x}}{4\sqrt{x}+5\sqrt{1+x}}\,\mathrm{d}x$

60. $\displaystyle\int \frac{\mathrm{d}x}{(x+1)\sqrt{x^2+3}}.$

5 Altre integrazioni per sostituzione

I metodi dei paragrafi precedenti si possono applicare a integrali del tipo

$$\int R\left(e^{\alpha x}, \left(\frac{ae^{\alpha x}+b}{ce^{\alpha x}+d}\right)^{r_1}, \left(\frac{ae^{\alpha x}+b}{ce^{\alpha x}+d}\right)^{r_2}, \dots, \left(\frac{ae^{\alpha x}+b}{ce^{\alpha x}+d}\right)^{r_n}\right)\mathrm{d}x$$

ovvero

$$\int R\left(e^{\alpha x}, \sqrt{ae^{2\alpha x}+be^{\alpha x}+c}\right)\mathrm{d}x.$$

Basterà infatti eseguire la sostituzione $e^{\alpha x}=t$ per ricondursi agli integrali

$$\frac{1}{\alpha}\int R\left(t, \left(\frac{at+b}{ct+d}\right)^{r_1}, \left(\frac{at+b}{ct+d}\right)^{r_2}, \dots, \left(\frac{at+b}{ct+d}\right)^{r_n}\right)\frac{\mathrm{d}t}{t}$$

o rispettivamente

$$\frac{1}{\alpha}\int R\left(t, \sqrt{at^2+bt+c}\right)\,\mathrm{d}t,$$

che rientrano nei casi trattati nei paragrafi precedenti.

Esempio 5.1

Si calcoli

$$\int \sqrt{\frac{1+e^x}{1-e^x}}\,\mathrm{d}x.$$

Posto $e^x = t$, l'integrale dato si riduce a

$$\int \sqrt{\frac{1+t}{1-t}}\,\frac{\mathrm{d}t}{t},$$

che si calcola con la sostituzione $\dfrac{1+t}{1-t} = u^2$, divenendo

$$\int \frac{4\mathrm{d}u}{(u^2-1)^2} = -\frac{1}{u-1} - \frac{1}{u+1} + \ln|u+1| - \ln|u-1|.$$

Naturalmente, si sarebbe ottenuto lo stesso risultato sostituendo direttamente $u^2 =$ $= (1+e^x)/(1-e^x)$. ∎

Talora, per calcolare integrali in cui compaiano radici di espressioni che coinvolgono funzioni trigonometriche, è utile la sostituzione $t = \operatorname{tg}\dfrac{x}{2}$. Non è facile dare una teoria generale di tali integrali; basta a volte cambiare un coefficiente, e la sostituzione che permetteva di calcolare l'integrale richiesto non funziona più. La cosa migliore è di mostrare con alcuni esempi ciò che è possibile attendersi.

Esempio 5.2

Si calcoli

$$\int \sqrt{\frac{1-\cos x}{1-\sin x}}\,\mathrm{d}x.$$

Con la sostituzione $t = \operatorname{tg}\dfrac{x}{2}$ si ottiene

$$\int \sqrt{\frac{1-\cos x}{1-\sin x}}\,\mathrm{d}x = \int \sqrt{\frac{2t^2}{(1-t)^2}}\,\frac{2\mathrm{d}t}{1+t^2} = 2\sqrt{2}\int \left|\frac{t}{1-t}\right|\frac{\mathrm{d}t}{1+t^2}.$$

Calcolando quest'ultimo integrale si trova infine

$$\int \sqrt{\frac{1-\cos x}{1-\sin x}}\,\mathrm{d}x = \pm\sqrt{2}\left\{\ln\frac{|1-t|}{\sqrt{t^2+1}} + \operatorname{arctg} t\right\} \quad \left(t = \operatorname{tg}\frac{x}{2}\right),$$

dove il segno è + se $t \leq 0$ o $t > 1$, ed è $-$ se $0 < t < 1$. Tornando alla x si ottiene

$$\int \sqrt{\frac{1 - \cos x}{1 - \sin x}}\, dx = \pm\sqrt{2}\left\{\ln\left|\frac{1 + \cos x - \sin x}{2}\right| + \frac{x}{2}\right\},$$

in cui si deve prendere il segno $-$ per $0 < x < \pi/2$ e il segno + per $\pi/2 < x \leq 2\pi$. ■

Esempio 5.3

Calcolare l'integrale

$$\int \frac{dx}{\sqrt{1 + \sin x}}.$$

Posto $t = \operatorname{tg}\dfrac{x}{2}$, ci si riduce all'integrale

$$2\int \frac{dt}{(1 + t)\sqrt{1 + t^2}},$$

che si calcola con la sostituzione $u = (1 + t)^{-1}$, da cui si ottiene

$$-2\int \frac{du}{\sqrt{2u^2 - 2u + 1}} = -\sqrt{2}\,\ln\left\{2u - 1 + \sqrt{4u^2 - 4u + 2}\right\}.$$

Osservazione 5.1

Notiamo che in ambedue i casi precedenti si aveva a che fare con radicali fittizi, che potevano essere eliminati applicando le formule di bisezione. Si ha infatti

$$1 - \cos x = 2\sin^2\frac{x}{2} \quad \text{e} \quad 1 \pm \sin x = \left(\sin\frac{x}{2} \pm \cos\frac{x}{2}\right)^2.$$

Quando tale semplificazione non è possibile, in genere l'integrale non si esprime per mezzo di funzioni elementari. Ad esempio, se si fosse applicato il metodo sopra descritto all'integrale

$$\int \frac{dx}{\sqrt{1 + 2\sin x}},$$

si sarebbe pervenuti all'integrale

$$\int \frac{2dt}{\sqrt{(1 + t^2)(1 + t^2 + 4t)}},$$

che non è esprimibile elementarmente. ■

Esercizi

Calcolare i seguenti integrali:

61. $\displaystyle\int \sqrt{\frac{4+e^x}{1-e^x}}\,\mathrm{d}x$ **62.** $\displaystyle\int \sqrt{\frac{1}{1-\sin x}}\,\mathrm{d}x$ **63.** $\displaystyle\int \sqrt{1+e^x}\,\mathrm{d}x$

64. $\displaystyle\int \sqrt{\frac{\cos x}{1-\sin x}}\,\mathrm{d}x$ **65.** $\displaystyle\int \sqrt{1+e^{2x}}\,e^{-x}\,\mathrm{d}x$ **66.** $\displaystyle\int \frac{\mathrm{d}x}{\sqrt{1+e^{3x}}}$

67. $\displaystyle\int \frac{\mathrm{d}x}{\sqrt{(1-2\sin x)(1+\cos x)}}$ **68.** $\displaystyle\int \sqrt{e^{2x}-3e^x+1}\,\mathrm{d}x$ **69.** $\displaystyle\int \sqrt[4]{1+e^{4x}}\,e^{-x}\,\mathrm{d}x$

70. $\displaystyle\int \sqrt{1+\sqrt{4e^x+1}}\,\mathrm{d}x$ **71.** $\displaystyle\int \frac{\mathrm{d}x}{\sqrt{e^{2x}+2e^x}}$.

6 Secondo intermezzo: una dimostrazione semplice dell'irrazionalità di π

La seguente dimostrazione dell'irrazionalità di π, che ricorda in parte quella della trascendenza di e (vedi *Lezioni*, cap. 5, § 9), è dovuta a Ivan Niven (*A simple proof that* π *is irrational*, in "Bulletin of the American Mathematical Society", LIII, 1947, 6, p. 509).

Supponiamo per assurdo che π sia razionale: $\pi = a/b$, con a e b interi. Consideriamo il polinomio di grado $2n$

$$P(x) = \frac{x^n(a-bx)^n}{n!},$$

dove n è un numero che sarà fissato più tardi, e sia

$$Q(x) = P(x) - P''(x) + P^{(4)}(x) - \ldots + (-1)^n P^{(2n)}(x).$$

Osserviamo che nel punto $x = 0$ il polinomio $P(x)$ e le sue derivate fino all'ordine $n-1$ incluso si annullano, mentre le derivate di ordine superiore (cioè da n a $2n$) assumono valori interi, cosicché $Q(0)$ è intero. Poiché si ha

$$P(x) = P\left(\frac{a}{b} - x\right),$$

e lo stesso vale per le derivate di ordine pari, risulta $Q(x) = Q\left(\frac{a}{b} - x\right)$ e quindi in particolare $Q(0) = Q\left(\frac{a}{b}\right) = Q(\pi)$. Inoltre, tenuto conto del fatto che le derivate di

$P(x)$ di ordine superiore a $2n$ sono nulle, si ha

$$Q''(x) = P(x) - Q(x),$$

e quindi

$$\frac{\mathrm{d}}{\mathrm{d}x}\{Q'(x)\sin x - Q(x)\cos x\} = Q''(x)\sin x + Q(x)\sin x = P(x)\sin x.$$

Allora,

$$\int_0^{\pi} P(x)\sin x\,\mathrm{d}x = [Q'(x)\sin x - Q(x)\cos x]_0^{\pi} = Q(\pi) + Q(0),$$

cosicché l'integrale in esame ha valore intero.

D'altra parte $P(x)$ ha un massimo nel punto $x = \dfrac{a}{2b} = \dfrac{\pi}{2}$, e dunque, se $0 < x < \pi$, risulta

$$0 < P(x)\sin x < \frac{\pi^n a^n}{4^n\, n!},$$

da cui

$$0 < \int_0^{\pi} P(x)\sin x\,\mathrm{d}x < \frac{\pi^{n+1} a^n}{4^n n!}.$$

Per $n \to \infty$ la successione a secondo membro tende a zero; se dunque si sceglie n abbastanza grande si avrà

$$0 < \int_0^{\pi} P(x)\sin x\,\mathrm{d}x < 1,$$

in contraddizione col fatto che l'integrale è un numero intero. ■

7 L'integrazione per parti

L'integrazione per parti consiste nell'applicazione della formula

$$\int fg'\,\mathrm{d}x = fg - \int f'g\,\mathrm{d}x.$$

In pratica, dato un integrale $\int \varphi \mathrm{d}x$, si tratta di scomporre φ nel prodotto di due funzioni f e g', in modo tale che l'integrazione della funzione $f'g$ risulti più semplice di quella della φ. La scelta delle funzioni f e g' non è soggetta a regole generali, ed è più un'arte che una tecnica. Riporteremo qui alcuni esempi, che permettono di farsi un'idea delle varie possibilità del metodo di integrazione per parti.

Esempio 7.1

Si calcoli l'integrale

$$\int \frac{x \operatorname{arctg} x}{\sqrt{1+x^2}}\, \mathrm{d}x.$$

Ponendo $f(x) = \operatorname{arctg} x$ e $g'(x) = \dfrac{x}{\sqrt{1+x^2}}$, si ha $g(x) = \sqrt{1+x^2}$ e dunque

$$\int \frac{x \operatorname{arctg} x}{\sqrt{1+x^2}}\, \mathrm{d}x = \sqrt{1+x^2} \operatorname{arctg} x - \int \frac{\mathrm{d}x}{\sqrt{1+x^2}} =$$

$$= \sqrt{1+x^2} \operatorname{arctg} x - \ln\left(x + \sqrt{1+x^2}\right). \blacksquare$$

Esempio 7.2

Si calcoli l'integrale

$$\int \frac{x\, \mathrm{d}x}{\cos^2 2x}.$$

Si pone qui $f(x) = x$ e $g'(x) = \dfrac{1}{\cos^2 2x}$, da cui $g(x) = \dfrac{1}{2} \operatorname{tg} 2x$, e dunque

$$\int \frac{x\, \mathrm{d}x}{\cos^2 2x} = \frac{x}{2} \operatorname{tg} 2x - \frac{1}{2} \int \operatorname{tg} 2x \mathrm{d}x = \frac{x}{2} \operatorname{tg} 2x - \frac{1}{4} \ln|\cos 2x|. \blacksquare$$

Esempio 7.3

Calcolare

$$\int e^x \sin x\, \mathrm{d}x.$$

Risulta

$$\int e^x \sin x\, \mathrm{d}x = e^x \sin x - \int e^x \cos x\, \mathrm{d}x =$$

$$= e^x \sin x - e^x \cos x - \int e^x \sin x\, \mathrm{d}x,$$

e dunque

$$\int e^x \sin x\, \mathrm{d}x = \frac{1}{2} e^x (\sin x - \cos x). \blacksquare$$

Esercizi

Si calcolino i seguenti integrali:

72. $\displaystyle\int x \sin^2 x \,\mathrm{d}x$

73. $\displaystyle\int \operatorname{arctg} x \,\mathrm{d}x$

74. $\displaystyle\int \frac{\arcsin x}{\sqrt{1+x}} \,\mathrm{d}x$

75. $\displaystyle\int \left(x + \frac{1}{x^2}\right) \operatorname{arctg} x \,\mathrm{d}x$

76. $\displaystyle\int \arcsin x \,\mathrm{d}x$

77. $\displaystyle\int x \arccos x \,\mathrm{d}x$

78. $\displaystyle\int \frac{x+1}{x^2} \ln x \,\mathrm{d}x$

79. $\displaystyle\int x \ln(x^3 - 1) \,\mathrm{d}x$

80. $\displaystyle\int (x-1)\ln(x + \sqrt{x^2+2}) \,\mathrm{d}x$

81. $\displaystyle\int \sin x \ln \operatorname{tg} x \,\mathrm{d}x$

82. $\displaystyle\int e^{2x} \ln(1 - e^{-x}) \,\mathrm{d}x$

83. $\displaystyle\int x \ln(x + \sqrt{1 - x^2}) \,\mathrm{d}x$

84. $\displaystyle\int x(\operatorname{arctg} x)^2 \,\mathrm{d}x$

85. $\displaystyle\int x^2 (\ln x)^3 \,\mathrm{d}x$

86. $\displaystyle\int x^2 \operatorname{arctg} x \,\mathrm{d}x$

87. $\displaystyle\int x(1+x^2)\, e^{x^2} \ln x \,\mathrm{d}x$

88. $\displaystyle\int x^2 \arcsin x \,\mathrm{d}x$

89. $\displaystyle\int e^x \sin 2x \,\mathrm{d}x$

90. $\displaystyle\int e^{\beta x} \cos \alpha x \,\mathrm{d}x$

91. $\displaystyle\int e^x \cos^2 x \,\mathrm{d}x$

92. $\displaystyle\int x^3 (\operatorname{arctg} x)^2 \,\mathrm{d}x$

93. $\displaystyle\int \frac{\operatorname{arctg} x}{(1+x)^2} \,\mathrm{d}x$

94. $\displaystyle\int \sin x \ln(\sin x) \,\mathrm{d}x$

95. $\displaystyle\int \frac{\sin t \ln \sin t}{1 - \sin^2 t} \,\mathrm{d}t$

96. $\displaystyle\int (\sin x + \cos x)\ln(\sin x - \cos x) \,\mathrm{d}x$

97. $\displaystyle\int e^{\beta x} \sin \alpha x \,\mathrm{d}x$

98. $\displaystyle\int \arcsin \sqrt{x} \,\mathrm{d}x$

99. $\displaystyle\int \frac{\operatorname{arctg}\left(\frac{1}{2} - \sqrt{x}\right)}{\sqrt{x}} \,\mathrm{d}x$

100. $\displaystyle\int_0^{\pi/2} \sin^n x \,\mathrm{d}x.$

8 Integrali impropri

L'integrale in senso improprio o generalizzato (*Lezioni*, cap. 6, § 8) è un'estensione dell'integrale di Riemann, utile quando la funzione integranda non è limitata, o non è limitato l'intervallo di integrazione. Supponiamo ad esempio che $f(x)$ sia una funzione definita nell'intervallo $(\alpha, \beta]$ e non limitata nell'intorno del punto α (o, più precisamente, limitata in ogni intervallo $[a, \beta]$, con $\alpha < a < \beta$). Supponiamo inoltre che $f(x)$ sia integrabile in $[a, \beta)$ per ogni $a \in (\alpha, \beta)$. Se esiste finito il limite

$$\lim_{x \to \alpha^+} \int_x^\beta f(t)\,\mathrm{d}t,$$

si dirà che $f(x)$ è *integrabile in senso improprio in* $[\alpha, \beta)$, e si porrà

$$\int_\alpha^\beta f(x)\,\mathrm{d}x = \lim_{x \to \alpha^+} \int_x^\beta f(t)\,\mathrm{d}t.$$

Esempio 8.1

Si calcoli l'integrale

$$\int_0^2 \ln x\,\mathrm{d}x.$$

La funzione $\ln x$ non è limitata vicino all'origine. Si ha d'altra parte

$$\int_a^2 \ln x\,\mathrm{d}x = x(\ln x - 1)|_a^2 = 2(\ln 2 - 1) - a(\ln a - 1)$$

e quindi, passando al limite per $a \to 0^+$,

$$\int_0^2 \ln x\,\mathrm{d}x = 2(\ln 2 - 1).\ \blacksquare$$

In maniera analoga si definisce l'integrale improprio negli altri casi, per i quali rimandiamo alle *Lezioni*. Si ricorderà comunque che, se la funzione $f(x)$ non è limitata nell'intorno di un punto interno all'intervallo di integrazione, o, più generalmente, di più punti, si dovrà spezzare l'intervallo di integrazione nell'unione di tanti intervalli, in ognuno dei quali la funzione da integrare sia illimitata al più in un estremo. Ciò vale anche nel caso in cui la funzione $f(x)$ sia illimitata nell'intorno di un estremo e l'intervallo di integrazione sia illimitato.

Esempio 8.2

Si calcoli

$$\int_{-1}^{1} \frac{dx}{\sqrt{1-x^2}}.$$

La funzione integranda è illimitata sia nell'intorno del punto -1 che del punto 1; si deve quindi spezzare l'intervallo di integrazione in due intervalli, ad esempio $(-1,0)$ e $[0,1)$. Si ha pertanto

$$\int_{-1}^{1} \frac{dx}{\sqrt{1-x^2}} = \lim_{y\to 1} \int_{0}^{y} \frac{dt}{\sqrt{1-t^2}} + \lim_{x\to -1} \int_{x}^{0} \frac{dt}{\sqrt{1-t^2}} =$$

$$= \lim_{y\to 1} \arcsin t|_0^y + \lim_{x\to -1} \arcsin t|_x^0 = \frac{\pi}{2} - \left(-\frac{\pi}{2}\right) = \pi.$$

Naturalmente, lo stesso risultato si sarebbe ottenuto spezzando l'intervallo $(-1,1)$ in due altri intervalli, ad esempio $(-1,1/2)$ e $[1/2,1)$. Infatti risulta

$$\int_{x}^{1/2} \frac{dt}{\sqrt{1-t^2}} = \int_{x}^{0} \frac{dt}{\sqrt{1-t^2}} + \int_{0}^{1/2} \frac{dt}{\sqrt{1-t^2}}$$

e

$$\int_{1/2}^{y} \frac{dt}{\sqrt{1-t^2}} = \int_{0}^{y} \frac{dt}{\sqrt{1-t^2}} - \int_{0}^{1/2} \frac{dt}{\sqrt{1-t^2}},$$

e quindi

$$\lim_{y\to 1} \int_{1/2}^{y} \frac{dt}{\sqrt{1-t^2}} + \lim_{x\to -1} \int_{x}^{1/2} \frac{dt}{\sqrt{1-t^2}} = \lim_{y\to 1} \int_{0}^{y} \frac{dt}{\sqrt{1-t^2}} + \lim_{x\to -1} \int_{x}^{0} \frac{dt}{\sqrt{1-t^2}}.$$

Esempio 8.3

Si calcoli l'integrale

$$\int_{0}^{\infty} \frac{\ln x}{(x+1)^2}\, dx.$$

La funzione integranda non è limitata nell'intorno dello 0, e l'intervallo di integrazione non è limitato. Si deve allora spezzare l'integrale; ad esempio,

$$\int_0^{\infty} \frac{\ln x}{(x+1)^2}\,dx = \lim_{x\to 0}\int_x^1 \frac{\ln t}{(t+1)^2}\,dt + \lim_{x\to+\infty}\int_1^x \frac{\ln t}{(t+1)^2}\,dt.$$

Ora risulta, integrando per parti,

$$\int \frac{\ln t}{(t+1)^2}\,dt = -\frac{\ln t}{t+1} + \ln\frac{t}{t+1} = \frac{t}{t+1}\ln t - \ln(t+1)$$

e dunque

$$\int_0^{\infty} \frac{\ln x}{(x+1)^2}\,dx = -\ln 2 - \lim_{x\to 0}\left(\frac{x}{x+1}\ln x - \ln(x+1)\right) +$$

$$+ \lim_{x\to+\infty}\left(-\frac{\ln x}{x+1} + \ln\frac{x}{x+1}\right) + \ln 2 = 0. \ ■$$

Esempio 8.4

Calcolare l'integrale

$$\int_{-1}^{1} \frac{dx}{(x-4)\sqrt{|x|}}.$$

La funzione da integrare non è limitata vicino all'origine, che è un punto interno all'intervallo di integrazione. Si spezzerà dunque l'intervallo $[-1,1)$ in $[-1,0)$ e $[0,1)$. Si ha

$$\int_0^1 \frac{dx}{(x-4)\sqrt{|x|}} = \lim_{\epsilon\to 0^+}\int_\epsilon^1 \frac{dx}{(x-4)\sqrt{x}}.$$

Con il cambiamento di variabile $x = t^2$, si trova

$$\int \frac{dx}{(x-4)\sqrt{x}} = \int \frac{2dt}{t^2-4} = \frac{1}{2}\ln\left|\frac{t-2}{t+2}\right| = \frac{1}{2}\ln\left|\frac{\sqrt{x}-2}{\sqrt{x}+2}\right|,$$

e dunque

$$\int_0^1 \frac{dx}{(x-4)\sqrt{|x|}} = \frac{1}{2}\ln\frac{1}{3}.$$

Analogamente,

$$\int_{-1}^{0} \frac{dx}{(x-4)\sqrt{|x|}} = \lim_{\epsilon\to 0^-} \int_{-1}^{\epsilon} \frac{dx}{(x-4)\sqrt{-x}},$$

che si tratta con il cambiamento di variabile $x = -t^2$:

$$\int \frac{dx}{(x-4)\sqrt{-x}} = \int \frac{2dt}{t^2+4} = \operatorname{arctg}\frac{t}{2} = \operatorname{arctg}\frac{\sqrt{-x}}{2}.$$

Si ha allora

$$\int_{-1}^{0} \frac{dx}{(x-4)\sqrt{|x|}} = -\operatorname{arctg}\frac{1}{2}$$

e in conclusione

$$\int_{-1}^{1} \frac{dx}{(x-4)\sqrt{|x|}} = \frac{1}{2}\ln\frac{1}{3} - \operatorname{arctg}\frac{1}{2}. \blacksquare$$

Esercizi

Si calcolino i seguenti integrali:

101. $\displaystyle\int_0^1 \frac{x-1}{(x+2)\sqrt{x}}\,dx$ **102.** $\displaystyle\int_0^\infty (x^2-x)\,e^{-x}\,dx$ **103.** $\displaystyle\int_0^3 \frac{\ln x}{x\sqrt{x}}\,dx$

104. $\displaystyle\int_2^\infty \frac{\ln x}{(x+1)^2}\,dx$ **105.*** $\displaystyle\int_0^\infty \frac{\ln x}{(x+1)^{3/2}}\,dx$ **106.** $\displaystyle\int_{-1}^1 \frac{\sqrt{|x|}}{x^2-2x}\,dx$

107. $\displaystyle\int_0^\pi \frac{dx}{\sqrt{1-\sin x}}$ **108.** $\displaystyle\int_0^\infty \frac{\operatorname{arctg} x}{x\sqrt{x}}\,dx$ **109.** $\displaystyle\int_0^\infty \frac{\operatorname{arctg} x - \pi/2}{\sqrt{x}}\,dx$

110. $\displaystyle\int_0^\infty x^{-2}e^{-1/x}\,dx$ **111.** $\displaystyle\int_0^1 \frac{x^3}{\sqrt{1-x^2}}\,dx$ **112.** $\displaystyle\int_0^\infty \frac{dx}{e^x+e^{-x}}$

113. $\displaystyle\int_0^\infty x^n e^{-x}\,dx$ **114.** $\displaystyle\int_0^\infty e^{-\beta x}\sin\alpha x\,dx$ **115.** $\displaystyle\int_0^\infty e^{-\beta x}\cos\alpha x\,dx.$

In molti casi il calcolo esplicito dell'integrale non è possibile, e ci si accontenta di stabilire se la funzione data è integrabile in senso improprio, ovvero, come anche si dice, se l'integrale in questione *converge*. Per questo sono utili i criteri di convergenza delle *Lezioni* (cap. 6, § 9), che qui ripetiamo adattandoli al caso di funzioni definite in un intervallo limitato $[a, b)$, integrabili in ogni intervallo $[a, c)$, $c < b$, ma non necessariamente limitate vicino al punto b.

Criterio del confronto: Se esiste un punto $x_0 \in (a, b)$ tale che per $x \in (x_0, b)$ si ha $0 \leq f(x) \leq g(x)$, e se la funzione $g(x)$ è integrabile in $[a, b)$, allora anche $f(x)$ è integrabile in $[a, b)$.

Criterio dell'assoluta integrabilità: Se $|f(x)|$ è integrabile in $[a, b)$, allora lo è anche $f(x)$, e si ha

$$\left| \int_a^b f(x)\, dx \right| \leq \int_a^b |f(x)|\, dx.$$

Notiamo che la funzione $|x - b|^{-\alpha}$ è integrabile in $[a, b)$ se $\alpha < 1$, e non lo è se $\alpha \geq 1$. Ne segue che, se per qualche $\alpha < 1$ risulta $\lim_{x \to b^-} |x - b|^{\alpha} |f(x)| = 0$, la funzione $|f(x)|$, e dunque $f(x)$, risulta integrabile in $[a, b)$. Viceversa, se risulta $\lim_{x \to b^-} |x - b|^{\sigma} |f(x)| > 0$ per qualche $\sigma \geq 1$, la funzione $|f(x)|$ non è integrabile.

Esempio 8.5

Notiamo che in generale nulla si può concludere in questo secondo caso riguardo all'integrabilità della funzione $f(x)$. Ad esempio, la funzione $f : (0, 1] \to \mathbb{R}$ così definita:

$$f(x) = (-1)^n n \quad \text{in} \quad \left(1 - \frac{1}{n},\ 1 - \frac{1}{n+1}\right), \quad n \in \mathbb{N}$$

verifica la relazione $\lim_{x \to 1} |x - 1| |f(x)| = 1$, cosicché $|f(x)|$ non è integrabile in $[0, 1)$. D'altra parte si ha

$$\int_0^{1-\frac{1}{N}} f(x)\, dx = \sum_{k=1}^{N-1} \int_{1-\frac{1}{k}}^{1-\frac{1}{k+1}} f(x)\, dx = \sum_{k=1}^{N-1} (-1)^k k \left(\frac{1}{k} - \frac{1}{k+1}\right) = \sum_{k=1}^{N-1} \frac{(-1)^k}{k+1},$$

e quindi la funzione $f(x)$ è integrabile in $[0, 1)$.

Se però $f(x)$ è continua, e se $\lim_{x \to b^-} |x - b| |f(x)| = L > 0$, si può concludere che la funzione $f(x)$ non è integrabile. Infatti in tal caso esisterà un punto $x_0 \in (a, b)$

tale che per ogni $x > x_0$ risulti $|x-b||f(x)| > L/2 > 0$. Ne segue che la funzione $f(x)$ non può cambiare di segno in (x_0, b), perché altrimenti, essendo continua, si dovrebbe annullare in qualche punto, contraddicendo la relazione precedente. Cambiando eventulmente il segno, si può supporre $f(x) > \dfrac{L}{2|x-b|}$ in (x_0, b), cosicché f non è integrabile. ■

Esempio 8.6

La funzione $\dfrac{(1-\cos x)^\alpha}{\operatorname{tg} x - x}$ è integrabile in $[0, 1)$ se $\alpha > 1$, e non lo è se $\alpha \leq 1$. Infatti si ha

$$\lim_{x \to 0^+} x^{3-2\alpha} \frac{(1-\cos x)^\alpha}{\operatorname{tg} x - x} = \frac{3}{2^\alpha},$$

e dunque in un intorno dell'origine si ha

$$\frac{1}{2}\frac{3}{2^\alpha}\, x^{2\alpha-3} \leq \frac{(1-\cos x)^\alpha}{\operatorname{tg} x - x} \leq 2\,\frac{3}{2^\alpha}\, x^{2\alpha-3}.$$

La prima disuguaglianza implica che, se $\alpha \leq 1$, la funzione non è integrabile, dato che in questo caso $2\alpha - 3 \leq -1$. Al contrario, se $\alpha > 1$, si ha $3 - 2\alpha < 1$, e dunque per la seconda disuguaglianza la nostra funzione è integrabile in $[0, 1)$. ■

Esempio 8.7

La funzione $f(x) = x^{-2}e^{-1/x^2}$ è integrabile in $(-\infty, +\infty)$. Infatti, poiché risulta

$$\lim_{x \to 0^+} f(x) = 0,$$

la funzione f sarà limitata in $(-1, 1)$, e dunque $0 < f(x) \leq M$ per qualche $M > 0$. D'altra parte, per $|x| \geq 1$ si ha $0 < f(x) < x^{-2}$, e quindi, posto

$$g(x) = \begin{cases} M & \text{in } (-1, 1) \\ x^{-2} & \text{altrimenti,} \end{cases}$$

risulta $0 < f(x) \leq g(x)$. Poiché la funzione $g(x)$ è integrabile, per il criterio del confronto lo sarà anche $f(x)$. ■

Esercizi

Dire se esistono i seguenti integrali impropri:

116. $\displaystyle\int_0^1 \ln^2 x \, dx$

117. $\displaystyle\int_0^\infty \frac{\sin x}{x^2+1}\, dx$

118. $\displaystyle\int_0^1 \frac{dx}{\ln(1+x)}$

119. $\displaystyle\int_{-\infty}^{-1} \frac{e^x}{x^2}\, dx$

120. $\displaystyle\int_0^1 \frac{\sin\sqrt{x}}{x}\, dx$

121. $\displaystyle\int_0^2 \frac{e^{\sqrt{x}}-1}{\sin x}$

122. $\displaystyle\int_0^\infty \sin^2 x \, dx$

123. $\displaystyle\int_2^\infty \frac{\sin x}{\ln x}\, dx$

124. $\displaystyle\int_{-1}^0 \frac{\sqrt{|x|}}{|x|-\sin x}\, dx$

125. $\displaystyle\int_0^1 (x^x-1)\operatorname{cotg} x \, dx$

126. $\displaystyle\int_0^1 x^{\ln x}\, dx$

127. $\displaystyle\int_0^1 \sqrt{\frac{\sin(1-\sqrt{\cos x})}{x^3}}\, dx$

128. $\displaystyle\int_0^1 \frac{x}{(x^x-1)^2}\, dx$

129. $\displaystyle\int_{-\infty}^\infty \frac{xe^x}{(x^4+1)\sinh x}\, dx$

130.* $\displaystyle\int_1^\infty \frac{(-1)^{[x]}}{x}\, dx$

131. $\displaystyle\int_0^{\frac{1}{2}} \frac{dx}{x^{(x^x-1)}-1}$

132. $\displaystyle\int_1^\infty \sin x \arcsin\frac{1}{x}\, dx$

133. $\displaystyle\int_1^\infty \left(\operatorname{arctg} x-\pi+\frac{1}{x}\right) dx.$

134. Dimostrare che, se $f(x)$ è una funzione decrescente e di classe C^1 (derivabile con derivata continua), e $\lim_{x\to+\infty} f(x)=0$, allora l'integrale

$$\int_0^\infty f(x)\sin x \, dx$$

è convergente.

9 Finale: la formula di Stirling

La formula di Stirling dà una valutazione di $n!$, per n grande, in termini di funzioni elementari, mostrando in che modo $n!$ cresce con n. Risulta

$$n! = n^n e^{-n}(\sqrt{2\pi n} + \alpha_n), \qquad [9.1]$$

con $|\alpha_n| \leq 1$, e dunque, in particolare,

$$n! \approx n^n e^{-n}\sqrt{2\pi n},$$

dove il segno $\approx$ indica che il rapporto tra il primo e il secondo membro tende a 1 quando n tende all'infinito.

Per dimostrare la [9.1], si ricordi che si ha

$$\int_0^\infty x^n e^{-x}\,\mathrm{d}x = n!$$

(vedi Esercizio 113). Se si pone $x = z + n$, si ottiene

$$n! = \int_{-n}^{\infty} (z+n)^n\, e^{-z-n}\,\mathrm{d}z = \int_{-n}^{0} (z+n)^n\, e^{-z-n}\,\mathrm{d}z + \int_{0}^{\infty} (z+n)^n\, e^{-z-n}\,\mathrm{d}z$$

e dunque

$$n! = n^n e^{-n}\left\{\int_{-n}^{0}\left(1+\frac{z}{n}\right)^n e^{-z}\mathrm{d}z + \int_0^\infty \left(1+\frac{z}{n}\right)^n e^{-z}\mathrm{d}z\right\}. \qquad [9.2]$$

Facciamo ora due cambiamenti di variabile, ponendo $t = -\sqrt{z - n\ln\left(1+\frac{z}{n}\right)}$ nel primo integrale e $t = \sqrt{z - n\ln\left(1+\frac{z}{n}\right)}$ nel secondo. In ogni caso si ha

$$t^2 = z - n\ln\left(1+\frac{z}{n}\right)$$

e quindi $\left(1+\frac{z}{n}\right)^n e^{-z} = e^{-t^2}$ e $2t\mathrm{d}t = \frac{z}{z+n}\,\mathrm{d}z$. Usando lo sviluppo di Taylor della funzione $\ln(1+x)$ (*Lezioni*, cap. 6, § 6), si conclude che esiste un punto ξ compreso tra 0 e $\frac{z}{n}$ (quindi $\xi = \vartheta\,\frac{z}{n}$, con ϑ dipendente da n e da t e compreso tra 0 e 1) tale che

$$\ln\left(1+\frac{z}{n}\right)=\frac{z}{n}-\frac{z^2}{2n^2}\frac{1}{(1+\xi)^2}=\frac{z}{n}-\frac{z^2}{2n^2}\frac{1}{\left(1+\vartheta\,\frac{z}{n}\right)^2}.$$

Se ne deduce facilmente

$$t^2=\frac{z^2}{2n}\frac{1}{\left(1+\vartheta\,\frac{z}{n}\right)^2},$$

e dunque

$$\frac{1}{z}=\frac{1}{\sqrt{2n}t}-\frac{\vartheta}{n}$$

e

$$dz=\left(1+\frac{n}{z}\right)2t dt=[\sqrt{2n}+2t(1-\vartheta)]dt.$$

Introducendo i valori così trovati negli integrali della [9.2], otteniamo

$$n!=n^n e^{-n}\sqrt{2n}\left\{\int_{-\infty}^{+\infty} e^{-t^2}dt+\frac{1}{\sqrt{2n}}\int_{-\infty}^{+\infty}(1-\vartheta)2te^{-t^2}dt\right\}.$$

Il primo dei due integrali è uguale a $\sqrt{\pi}$ (vedi *Analisi matematica 2*, cap. 6, Esercizio 8.6). Al contrario, il secondo non si può calcolare esattamente, dato che non si conosce l'espressione di ϑ in funzione di n e di t; si può tuttavia valutare osservando che esso si scompone nella somma di due integrali:

$$\int_{-\infty}^{+\infty}(1-\vartheta)2te^{-t^2}dt=\int_{-\infty}^{0}(1-\vartheta)2te^{-t^2}dt+\int_{0}^{+\infty}(1-\vartheta)2te^{-t^2}dt,$$

dei quali il primo è negativo e il secondo positivo (si ricordi che la quantità $(1-\vartheta)$ è compresa tra 0 e 1), ambedue maggiorati in modulo da

$$\int_{0}^{+\infty}2te^{-t^2}dt=1.$$

Si avrà allora

$$\left|\int_{-\infty}^{+\infty}(1-\vartheta)2te^{-t^2}dt\right|<1$$

e quindi, in conclusione,

$$n! = n^n e^{-n} \left\{ \sqrt{2\pi n} + \alpha_n \right\},$$

con $|\alpha_n| < 1$.

Esempio 9.1

La formula di Stirling può essere utile per calcolare limiti che coinvolgono fattoriali. Supponiamo ad esempio di voler calcolare per quali x converge la serie

$$\sum_{n=1}^{\infty} \frac{(2n)!!}{n^n} x^{2n}.$$

Applicando il criterio della radice, e ricordando che $(2n)!! = 2^n n!$, si ottiene

$$\lim_{n\to\infty} \sqrt[n]{\frac{(2n)!!}{n^n} x^{2n}} = 2x^2 \lim_{n\to\infty} \sqrt[n]{\frac{\sqrt{2\pi n}}{e^n}} \cdot \sqrt[n]{\frac{n! e^n}{n^n \sqrt{2\pi n}}} = \frac{2x^2}{e},$$

e quindi la serie converge per $|x| < \sqrt{\frac{e}{2}}$ e diverge per $|x| > \sqrt{\frac{e}{2}}$. Infine, se $|x| = \sqrt{\frac{e}{2}}$, risulta

$$\lim_{n\to\infty} \frac{(2n)!!}{n^n} \left(\frac{e}{2}\right)^n = \lim_{n\to\infty} \sqrt{2\pi n} = +\infty,$$

e dunque la serie diverge. ∎

Esercizio

135. Scrivere una formula del tipo della [9.1] per $(2n)!!$ e per $(2n+1)!!$.

Capitolo 8

A mo' di conclusione

Raccogliamo in questo capitolo finale alcuni esercizi che, sia per la loro maggiore complessità, sia perché fanno appello a metodi e risultati di varie parti dall'analisi, non trovavano il loro posto naturale in nessuno dei capitoli precedenti. Sono problemi talvolta difficili, in ogni caso più di quelli contenuti negli altri capitoli di questo volume, e che pertanto non sempre si riesce a risolvere compiutamente. D'altra parte, essi sono istruttivi soprattutto perché, a differenza dei precedenti, non si riallacciano direttamente a nessun teorema o metodo appena descritto e del quale costituiscano una più o meno semplice applicazione, ma richiedono invece una più matura riflessione e talvolta l'uso di parti della teoria piuttosto distanti tra loro. In breve, essi sono dei problemi più che degli esercizi.

Naturalmente, non tutti sono della stessa difficoltà; e così, accanto a problemi che costituiscono niente più che variazioni di esercizi proposti in precedenza, ce ne sono altri più nuovi e difficili. Buon divertimento.

(1) Dimostrare che, se $x = \dfrac{p}{q}$ (p e q primi tra loro) e p è dispari, allora la serie

$$\sum_{n=1}^{\infty} \frac{(-1)^{[nx]}}{n} \qquad [0.1]$$

converge. La serie invece diverge se p è pari.

(2) Dimostrare che, se $f(x)$ è una funzione semicontinua inferiormente in un insieme Q limitato e

$$\inf_{y \in \partial Q} \min_{x \to y} \lim f(x) > \inf_{x \in Q} f(x),$$

allora $f(x)$ ha minimo in Q.

(3) Dire per quali numeri reali α è convergente l'integrale

$$\int_{\pi}^{\infty} |\sin x|^{x^{\alpha}}\, dx.$$

(4) Sia $f(x)$ una funzione derivabile in $\mathbb{R}$ e tale che

$$\lim_{x\to+\infty} f(x) = \lambda \in \mathbb{R}.$$

Dimostrare che risulta

$$M = \max \lim_{x\to+\infty} f'(x) \geq 0$$

$$m = \min \lim_{x\to+\infty} f'(x) \leq 0.$$

È possibile che si abbia $M = +\infty$ e $m = -\infty$?

(5) Una funzione $f(x)$ si dice *periodica di periodo* T se per ogni $x \in \mathbb{R}$ risulta $f(x+T) = f(x)$. Ad esempio, $\sin x$ è periodica di periodo 2π, e $\{x\}$ è periodica di periodo 1.

Sia $f(x)$ una funzione periodica di periodo T e limitata. Dimostrare che, se $\alpha \leq 1$, la funzione $x^{-\alpha} f(x)$ non è integrabile in $(T, +\infty)$, a meno che non sia

$$\int_{0}^{T} f(x)\, dx = 0,$$

nel qual caso $x^{-\alpha} f(x)$ è integrabile per ogni $\alpha > 0$.

(6) Dimostrare che, se q è razionale, e^q è trascendente.

(7) Dimostrare che la successione $a_n = 1 + \dfrac{1}{2} + \dfrac{1}{3} + \ldots + \dfrac{1}{n-1} - \ln n$ ha limite finito.

(8) Sia $f(x)$ una funzione definita in un intervallo (a, b), e tale che ogni punto $x_0 \in (a, b)$ sia un punto di minimo o di massimo relativo. Dimostrare che, se f è continua, allora è costante. Si può togliere l'ipotesi di continuità di f?

Se $f(x)$ ha in ogni punto un massimo relativo, allora è semicontinua superiormente. Si può dimostrare che, se ogni punto è o di massimo o di minimo relativo, e $f(x)$ è semicontinua superiormente, allora ogni punto è di massimo relativo?

(9) Sia $f(x)$ una funzione derivabile in $(0, +\infty)$ e tale che per ogni $x \in (0, +\infty)$ risulti

$$f'(x) \geq f^2(x).$$

Dimostrare che $f(x) \leq 0$ e $\lim_{x\to+\infty} f(x) = 0$.

(10) Supponiamo che la funzione $f(x)$ sia di classe $C^2(0,+\infty)$, e che risulti

$$f''(x) \geq f^2(x).$$

Si dimostri che $f(x) \geq 0$ e $\lim_{x\to+\infty} f(x) = 0$.

Risposte agli esercizi

Risposte agli esercizi del capitolo primo

1. Occorre far vedere che i due membri della relazione hanno la stessa tabella di verità. Ad esempio, la tabella di verità di $\neg(\mathcal{P} \wedge \mathcal{Q})$ è

	V	F
V	F	V
F	V	V

la stessa di $\neg\mathcal{P} \vee \neg\mathcal{Q}$.

2.

	V	F
V	F	V
F	V	F

Risulta $\mathcal{P}$ aut $\mathcal{Q} = (\mathcal{P} \vee \mathcal{Q}) \wedge \neg(\mathcal{P} \wedge \mathcal{Q}) = (\mathcal{P} \vee \mathcal{Q}) \wedge (\neg\mathcal{P} \vee \neg\mathcal{Q}) = (\neg\mathcal{Q} \wedge \mathcal{P}) \vee (\neg\mathcal{P} \wedge \mathcal{Q})$.

3. $(\mathcal{P} \vee \mathcal{Q}) \wedge \neg\mathcal{P} \Rightarrow \mathcal{Q} \Leftrightarrow (\neg(\mathcal{P} \vee \mathcal{Q}) \vee \mathcal{P}) \vee \mathcal{Q} \Leftrightarrow \neg(\mathcal{P} \vee \mathcal{Q}) \vee (\mathcal{P} \vee \mathcal{Q})$

4. $\mathcal{P} \Rightarrow (\neg\mathcal{P} \Rightarrow \mathcal{P}) \Leftrightarrow \neg\mathcal{P} \vee (\mathcal{P} \vee \mathcal{P}) \Leftrightarrow \neg\mathcal{P} \vee \mathcal{P}$

5. $(\mathcal{P} \Rightarrow \mathcal{Q}) \vee (\mathcal{Q} \Rightarrow \mathcal{P}) \Leftrightarrow (\neg\mathcal{P} \vee \mathcal{Q}) \vee (\neg\mathcal{Q} \vee \mathcal{P}) \Leftrightarrow (\neg\mathcal{P} \vee \mathcal{P}) \vee (\neg\mathcal{Q} \vee \mathcal{Q})$. In realtà, si dimostra allo stesso modo la proposizione $(\mathcal{P} \Rightarrow \mathcal{Q}) \vee (\mathcal{Q} \Rightarrow \mathcal{R})$.

6. $(\mathcal{P} \Leftrightarrow \mathcal{Q}) \Leftrightarrow (\mathcal{P} \Rightarrow \mathcal{Q}) \wedge (\mathcal{Q} \Rightarrow \mathcal{P}) \Leftrightarrow (\neg\mathcal{P} \vee \mathcal{Q}) \wedge (\neg\mathcal{Q} \vee \mathcal{P}) \Leftrightarrow$
$\Leftrightarrow (\neg\mathcal{P} \wedge \neg\mathcal{Q}) \vee (\neg\mathcal{P} \wedge \mathcal{P}) \vee (\neg\mathcal{Q} \wedge \mathcal{Q}) \vee (\mathcal{P} \wedge \mathcal{Q}) \Leftrightarrow (\neg\mathcal{P} \wedge \neg\mathcal{Q}) \vee (\mathcal{P} \wedge \mathcal{Q})$

7. $\exists x : \forall y,\ \exists z : x + y \neq z$

8. $\forall x\, (\exists y : x^2 \leq y) \wedge (\forall z, x \geq z)$

9. $\exists x : (x^2 > 2) \wedge (\forall y,\ \exists z : y^2 \geq x + z)$

10. L'intersezione non è vuota se e solo se si ha $a < d$ e $c < b$, e quindi, dato che risulta sempre $a < b$ e $c < d$, è necessario e sufficiente che sia $\max\{a, c\} < \min\{b, d\}$. In questo caso si ha $(a, b) \cap (c, d) = (\max\{a, c\}, \ \min\{b, d\})$. Se gli intervalli sono chiusi, la loro intersezione si può ridurre a un solo punto; ad esempio, $[0, 1] \cap [1, 2] = \{1\}$. Se però l'intersezione contiene almeno due punti, allora è un intervallo chiuso.

11. $(0, 3)$; $(1, 2)$; $(0, 1]$; $[2, 3)$

12. $[-1, 1]$; $(0, 1)$; $[-1, 0]$; $\{1\}$

13. $(-\infty, 3]$; $(-\infty, 1)$; $[1, 3]$; $\emptyset$

14. $(-1, +\infty)$; $(1, 3)$; $(-1, 1] \cup [3, +\infty)$; $\emptyset$

15. $[-1, 1]$; $\emptyset$; $[-1, 0]$; $(0, 1]$

16. $(-\infty, -2) \cup (1, +\infty)$; $(2, 3)$; $(-\infty, -2) \cup [3, +\infty)$; $(1, 2]$

17. I punti nella stessa classe di equivalenza sono uniti, nella figura, da una linea tratteggiata.

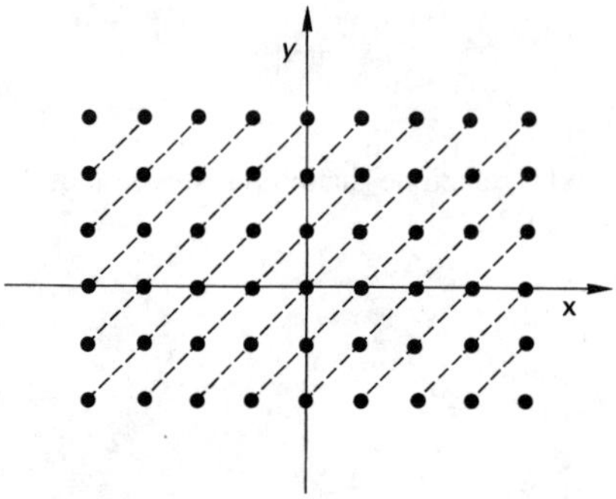

Analiticamente:

$$[(a, b)] = \begin{cases} \{(a - b + s, s); \ \ s \in \mathbb{N}\} & \text{se } a \geq b \\ \{(s, b - a + s); \ \ s \in \mathbb{N}\} & \text{se } a < b \end{cases}$$

18. No

19. No

20. No

21. $[0] = \{0\}$; $[a] = \{a, -a\}$

22. No

23. $[a] = \{a + 2k\pi; \ k \in \mathbb{Z}\} \cup \{(2k + 1)\pi - a; \ k \in \mathbb{Z}\}$

24. $[a] = \{a + k; \ k \in \mathbb{Z}\}$

25. No

26. $[0] = \{0\}$; $[a] = \left\{a, \frac{1}{a}\right\}$

27. $[0] = \{0\}$; $[a] = \left\{a, -\frac{1}{a}\right\}$

28. $[a] = \{a + r; \ r \in \mathbb{Q}\}$

29. No

30. Sì

31. Sì

32. $[a] = \{a\}$

33. $[a] = \mathbb{R}$

34. $[a] = \{2k\pi \pm a; \ k \in \mathbb{Z}\}$

Risposte agli esercizi del capitolo secondo

1. Basterà osservare che l'area di un trapezio (o di un parallelogrammo) è uguale a quella di un rettangolo che ha la stessa altezza e come base la semisomma delle basi. Questo rettangolo ha perimetro minore di quello del trapezio. Siccome la [1.3] vale per il rettangolo, a maggior ragione resterà valida per il trapezio.

2. Si usino la disuguaglianza $6xy \leq x^2+y^2+4xy$ e le analoghe per $6yz$ e $6zx$. Sommando si ottiene

$$6(xy + yz + zx) \leq 2(x + y + z)^2$$

e quindi la prima disuguaglianza, dato che $L = 4(x + y + z)$.

La seconda disuguaglianza si dimostra allo stesso modo, partendo dalle relazioni

$$4xyz \leq 2x^2y + 2yz^2 \leq x^3 + xy^2 + z^3 + zy^2$$

e dalle analoghe che si ottengono ruotando le lettere x, y e z.

3. Si ragiona allo stesso modo, osservando che l'area di una faccia è comunque minore o uguale al prodotto degli spigoli corrispondenti, e che il volume non supera il prodotto dei tre spigoli.

4. $9/4$

5. $2/9$

6. $9/8$

7. Basta scrivere la [1.7] con $a = \epsilon x$ e $b = y/\epsilon$.

8. Si può supporre $x > y$. Risulta allora $(\sqrt{x} - \sqrt{y})^2 = x + y - 2\sqrt{xy} \leq x + y - 2y = x - y$.

9. $[-3, +\infty)$

10. $[0, +\infty)$

11. $(-\infty, 2) \cup [7, +\infty)$

12. $[7, +\infty)$

13. $(-1, 0) \cup (1, +\infty)$

14. $(-\infty, 0] \cup [2, +\infty)$

15. $(-\infty, -1]$

16. $\left[\frac{1}{2}, +\infty\right)$

17. $\left(-\infty, \frac{5}{4}\right]$

18. $(-2, -\sqrt{2}) \cup (\sqrt{2}, 2)$

19. $\mathbb{R} - \{3\}$

20. $(-\infty, 1)$

21. $\bigcup_{k\in\mathbb{Z}} \left(\frac{\pi}{4} + k\pi, \frac{3\pi}{4} + k\pi\right)$

22. $\left(-\frac{1+\sqrt{5}}{4}, 0\right) \cup \left(\frac{\sqrt{5}-1}{4}, \frac{3+\sqrt{5}}{4}\right)$

23. $(0, e^{-2}] \cup [\sqrt{e}, +\infty)$

24. $(-3, 3)$

25. $\left(-\infty, -\frac{9}{2}\right) \cup \left(-\frac{3}{4}, +\infty\right)$

26. $\left(-\infty, -\frac{1+\sqrt{17}}{2}\right] \cup [2, +\infty)$

27. $(2-\sqrt{3}, 2+\sqrt{3})$ **28.** $(-1-\sqrt{2}, +\infty)$

29. $(0, 1+\sqrt{3})$ **30.** $(-\infty, -1) \cup \left(\frac{1}{3}, +\infty\right)$

31. $(\sqrt{2}-1, 3)$ **32.** $(0, 1+\sqrt{3})$

33. $\left[-\frac{8}{7}, +\infty\right)$ **34.** $\mathbb{R}$

35. $[3, +\infty)$ **36.** $\left[-\frac{1}{4}, 0\right] \cup [2, +\infty)$ **37.** $\left[\frac{7+\sqrt{29}}{10}, 3\right]$

38. $[2m, +\infty)$ se $b \leq m$; $\left[2m, \dfrac{b^2}{2(b-m)}\right]$ se $m < b < 2m$; $\{2m\}$ se $b = 2m$; $\emptyset$ se $b > 2m$

39. No **40.** No **41.** No

42. No **43.** Sì **44.** Sì, sì; no, no; sì, sì; sì, sì; sì, sì.

45. La dimostrazione è uguale a quella per $|x-y|$, con in più la sola osservazione che, poiché $f(x)$ è strettamente crescente (decrescente), risulta $f(x) = f(y)$ se e solo se $x = y$.

46. $\frac{1}{2}(m)$; $\frac{3}{2}$ **47.** $-\infty$; $131(M)$ **48.** $-3(m)$; $+\infty$

49. 1; $+\infty$ **50.** $3(m)$; $+\infty$ **51.** $-12(m)$; $+\infty$

52. $\frac{1}{4}(m)$; $+\infty$ **53.** $-1(m)$; $1(M)$ **54.** $-\infty$; $+\infty$

55. $0(m)$; 2 **56.** $-1(m)$; $+\infty$ **57.** $-1(m)$; $\frac{1}{2}(M)$

58. Siano $x, y \in A$. Si ha $|x-y| \leq \sup A - \inf A$, e dunque anche $diam(A) \leq \sup A - \inf A$. Viceversa, sia $\epsilon > 0$, e siano $x, y \in A$ tali che $x > \sup A - \epsilon$, e $y < \inf A + \epsilon$. Risulta $|x-y| \geq x - y > \sup A - \inf A - 2\epsilon$, e dunque $diam(A) > \sup A - \inf A - 2\epsilon$. Per l'arbitrarietà di ϵ si ha allora $diam(A) \geq \sup A - \inf A$.

59. Segue dall'esercizio precedente.

60. Per $\epsilon > 0$, siano $a \in A$ e $b \in B$ tali che $b - a < \epsilon$. Risulta allora $\inf B - \sup A < \epsilon$, cosicché $\sup A \geq \inf B$. D'altra parte, poiché per qualsiasi $a \in A$ e $b \in B$ si ha $a < b$, sarà $\sup A \leq \inf B$, e dunque in conclusione $\sup A = \inf B$.

61. $\{n \in \mathbb{N}\,;\, n > 3\}$ **62.** $\mathbb{R}$ **63.** $(2, 4)$

64. $(a+c,\ b+d)$ **65.** $(a+c,\ b+d)$ **66.** $\mathbb{R}$

67. Se $x \in A+B$ si ha $x = a+b$, con $a \in A$ e $b \in B$. Ne segue che $x \leq \sup A + \sup B$, e dunque $\sup(A+B) \leq \sup A + \sup B$. Sia ora $\epsilon > 0$, e siano $a \in A$, con $a > \sup A - \epsilon$, e $b \in B$, con $b > \sup B - \epsilon$. Poiché $a + b \in A + B$, risulta $\sup(A+B) > \sup A + \sup B - 2\epsilon$, da cui la conclusione dato che ϵ è arbitrario. In maniera analoga si dimostra l'altra relazione.

68. Per $\epsilon > 0$, siano $e \in E$ ed $f \in F$ tali che $d(x, e) < d(x, E) + \epsilon$ e $d(x, f) < d(x, F) + \epsilon$. Si ha allora $d(E, F) \leq d(e, f) \leq d(e, x) + d(x, f) < d(x, E) + d(x, F) + 2\epsilon$, e la tesi segue dall'arbitrarietà di ϵ.

69. No; infatti può essere $d(E, G) = 0$, $d(F, G) = 0$ senza che sia $d(E, F) = 0$. Ad esempio, ciò avviene se $E = (0, 2)$, $F = (4, 6)$ e $G = (1, 5)$.

70. Sia $Q = \inf\{d(x, F);\ x \in E\}$. Risulta $d(x, y) \geq d(x, F) \geq Q$ per ogni $x \in E$, $y \in F$; dunque anche $d(E, F) \geq Q$. Viceversa, fissato $\epsilon > 0$, sia $x_1 \in E$ tale che $d(x_1, F) < Q + \epsilon$, e sia $y_1 \in F$ tale che $d(x_1, y_1) < d(x_1, F) + \epsilon$. Si ha allora $d(E, F) \leq d(x_1, y_1) < Q + 2\epsilon$, da cui segue la tesi.

71. Se $a \in \mathbb{Z}$, si ha $[a] = a$, e dunque $[-a] = -a = -[a]$. Se invece $a \notin \mathbb{Z}$, risulta $[a] < a < [a] + 1$, e dunque $-[a] - 1 < -a < -[a]$, cosicché $-[a] - 1$ è il più grande intero che non supera $-a$.

72. Segue dal precedente, dato che $\{-a\} = -a - [-a]$.

73. Risulta $a+b = [a]+[b]+\{a\}+\{b\}$, e dunque, se $0 \leq \{a\}+\{b\} < 1$, risulta $[a+b] = [a]+[b]$ e $\{a+b\} = \{a\}+\{b\}$. Se invece $\{a\}+\{b\} > 1$, dato che $\{a\}+\{b\}-1 < 1$, si ha $[a+b] = [a]+[b]+1$ e $\{a+b\} = \{a\} + \{b\} - 1$.

74. $[a - b] = \begin{cases} [a] - [b] \\ [a] - [b] - 1 \end{cases} \qquad \{a - b\} = \begin{cases} \{a\} - \{b\} & \text{se } \{a\} \geq \{b\} \\ \{a\} - \{b\} + 1 & \text{se } \{a\} < \{b\} \end{cases}$

75. Dato che $a \geq [a] = \sup E$, si ha $d(a, E) = \inf\{a - x;\ x \in E\} = a - \sup E = a - [a] = \{a\}$.

76. Poiché risulta $\{x + k\} = \{x\}$ per ogni $k \in \mathbb{Z}$, basterà supporre $0 \leq x \leq 1$. Si ha allora $\{x\}\{1 - x\} = x(1 - x) = x - x^2 = x - x^2 - \frac{1}{4} + \frac{1}{4} = \frac{1}{4} - \left(x - \frac{1}{2}\right)^2 \leq \frac{1}{4}$.

77. Cominciamo col dimostrare che $a \cdot 1 = 1 \cdot a$, ovvero che, siccome per definizione $a \cdot 1 = a$, anche $1 \cdot a = a$. Questa relazione è vera per $a = 1$; se la supponiamo vera per a, si ha $1 \cdot (a + 1) = 1 \cdot a + 1 = a + 1$, e dunque essa è vera anche per $a + 1$. Ne segue che per ogni a risulta $a \cdot 1 = 1 \cdot a$. Veniamo ora alla proprietà commutativa del prodotto: $ab = ba$. Questa relazione è vera per $b = 1$; supponendola vera per b, si ha $a(b+1) = a \cdot b + a = b \cdot a + a = b \cdot a + 1 \cdot a = (b+1)a$, cioè la stessa relazione è vera per $b+1$. Per quanto riguarda la proprietà associativa del prodotto: $(ab)c = a(bc)$, osserviamo che essa sussiste per $c = 1$ dato che $(ab) \cdot 1 = a(b \cdot 1) = ab$. Se ora si suppone vera per c, si ottiene $(ab)(c + 1) = (ab)c + ab = a(bc) + a(b \cdot 1) = a((bc) + (b \cdot 1)) = a((cb) + (1 \cdot b)) = a((c + 1)b) = a(b(c + 1))$, cioè la relazione cercata per $c + 1$.

78-85. Tutte queste relazioni si dimostrano per induzione. Vediamo ad esempio l'ultima. Essa è vera per $n = 1$. Se la supponiamo vera per n, otteniamo

$$(1 + a)^{n+1} \geq (1 + a)\left(1 + na + \frac{n(n-1)}{2} a^2 + \frac{n(n-1)(n-2)}{6} a^3\right) =$$

$$= 1 + (n + 1)a + \frac{(n + 1)n}{2} a^2 + \frac{(n + 1)n(n - 1)}{6} a^3 + \frac{n(n - 1)(n - 2)}{6} a^4,$$

da cui segue la tesi, dato che l'ultimo termine è positivo.

86. La relazione è vera per $n = 1$. Se la si suppone vera per n si ha

$$(1 - \mu_1)(1 - \mu_2)\dots(1 - \mu_{n+1}) \geq [1 - (\mu_1 + \mu_2 + \dots + \mu_n)](1 - \mu_{n+1}) =$$

$$= 1 - (\mu_1 + \mu_2 + \dots + \mu_n + \mu_{n+1}) + \mu_{n+1}(\mu_1 + \mu_2 + \dots + \mu_n),$$

da cui segue la tesi, poiché l'ultimo termine è positivo.

87. Risulta $n!! = n(n-2)!! = n(n-2)(n-4)!! = \dots = n(n-2)(n-4)\dots 3 \cdot 1$ se n è dispari, ovvero $n!! = n(n-2)(n-4)\dots 4 \cdot 2$ se n è pari. Per quanto riguarda la relazione $(2n)!! = 2^n n!$, essa è vera per $n = 1$. Se poi la si suppone vera per n, si ha $(2(n+1))!! = (2n+2)(2n)!! = 2(n+1)2^n n! = 2^{n+1}(n+1)!$, e quindi risulta vera per $n+1$.

88. L'asserzione è vera se $N = 1$, cioè se A ha un solo elemento; infatti in questo caso $\mathcal{P}(A)$ ha due elementi, $\emptyset$ e A. Supponiamola ora vera per N, e sia A un insieme con $N+1$ elementi. Sia x_0 uno di essi, e sia $B = A - \{x_0\}$. Poiché B ha N elementi, $\mathcal{P}(B)$ ne avrà 2^N. D'altra parte, ad ogni elemento $Q \in \mathcal{P}(B)$ corrispondono due elementi distinti di $\mathcal{P}(A)$, precisamente Q stesso e $Q \cup \{x_0\}$. Ne segue che gli elementi di A sono il doppio di quelli di B, e dunque $\mathcal{P}(A)$ ha 2^{N+1} elementi.

89. Se fosse $\dfrac{\log_a A}{\log_a B} = \dfrac{n}{k}$, ovvero $k \log_a A = m \log_a B$, si dovrebbe avere $A^k = B^n$, il che è impossibile, dato che A e B sono primi tra loro. Generalizzare.

90. Quando è iniettiva.

91. Detto $\mathbb{J}$ l'insieme dei numeri irrazionali, si ha $\mathbb{R} = \mathbb{J} \cup \mathbb{Q}$, e dunque $\mathbb{J}$ non può essere numerabile, perché altrimenti, essendo $\mathbb{Q}$ numerabile, lo sarebbe anche $\mathbb{R}$. Neanche l'intervallo $(0,1]$ è numerabile, perché altrimenti lo sarebbe ogni intervallo $(k, k+1]$, e dunque anche $\mathbb{R}$, che è unione numerabile di tali intervalli: $\mathbb{R} = \bigcup_{k \in \mathbb{Z}} (k, k+1]$.

92. Le parole composte di n lettere sono ovviamente in numero finito. Ne segue che l'insieme delle parole, essendo costituito da un insieme numerabile di insiemi finiti, è esso stesso numerabile.

93. Consideriamo l'insieme Q_m degli intervalli J_x di lunghezza compresa tra $\dfrac{1}{m}$ e m. Di questi, solo un numero finito possono essere contenuti nell'intervallo $[-s, s]$, e dunque Q_m sarà numerabile, in quanto unione numerabile di insiemi finiti. Ne segue che tutti gli intervalli J_x limitati formano un insieme numerabile, poiché esso è unione numerabile di insiemi numerabili. Poiché al più due degli intervalli J_x possono essere illimitati, si ha la conclusione del teorema.

94. $(-1, 0)$; $\{-1, 0\}$

95. $(0,1)$; $\{0,1\}$

96. $(0,1)$; $\{0,1\}$

97. $(-\infty, 0)$; $\{0\}$

98. $\emptyset$; $E \cup \{0\}$

99. E; $\mathbb{N}$

100. $\emptyset$; E

101. $\emptyset$; $\{x \in \mathbb{R} : x \geq 0\}$

102. $\emptyset$; $\mathbb{N}$

103. $\begin{cases} \emptyset; \emptyset & \text{se } a^2 < b \\ \emptyset; \{-a\} & \text{se } a^2 = b \\ (-a - \sqrt{a^2 - b},\ -a + \sqrt{a^2 - b});\ \{-a - \sqrt{a^2 - b},\ -a + \sqrt{a^2 - b}\} & \text{se } a^2 > b \end{cases}$

104. Se un punto $x \in \mathbb{R}$ non appartiene ad A^o, in ogni intorno di x dovranno cadere punti di $\complement A$. Analogamente, se x non appartiene a $(\complement A)^o$, in ogni intorno di x cadranno punti di A. Se ora x non appartiene né ad A^o né a $(\complement A)^o$, in ogni intorno di x cadranno sia punti di A che di $\complement A$, e dunque $x \in \partial A$.

105. Né $\mathbb{Q}$ né il suo complementare possono avere punti interni, dato che in ogni intervallo cadono sia punti razionali che irrazionali. Ne segue che $\partial\mathbb{Q} = \mathbb{R}$.

106. Sia $x_0 \in A^o$, e sia $I(x_0, r) \subset A$. Se $x \in I(x_0, r/2)$, risulta $I(x, r/2) \subset I(x_0, r) \subset A$, e dunque $x \in A^o$. Ne segue che A^o è un aperto contenuto in A. Sia ora E un aperto contenuto in A, e sia $x \in E$. Poiché E è aperto, esisterà un intorno I di x contenuto in E, e dunque a maggior ragione in A. Ne segue che $x \in A^o$, e dunque $E \subset A^o$.

107. Risulta $\complement(\overline{A}) = (\complement A)^o$; infatti $\complement(\overline{A})$ è aperto, e se B è un aperto contenuto in $\complement(A)$, $\complement(B)$ è un chiuso che contiene A e quindi $\overline{A}$. Ne segue che $B \subset \complement(\overline{A})$, e dunque quest'ultimo è il massimo aperto contenuto in $\complement(A)$. D'altra parte, per l'esercizio 104, si ha $(\complement A)^o = \complement(A \cup \partial A)$, e dunque $\overline{A} = A \cup \partial A$.

108. Se A è aperto risulta $A \cap \partial A = \emptyset$, e dunque $\partial A \subset \complement A$. Se ora si avesse $x \in (\partial A)^o$, esisterebbe un intorno di x tutto contenuto in ∂A, e dunque in $\complement A$. Ma allora in questo intorno di x non potrebbero cadere punti di A, e dunque non potrebbe essere $x \in \partial A$.

109. Sì, perché $\partial A = \partial(\complement A)$ e $\complement A$ è aperto. In generale il risultato non è vero; infatti, ad esempio, $\partial\mathbb{Q} = \mathbb{R}$.

110. Se K non ha punti interni, basterà prendere $E = K$. Se invece K ha punti interni, si può prendere ad esempio $E = \partial K \cup (K^o \cap \mathbb{Q})$. Infatti si ha $\overline{E} = \partial K \cup (\overline{K^o \cap \mathbb{Q}}) = K$. D'altra parte, E non ha punti interni; infatti se $x \in \partial K$ in ogni intorno di x cadono punti di $\complement K \subset \complement E$, mentre se $x \in K^o \cap \mathbb{Q}$ in ogni intorno di x cadono punti di $K^o - \mathbb{Q}$. Ne segue che $E \subset \partial E$, e dunque $K = \overline{E} = E \cup \partial E = \partial E$.

111. $e^{i\frac{\pi}{2}}$ **112.** $e^{i\pi}$ **113.** $\sqrt{2}e^{i\frac{\pi}{4}}$ **114.** $\sqrt{2}e^{i\frac{3\pi}{4}}$

115. $e^{i\frac{\pi}{2}}$ **116.** $\frac{1}{3\sqrt{2}}e^{-i\frac{\pi}{4}}$ **117.** $e^{i(\frac{\pi}{2}-\alpha)}$ **118.** $2e^{i\frac{\pi}{3}}$

119. $\frac{1}{\sqrt{2}}e^{i\frac{3\pi}{4}}$ **120.** $4\,(= 4e^{i0})$ **121.** $\sqrt{2}\,e^{i\frac{\pi}{6}}$ **122.** $\frac{27}{16}e^{i\frac{2\pi}{3}}$

123. $\sqrt{\frac{13}{5}}$ **124.** $\sqrt{\frac{5}{2}}$ **125.** $\sqrt{5}$ **126.** $\frac{1}{2} - \frac{\sqrt{3}}{2}i,\ -1,\ \frac{1}{2} + \frac{\sqrt{3}}{2}i$

127. $-\frac{1}{4}, -\frac{1}{2^6}, -\frac{1}{2^{22}}$ **128.** $2i, -8i, -2048i$ **129.** $2+i;\ -2-3i$

130. $e^{i\left(\frac{4\pi}{9}+\frac{2k\pi}{3}\right)};\ e^{i\left(\frac{2\pi}{9}+\frac{2k\pi}{3}\right)}$ $(k=0,1,2)$ **131.** $0;\ 1;\ -\frac{1}{2}\pm i\frac{\sqrt{3}}{2}$ **132.** $\pm\frac{\sqrt{7}}{2}-\frac{i}{2}$

133. $\pm\sqrt{\frac{3}{2}}\,(1-i\sqrt{5})$ **134.** $-1-2i;\ -4-2i$ **135.** $i\sqrt{3};\ -2i\sqrt{3}$

136. Invece di compiere la verifica diretta, alquanto noiosa, si può moltiplicare il denominatore per $|\bar{z}|$ $(=1)$, ottenendo $\left|\frac{3z-i}{3+iz}\right| = \left|\frac{3z-i}{3\bar{z}+i}\right| = \left|\frac{3z-i}{\overline{3z-i}}\right| = \frac{|3z-i|}{|\overline{3z-i}|} = 1.$

137. Una seconda radice è $1-i$, dato che il polinomio è a coefficienti reali. Si può dunque dividere per $(z-1-i)(z-1+i) = z^2-2z+2$, ottenendo $z^4-5z^3+10z^2-10z+4 = (z^2-2z+2)(z^2-3z+2)$. Le altre radici sono allora 1 e 2.

Risposte agli esercizi del capitolo terzo

1. Risulta $\left|\frac{n^2+4}{2n^2+3}-\frac{1}{2}\right| = \frac{5}{4n^2+6} < \frac{5}{4n^2}$, e quest'ultima quantità è minore di ϵ non appena $n > \sqrt{\frac{5}{4\epsilon}}$.

2. Si ha $3\sqrt{n}-4n = \sqrt{n}(3-4\sqrt{n}) < -\sqrt{n} < -M$ non appena $n > M^2$.

3. La relazione $\frac{n^3-3n}{n+2} > M$ è equivalente a $n^3-(M+3)n-2M > 0$, e quest'ultima è certamente verificata se $n^3 > 3(M+1)n$, cioè se $n > \sqrt{3(M+1)}$.

4. Moltiplicando e dividendo per $n+\sqrt{n^2-1}$, si ottiene $\left|n-\sqrt{n^2-1}\right| = \frac{1}{n+\sqrt{n^2-1}} < \frac{1}{n} < \epsilon$ se $n > \frac{1}{\epsilon}$.

5. Risulta $n^2-n\sin n > n^2-n = n(n-1) > n$ per $n>1$, e dunque si avrà $n^2-n\sin n > M$ per $n > M+1$.

6. Si ha $2^n = (1+1)^n \geq 1+n+\frac{n(n-1)}{2}$ (vedi cap. 2, Esercizio 84). Ne segue che $2^n - n \geq \frac{n(n-1)}{2}$.

7. Segue dalla disuguaglianza $\left|\frac{n^2-n\sin n}{3n^2+\cos n}-\frac{1}{3}\right| = \left|\frac{-3n\sin n-\cos n}{3(3n^2+\cos n)}\right| < \frac{3n+1}{3(3n^2-1)} < \frac{4n}{3\cdot 2n^2}$.

8. Si ha $\left|\frac{2n-1}{3n+2}-\frac{2}{3}\right| = \frac{7}{9n+6} < \frac{1}{n}$.

9. Risulta $\left|\frac{1+2\cdot 10^n}{5+3\cdot 10^n}-\frac{2}{3}\right| = \frac{7}{15+9\cdot 10^n} < \frac{1}{10^n}$.

10. Poiché $\alpha > 1$, si ha sempre $\log_\alpha\left(1+\frac{1}{n}\right) > 0$. Se si prende $\epsilon > 0$, risulterà $\log_\alpha\left(1+\frac{1}{n}\right) < \epsilon$ non appena $1+\frac{1}{n} < \alpha^\epsilon$, cioè non appena $n > \nu = \dfrac{1}{\alpha^\epsilon - 1}$.

11. Moltiplicando e dividendo per $\sqrt{\dfrac{n^2+2}{2n^2-1}} + \dfrac{1}{\sqrt{2}}$ si ha $\left|\sqrt{\dfrac{n^2+2}{2n^2-1}} - \dfrac{1}{\sqrt{2}}\right| =$

$$= \frac{\dfrac{n^2+2}{2n^2-1} - \dfrac{1}{2}}{\sqrt{\dfrac{n^2+2}{2n^2-1}} + \dfrac{1}{\sqrt{2}}} = \frac{5}{(4n^2-2)\left(\sqrt{\dfrac{n^2+2}{2n^2-1}} + \dfrac{1}{\sqrt{2}}\right)} < \frac{5\sqrt{2}}{4n^2-2}.$$

12. Poiché $3^{3n} = (1+2)^{3n} \geq 1+6n$, si ha $0 < 3^{1-3n} \leq \dfrac{3}{1+6n} < \dfrac{1}{2n}$.

13. Sì. Infatti, preso $\epsilon = \frac{1}{2}$, esiste un $\nu \in \mathbb{R}$ tale che $1 - \frac{1}{2} < a_n < 1 + \frac{1}{2}$ per ogni $n > \nu$. Ma allora per $n > \nu$ si ha $2a_n - b_n > 1 - 1 = 0$.

14. No. Ad esempio, se $a_n = 1$ e $b_n = (-1)^n \frac{1}{2}$, la successione $a_n + b_n = 1 + \dfrac{(-1)^n}{2}$ non ha limite.

15. Il limite è 1. Infatti $\dfrac{na_n + b_n}{n+1} = \dfrac{n}{n+1} a_n + \dfrac{b_n}{n+1}$. Ora, la successione $\dfrac{n}{n+1} a_n$ ha limite 1, mentre risulta $\left|\dfrac{b_n}{n+1}\right| < \dfrac{1}{n+1}$, e quindi la successione $\dfrac{b_n}{n+1}$ ha limite 0.

16. No. Ad esempio, se si prende $a_n = \dfrac{n-1}{n}$ e $b_n = \dfrac{1}{n^2} - 1$, si ottiene $a_n + b_n = \dfrac{1}{n^2} - \dfrac{1}{n} < 0$.

17. No. Sia $q_n = \dfrac{b_1 + b_2 + \ldots + b_n}{n}$, e si prenda la successione b_n costituita di zeri e di $\frac{1}{2}$ nel modo seguente: si comincia con 0, $\frac{1}{2}$; poi si prendono tanti zeri fino ad avere $q_n < \frac{1}{8}$, quindi tanti $\frac{1}{2}$ fino ad avere $q_n > \frac{1}{4}$, poi di nuovo tanti 0 finché q_n non torni ad essere $< \frac{1}{8}$, e così via. È chiaro che la successione q_n non potrà avere limite. Resta da far vedere che è sempre possibile operare nel modo detto. Supponiamo dunque che per un certo m risulti $q_m > \frac{1}{4}$, e facciamo vedere che si possono prendere un certo numero $n - m$ di zeri in modo che $q_n < \frac{1}{8}$. Si ha $q_n = \dfrac{b_1 + b_2 + \ldots + b_m + \ldots + b_n}{n} = \dfrac{b_1 + b_2 + \ldots + b_m}{n}$, in quanto se $m < k \leq n$ si è posto $b_k = 0$. Poiché quando $n \to \infty$ l'ultima quantità tende a zero, si potrà prendere n così grande che sia $q_n < \frac{1}{8}$. In maniera analoga si dimostra che prendendo un numero abbastanza grande di valori $\frac{1}{2}$ si può rendere $q_n > \frac{1}{4}$.

18. Sì. Sia infatti $\epsilon < \frac{1}{2}$, e sia ν tale che per $n > \nu$ risulti $1 - \epsilon < a_n < 1 + \epsilon$. Si ha, per tali n, $1 - \epsilon < a_n^{b_n} < \dfrac{1}{1-\epsilon}$, e quest'ultima quantità è minore di $1 + 2\epsilon$. In definitiva, se $n > \nu$, risulta $1 - 2\epsilon < a_n^{b_n} < 1 + 2\epsilon$, e dunque $\lim_{n\to\infty} a_n^{b_n} = 1$.

19. Sì. Infatti, poiché $a_n \to 1$, esiste ν tale che per ogni $n > \nu$ risulta $a_n > \frac{1}{2}$. Sia $\lambda = \min\left\{\frac{1}{2}, a_1, a_2, \ldots, a_\nu\right\}$. Dato che tutti i termini a_n sono positivi, anche λ sarà positivo, e si avrà $a_n \geq \lambda$ per ogni $n \in \mathbb{N}$. Se ora K è tale che $K\lambda > 1$, risulterà $Ka_n + b_n > 1 + b_n > 0$.

20. No. Ad esempio, sia $a_n = 1$, e sia b_n la successione che assume il valore 0 per n pari, e $\left(1 - \frac{1}{n}\right)^{1/n}$ per n dispari. La successione $a_n + |b_n|^n$ varrà allora 1 per n pari, e $2 - \frac{1}{n}$ per n dispari, e quindi non avrà limite.

21. -1	**22.** 0	**23.** 1	**24.** 1
25. 0	**26.** 0	**27.** 0	**28.** $-\infty$
29. 0	**30.** 2	**31.** 3	**32.** 6
33. $+\infty$	**34.** 1	**35.** $\max\{a^2, 1\}$	**36.** $+\infty$
37. 0	**38.** -1	**39.** 0	**40.** 0
41. 0	**42.** 0	**43.** $\frac{1}{e}$	**44.** $\frac{1}{2}$
45. 1	**46.** $\frac{4}{e}$	**47.** 1	**48.** $+\infty$
49. $\frac{2}{3}$	**50.** 1	**51.** $+\infty$	**52.** $+\infty$
53. 1	**54.** 1	**55.** 1	**56.** 0
57. $-\infty$	**58.** 0	**59.** $-\infty$	**60.** 0
61. Non esiste	**62.** $-\infty$	**63.** 0	**64.** 0
65. $-\infty$	**66.** $+\infty$	**67.** e^{14}	**68.** 0
69. 8	**70.** 0	**71.** $\frac{1}{3}$	**72.** $+\infty$
73. $+\infty$	**74.** $+\infty$	**75.** 1	**76.** 0
77. 1	**78.** 0	**79.** $+\infty$	**80.** 0
81. $\frac{27}{4}$	**82.** $\frac{27}{4}$	**83.** $\frac{h^h}{k^k(h-k)^{h-k}}$	

84. Se $\beta > 0$, il limite è 0 se $0 \leq A < 1$, $+\infty$ se $A \geq 1$. Se $\beta = 0$, il limite è $+\infty$ se $\alpha > 0$, 0 se $\alpha < 0$, A se $\alpha = 0$. Se $\beta < 0$, il limite è $+\infty$ se $\alpha > 0$, 1 se $\alpha = 0$, 0 se $\alpha < 0$.

85. 0 **86.** -1 **87.** 0 **88.** $a \geq 3$ **89.** $-1 < a \leq 0$

90. Supponiamo che $L = \lim_{n\to\infty} \sqrt[n]{a_n} \geq \lim_{n\to\infty} \sqrt[n]{b_n} = l$. Per ogni $\epsilon > 0$ esiste un ν tale che per $n > \nu$ si ha $L - \epsilon < \sqrt[n]{a_n} < L + \epsilon$ e $\sqrt[n]{b_n} < l + \epsilon$. Per tali valori di n si ha allora $L - \epsilon < \sqrt[n]{a_n} \leq \sqrt[n]{a_n + b_n} < \sqrt[n]{(L+\epsilon)^n + (l+\epsilon)^n} \leq (L+\epsilon)\sqrt[n]{2}$. Se ora si prende ν così grande che sia anche $\sqrt[n]{2} < 1 + \epsilon$, si ottiene $L - \epsilon < \sqrt[n]{a_n + b_n} < L + \epsilon(L+1) + \epsilon^2$ per ogni $n > \nu$, e dunque la tesi. Si osservi che lo stesso risultato si ottiene supponendo solamente che $\max\lim_{n\to\infty} \sqrt[n]{b_n} \leq \lim_{n\to\infty} \sqrt[n]{a_n}$.

91. Per $\epsilon > 0$, sia ν tale che per ogni $n > \nu$ risulti $L - \epsilon < a_n < L + \epsilon$. Per tali n si ha $q_n = \dfrac{a_1 + a_2 + \ldots + a_n}{n} = \dfrac{a_1 + a_2 + \ldots + a_\nu}{n} + \dfrac{a_{\nu+1} + \ldots + a_n}{n}$. Posto allora $M = a_1 + \ldots + a_\nu$, si ha $\dfrac{M}{n} + \dfrac{(n-\nu)(L-\epsilon)}{n} < q_n < \dfrac{M}{n} + \dfrac{(n-\nu)(L+\epsilon)}{n}$. Sia ora $\nu_1 > \nu$ un numero tale che per $n > \nu_1$ risulti $\dfrac{|M|}{n} < \epsilon$ e $\dfrac{\nu}{n} < \epsilon$. Se $n > \nu_1$, si ha $L - \epsilon(L+2) < q_n < L + 2\epsilon$, cosicché $\lim_{n\to\infty} q_n = L$.

92. Si ponga $b_n = a_n - a_{n-1}$; risulterà allora $a_n - a_0 = b_1 + b_2 + \ldots + b_n$, e dunque $\dfrac{a_n}{n} = \dfrac{b_1 + b_2 + \ldots + b_n}{n} + \dfrac{a_0}{n}$. Se $b = \lim_{n\to\infty} b_n = \lim_{n\to\infty}(a_n - a_{n-1})$, il secondo membro dell'ultima relazione tende a b grazie al risultato dell'esercizio precedente, e dunque anche $\lim_{n\to\infty} \dfrac{a_n}{n} = b$.

93. Tutti i termini della successione a_n sono maggiori di 1, e dunque risulta $a_{n+1} \leq \leq \sqrt{a_n} \leq a_n$, cosicché la successione è decrescente, e di conseguenza ha limite L. Dalla relazione data segue, passando al limite, che $1 \leq L \leq \sqrt{L}$, e dunque L non può essere che 1.

94. Sia $P(x) = x^7 + x - \dfrac{1}{n}$. Si ha $P(0) < 0$, e $P(1/n) > 0$, cosicché $P(x)$ ha uno zero compreso tra 0 e $\dfrac{1}{n}$ (*Lezioni*, cap. 1, Teorema 4.1). D'altra parte, se si ha $x^7 + x = y^7 + y = \dfrac{1}{n}$, ragionando come nella dimostrazione del teorema 4.2 del capitolo 1 delle *Lezioni* si dimostra che $x = y$; di conseguenza la radice x_n trovata è unica. Poiché $0 < x_n < \dfrac{1}{n}$, per il teorema dei carabinieri si conclude che $\lim_{n\to\infty} x_n = 0$.

95. Basta osservare che se $r < 0$ si ha $n\left\{\left(1 + \dfrac{1}{n}\right)^r - 1\right\} = \dfrac{n\left\{1 - \left(1 + \dfrac{1}{n}\right)^{-r}\right\}}{\left(1 + \dfrac{1}{n}\right)^{-r}}$, e utilizzare l'esempio precedente.

96. $1, 0$	**97.** $\dfrac{1}{5}$	**98.** $2, 0$	**99.** 0
100. $+\infty, 0$	**101.** $1, 0$	**102.** 1	**103.** $+\infty$
104. $+\infty$	**105.** 0	**106.** $\dfrac{1}{2}$	**107.** $+\infty, -\infty$
108. $\dfrac{\pi}{2}, -\dfrac{\pi}{2}$	**109.** $1, -1$	**110.** $1, -1$	**111.** $\lim_{n\to\infty} a_n = \dfrac{2}{3}$
112. $\lim_{n\to\infty} a_n = 2$			

113. $\max \lim_{n\to\infty} a_n = \min\left\{a_0, \frac{1}{2a_0}\right\}$; $\max \lim_{n\to\infty} a_n = \max\left\{a_0, \frac{1}{2a_0}\right\}$, e dunque la successione converge se e solo se $a_0 = \pm\frac{1}{\sqrt{2}}$.

114. Il limite è $+\infty$ se $a_0 > \frac{1}{2}$, $-\infty$ se $a_0 < -\frac{1}{2}$.

115. Il limite è 5 se $a_0 > 0$, 0 se $a_0 = 0$.

116. Risulta $\max \lim_{n\to\infty} a_n = \sqrt{3}$ e $\min \lim_{n\to\infty} a_n = -\sqrt{3}$.

117. $\lim_{n\to\infty} a_n = 0$

118. $\lim_{n\to\infty} a_n = \begin{cases} \frac{1}{2} & \text{se } |a_0| < 1 \\ 1 & \text{se } |a_0| = 1 \\ +\infty & \text{se } |a_0| > 1 \end{cases}$

119. $\lim_{n\to\infty} a_n = 0$

120. $\lim_{n\to\infty} a_n = 2$

121. $\lim_{n\to\infty} a_n = \begin{cases} -\infty & \text{se } a_0 < -1 \\ -1 & \text{se } a_0 = -1 \\ +\infty & \text{se } a_0 > -1 \end{cases}$

122. $\lim_{n\to\infty} a_n = \begin{cases} 0 & \text{se } a_1 < 1 \\ 1 & \text{se } a_1 = 1 \\ +\infty & \text{se } a_1 > 1 \end{cases}$

123. $+\infty$ **124.** 0 **125.** 1

126. $\lim_{n\to\infty} a_n = \begin{cases} +\infty & \text{se } a_0 > \frac{1}{2} \\ \frac{1}{2} & \text{se } a_0 \leq \frac{1}{2} \end{cases}$

127. $\lim_{n\to\infty} \sqrt[n]{a_n} = 2$

128. $\lim_{n\to\infty} \sqrt[n]{a_n} = 3$

129. $\lim_{n\to\infty} \sqrt[n]{a_n} = 1$

130. Risulta $\max \lim_{n\to\infty} a_n = \min\left\{\alpha, \beta, \frac{1}{\alpha}, \frac{1}{\beta}, \frac{\alpha}{\beta}, \frac{\beta}{\alpha}\right\}$ e $\max \lim_{n\to\infty} a_n =$ $= \max\left\{\alpha, \beta, \frac{1}{\alpha}, \frac{1}{\beta}, \frac{\alpha}{\beta}, \frac{\beta}{\alpha}\right\}$.

131. $\lim_{n\to\infty} a_n = +\infty$

132. Posto $z_n = \lambda^n = \rho^n e^{in\vartheta}$, si ha $Q \equiv a_k z_{n+k} + \ldots + a_1 z_{n+1} + a_0 z_n = \lambda^n(a_k\lambda^k + \ldots + a_1\lambda + a_0) = \lambda^n P(\lambda) = 0$. Ma allora saranno uguali a zero sia la parte reale che la parte immaginaria di Q, cosicché risulterà $a_k x_{n+k} + \ldots + a_1 x_{n+1} + a_0 x_n = 0$ e $a_k y_{n+k} + \ldots + a_1 y_{n+1} + a_0 y_n = 0$.

133. La proprietà $a_n \in \mathbb{N}$ è vera per $n = 0, 1$. Supponiamo ora che $n \geq 2$, e che per ogni $k < n$ risulti $a_k \in \mathbb{N}$. Dalla relazione di ricorrenza si ha $a_n = a_{n-1} + a_{n-2}$, da cui segue immediatamente che a_n è intero.

134. $A(1 + \sqrt{7})^n + B(1 - \sqrt{7})^n$

135. $A + B5^n$ **136.** $3^n A + (-1)^n B$ **137.** $2^n \left(A\cos\frac{n\pi}{3} + B\sin\frac{n\pi}{3}\right)$

138. $A + B\left(-\frac{1}{2}\right)^n$ **139.** $e^{A+B(-\frac{1}{2})^n}$ **140.** $\ln x_n = A\left(\frac{1+\sqrt{5}}{2}\right)^n + B\left(\frac{1-\sqrt{5}}{2}\right)^n$

141. $\ln x_n = A\cos\frac{n\pi}{3} + B\sin\frac{n\pi}{3}$ **142.** $x_n^2 = A\left(\frac{1+\sqrt{5}}{2}\right)^n + B\left(\frac{1-\sqrt{5}}{2}\right)^n$

Risposte agli esercizi del capitolo quarto

1. Sì **2.** Sì **3.** Sì

4. Sì **5.** Sì **6.** Sì

7. Sì **8.** Sì **9.** Sì

10. Sì **11.** No **12.** Sì

13. Sì **14.** Sì **15.** Sì

16. Sì **17.** Sì **18.** No

19. $|x| \neq 1$ **20.** $0 < x \leq 1$ **21.** $|x| < 1$

22. $|x| \neq 1$ **23.** $x > 1$ **24.** $|x| < 1$

25. $\left\{x > -\frac{1}{2}\right\} \cup \{x < -2\}$ **26.** Mai **27.** $|x| < 1$

28. $|x| < \frac{2}{\sqrt{3}}$ **29.** $x < 0$ **30.** $x \neq 0,\ -1/k\,(k \in \mathbb{N})$

31. $x \neq 0$ **32.** $x \neq 0$ **33.** $x > 0$

34. $-1 \leq x < 1$ **35.** Mai **36.** $0 \leq x < 1$ e $x > 1$

37. $\{x < 0\} \cup \{x > 1\}$ **38.** $x > 0$ **39.** $|x| < 1$

40. $0 < x < 1$

41. Sempre **42.** $|x| > \frac{1}{2}$ **43.** $x < -1$ e $x \geq 1$

44. $x > 1$ **45.** $x > -1$ **46.** $|x| > 1$

47. $x > e^c$ **48.** $x < 1$ **49.** $x < 1$

50. $-1 < x < -\frac{1}{2}$ **51.** $x < \alpha$ **52.** $|x| \leq 1$

53. $\left(0, \frac{1}{e}\right) \cup (e, +\infty)$ **54.** $x > 0$ **55.** $0 \leq x < 1$

56. $|x| > 1$

57. Se $\alpha < -1$ e $\beta \leq 0$, la serie converge per ogni x.
Se $\alpha < -1$ e $\beta > 0$, la serie converge per $0 \leq x \leq 1$.
Se $\alpha \geq -1$ e $\beta \leq 0$, la serie converge solo per $x = 0$.
Se $\alpha \geq -1$ e $\beta > 0$, la serie converge per $0 \leq x < 1$.

58. $x = 0$ e $x > 1$

59. $\frac{1}{ab}$

60. $\frac{1}{12}$

61. $\frac{1}{7a}\frac{1}{a_0a_1\dots a_6} = \frac{1}{7ab(b+a)\dots(b+6a)}$

62. $\frac{3}{4}$

63. $\frac{b^s - b_0b_1\dots b_{s-1}}{b^sb_0b_1\dots b_{s-1}}$

64. La successione $(-1)^{[n/3]}$ assume successivamente i valori $1, 1, -1, -1, -1, 1, 1, 1, -1, \dots$ Di conseguenza, la successione delle somme parziali è $1, 2, 1, 0, -1, 0, 1, 2, \dots$, ed è quindi limitata. Per il criterio di Dirichlet la serie converge. I valori della successione $(-1)^{[2n/3]}$ sono invece $1, -1, 1, 1, -1, 1 \dots$, e dunque la successione delle somme parziali non è limitata. Inoltre la somma di sei termini consecutivi, con n da $6k+1$ a $6k+6$, è maggiore di $\frac{1}{6k+3} + \frac{1}{6k+6}$. Ne segue che la serie diverge.

65. Risulta $\sin(nx + \vartheta) = \sin nx \cos\vartheta + \cos nx \sin\vartheta$; la convergenza segue dall'esempio 1.3.

66. Per ogni x (si osservi che $(-1)^n = \cos n\pi$)

67. Sì

68. Per $x \neq (2k+1)\pi$

69. Sì

70. Sì

71. Per ogni x.

72. Come nel teorema di Abel, basterà far vedere che se la serie Σa_n diverge, allora diverge anche la serie $\Sigma \frac{a_n}{s_n}$.

Possiamo considerare due casi:

a) $a_n \leq s_{n-1}$. In questo caso si ha

$$\frac{a_n}{s_n} = \frac{a_n}{s_{n-1} + a_n} \geq \frac{a_n}{2a_n} = \frac{1}{2}\,.$$

b) $a_n \geq s_{n-1}$, e dunque

$$\frac{a_n}{s_n} = \frac{a_n}{s_{n-1} + a_n} \geq \frac{a_n}{2s_{n-1}}\,.$$

Se si ha il caso a) per infiniti n, la serie a_n/s_n diverge. Se invece ciò non avviene, sarà verificata definitivamente l'ultima relazione e la serie diverge per il teorema del confronto, tenendo conto del teorema di Abel.

Non è invece vero in generale che se Σa_n diverge, allora diverge anche la serie $\Sigma \frac{a_n}{s_{n+1}}$. Ad esempio, se $a_n = (n!)^2$ risulta $\frac{a_n}{s_{n+1}} \leq \frac{a_n}{a_{n+1}} = \frac{1}{(k+1)^2}$ e quest'ultima serie converge.

Il risultato però sussiste se si suppone che la successione a_n sia limitata (dimostrare).

73. Se la serie $\Sigma\, b_n$ diverge e $|a_n| \leq M$, risulta $s_n \geq \sigma_{[n/m]} - mM$, e dunque anche $s_n \to +\infty$. Ciò non avviene se a_n non è limitata; ad esempio, se a_n è la successione $-1, 2, -2, 3, -3, 4, -4, \dots$, risulta $s_{2n} = n+1$ e $s_{2n-1} = -1$, cosicché la serie $\Sigma\, b_n$ ottenuta raggruppando i termini a due a due è divergente, mentre la serie $\Sigma\, a_n$ è indeterminata.

Risposte agli esercizi del capitolo quinto

1. $x \geq 3$

2. $x \neq 1, 2$

3. $(-\infty, -2) \cup \left[\frac{1}{2}, +\infty\right)$

4. $|x| > \sqrt{3}$

5. $x \neq 2$

6. $\bigcup_{k\in\mathbb{Z}} \left[2k\pi - \frac{\pi}{6}, 2k\pi + \frac{7\pi}{6}\right]$

7. $x < 0$

8. $(-\infty, -1] \cup \left[\frac{1}{3}, +\infty\right)$

9. $x \neq \pm\frac{\pi}{2}, \pm\frac{\pi}{4}, \pm\frac{3\pi}{4}, -\frac{\pi}{8}, \frac{3\pi}{8}, -\frac{5\pi}{8}, \frac{7\pi}{8}$

10. $[3, 4]$ **11.** $\bigcup_{k\in\mathbb{Z}} \left(2k\pi, 2k\pi + \frac{\pi}{2}\right)$ **12.** $x \geq -1$ **13.** $x \leq -\frac{1}{2}$

14. $x > -\frac{1}{2}$ **15.** $x \neq 2$ **16.** $\emptyset$ **17.** $\left(\frac{2}{3}, 2\right)$

18. $$\left(-\infty, -\frac{\pi}{\pi - 1}\right) \cup \bigcup_{k=1}^{\infty} \left(-\frac{2k\pi}{2k\pi - 1}, -\frac{(2k+1)\pi}{(2k+1)\pi - 1}\right) \cup$$
$$\cup \bigcup_{h=1}^{\infty} \left(-\frac{2h\pi}{2h\pi + 1}, -\frac{(2h-1)\pi}{(2h-1)\pi + 1}\right) \cup (0, +\infty)$$

19. $x \neq 1$ **20.** $x > 0,\ x \neq k\pi,\ k \in \mathbb{N}$

21. L'insieme di definizione è
$\emptyset$ se $\alpha > \sqrt{2}$
$\left\{\frac{1}{2}\right\}$ se $\alpha = \sqrt{2}$
$\left[\frac{1 - \alpha\sqrt{2 - \alpha}}{2}, \frac{1 + \alpha\sqrt{2 - \alpha}}{2}\right]$ se $1 < \alpha < \sqrt{2}$
$[0, 1]$ se $0 < \alpha \leq 1$

22. $\frac{1}{2} \leq x \leq \frac{5}{9}$ **23.** $y < 0$ **24.** $\left(1, \frac{5}{3}\right]$

25. $\left[\frac{5}{3}, +\infty\right)$ **26.** $\left(-\infty, -\frac{5}{3}\right)$ **27.** $(0, +\infty)$

28. $y \geq 2$ **29.** $(-\infty, 0)$ **30.** $\left[\frac{3}{4}, +\infty\right)$

31. $\{n \in \mathbb{N} : 0 \leq n \leq 12\}$ **32.** $\bigcup_{n\in\mathbb{Z}} [2n, 2n + 1)$ **33.** $[0, 4]$

34. $[0, 2)$ **35.** $[1, e]$ **36.** $[-1, 0]$

37. $(-1, 1)$ **38.** $(-1, 0]$ **39.** $(-3, -1] \cup [0, 2)$

40. $\left\{\frac{3}{2}\right\}$ **41.** $\emptyset$ **42.** $(-1, +\infty)$

43.

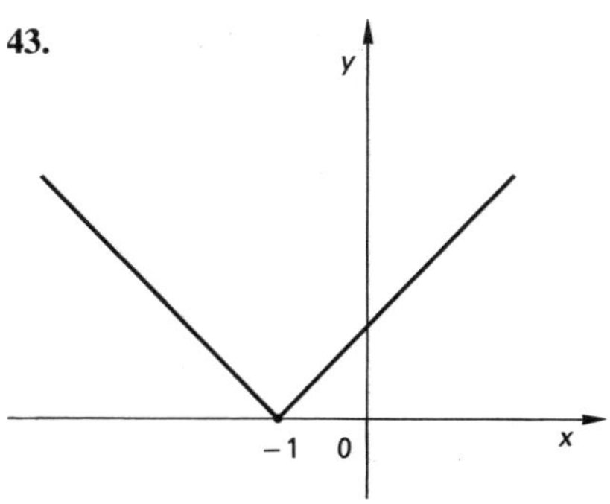

$y = |x + 1|$

44.

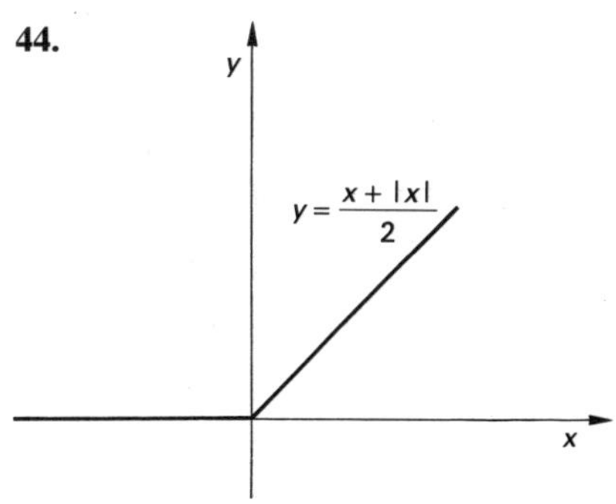

45.

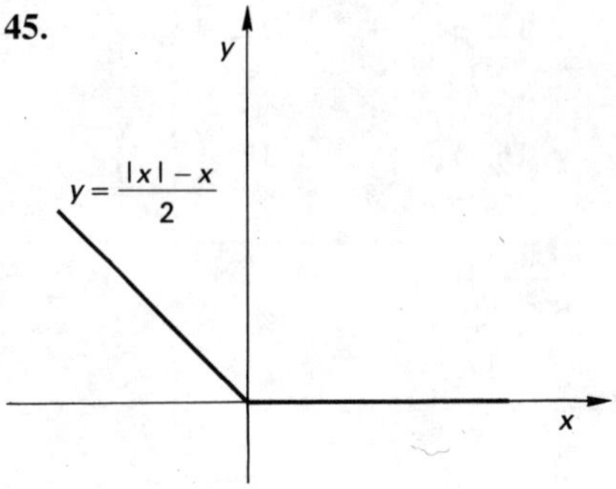
y
y = |x| − x / 2
x

46.

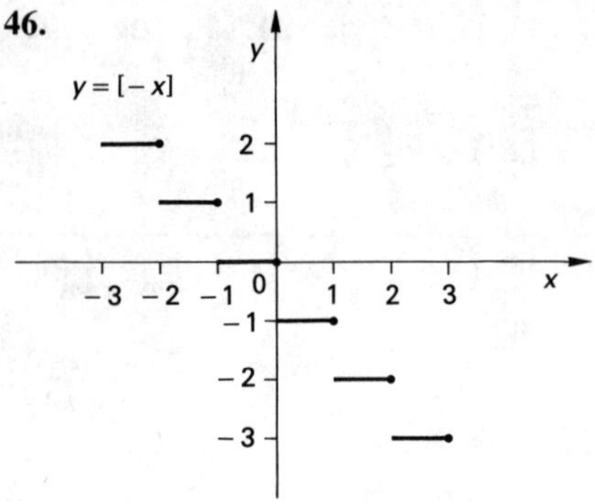
y
y = [− x]
2
1
− 3
− 2
− 1
0
1
2
3
x
− 1
− 2
− 3

47.

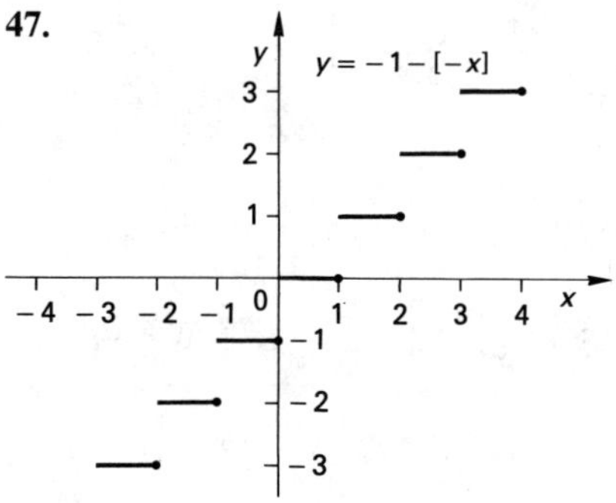
y
y = − 1 − [− x]
3
2
1
− 4
− 3
− 2
− 1
0
1
2
3
4
x
− 1
− 2
− 3

48.

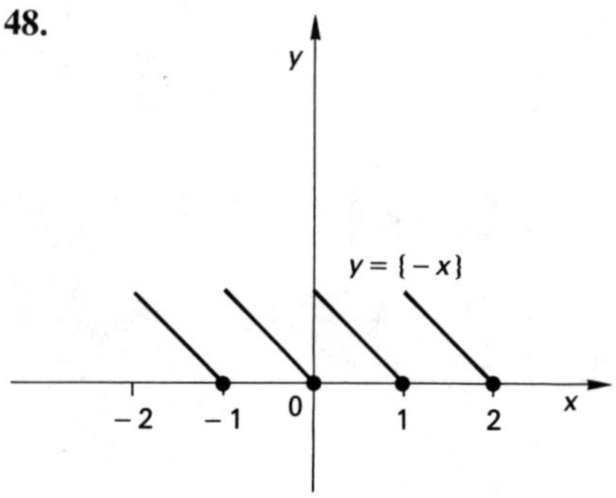
y
y = {− x}
− 2
− 1
0
1
2
x

49.

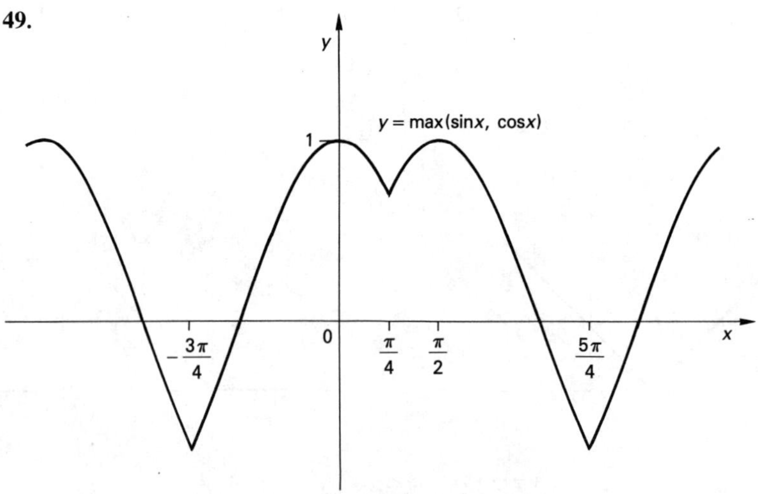
y
y = max(sinx, cosx)
1
0
− 3π/4
π/4
π/2
5π/4
x

50.

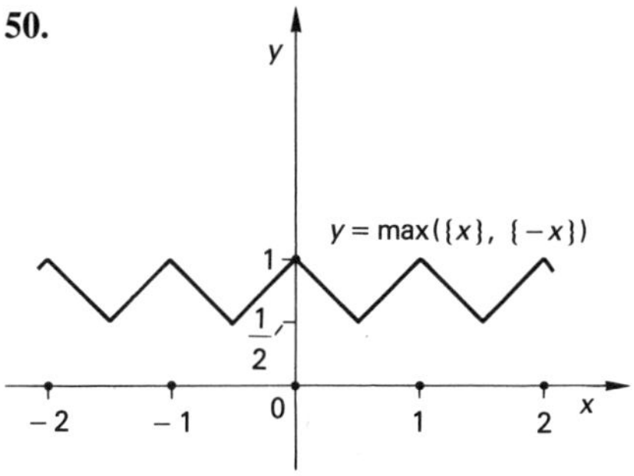

51.

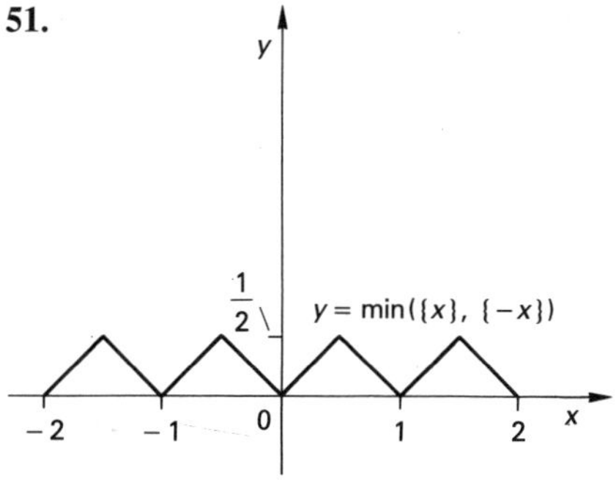

52.

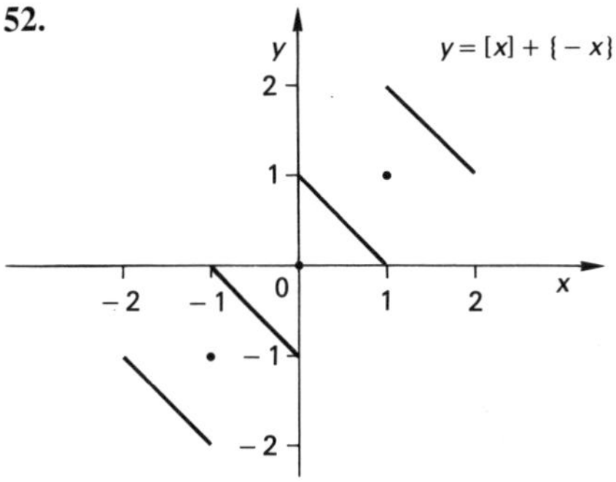

53.

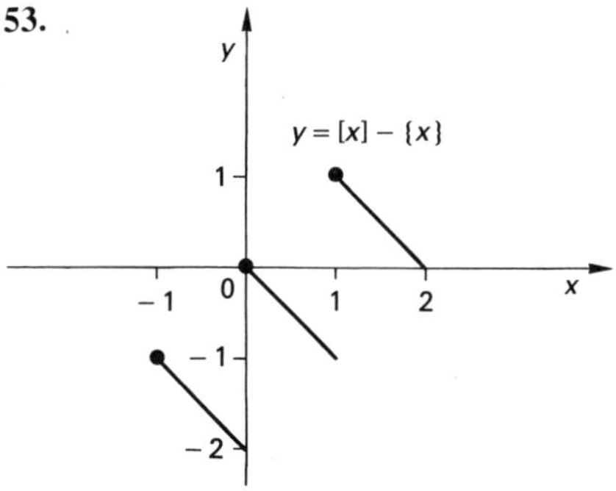

54.

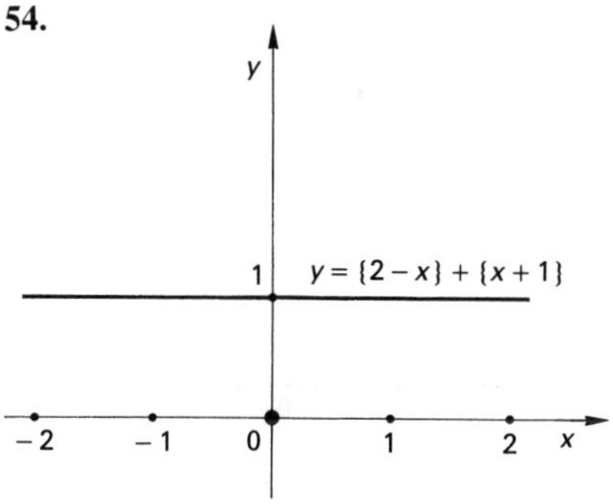

55.

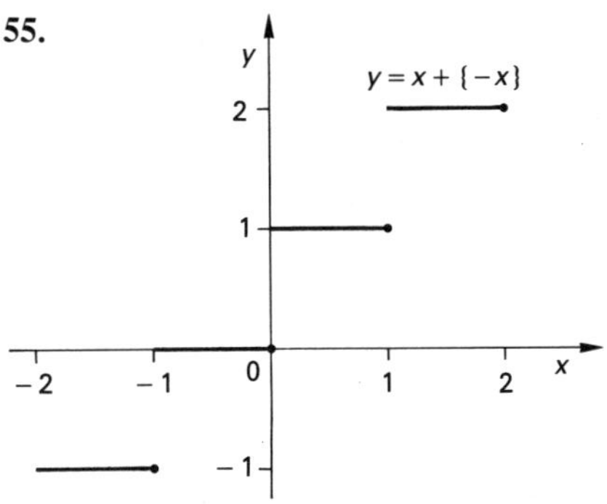

56.

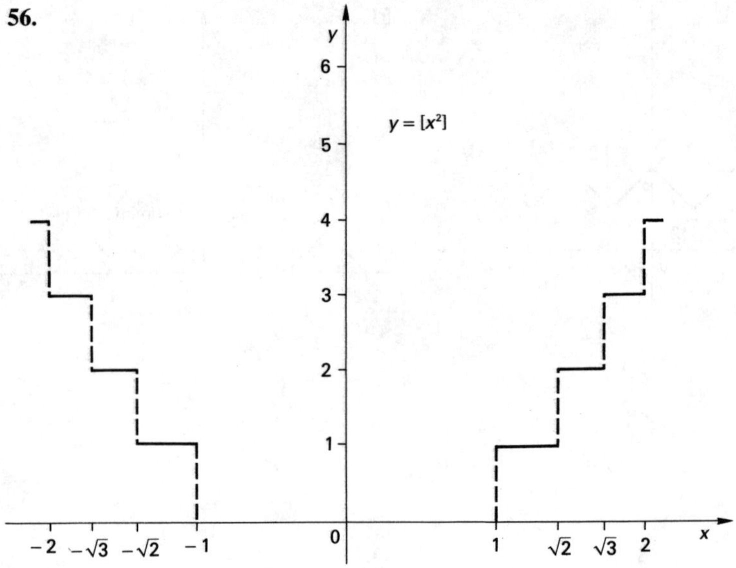
y
6
5
4
3
2
1
y = [x²]
−2
−√3
−√2
−1
0
1
√2
√3
2
x

57.

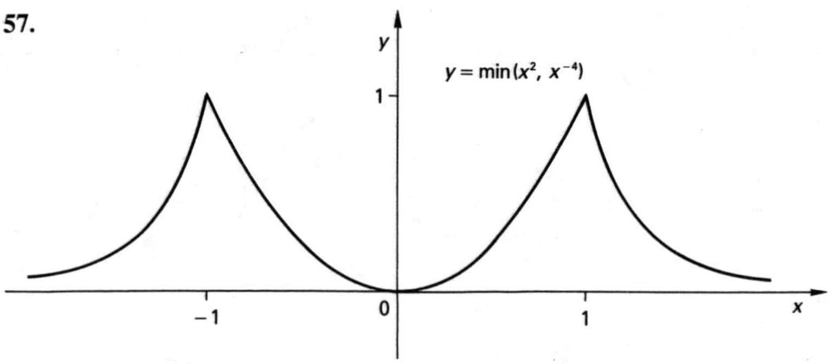
y
1
y = min(x², x⁻⁴)
−1
0
1
x

58.

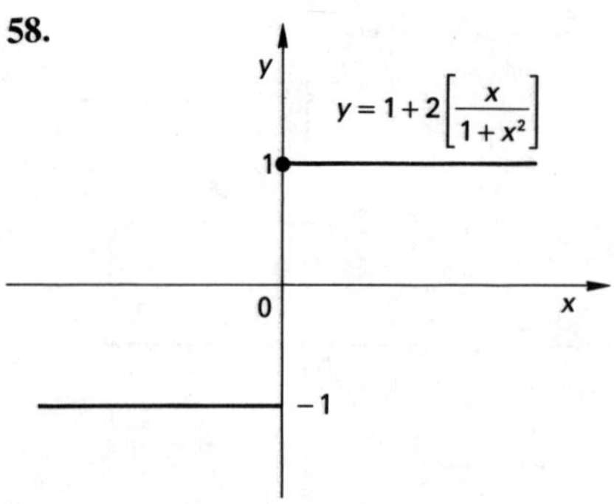
y
y = 1 + 2[x/(1 + x²)]
1
0
−1
x

59.

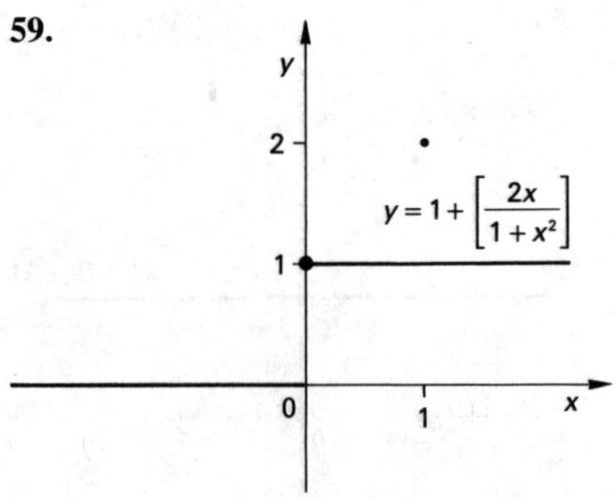
y
2
y = 1 + [2x/(1 + x²)]
1
0
1
x

60. $\mathbb{R} - \left\{-\frac{5}{2}\right\}$; $\frac{3x^2+x-4}{(2x+5)^2}$

61. $x < 3$; $\sqrt{1-\left(\frac{x^2+1}{x-3}\right)^3}$

62. $(-\infty, 1) \cup (3, +\infty)$; $\ln\left(1 - \frac{4x}{x^2+3}\right)$

63. $\left[\frac{1-\sqrt{5}}{2}, 0\right) \cup \left[\frac{\sqrt{5}+1}{2}, +\infty\right)$; $\sqrt{\ln \frac{x^2-1}{x}}$

64. $\emptyset$

65. $\bigcup_{k\in\mathbb{Z}} [2k\pi, (2k+1)\pi]$; $\sqrt{e^{\sin x} - 1}$

66. $\mathbb{R}$; $e^{2(x^2+1)}$

67. $\mathbb{R}$; $\sin\sin x$

68. $x \geq 1$

69. $(-\infty, -2] \cup (0, +\infty)$

70. $\sqrt{3} < |x| \leq 2$

71. $[0, 1)$

72. $x \geq -1, x \neq 0$

73. $x \geq 0$

74. $[-1, 1-\sqrt{2}] \cup [1, 1+\sqrt{2}]$

75. **(68)** $\frac{3+\cos x}{1-\cos x}$; sì

(69) $\frac{2}{\operatorname{tg} x^2 - 1}$; no

(70) Non invertibile

(71) Non invertibile

(72) $f^{-1}(x) = \begin{cases} -2\,\frac{\sqrt{1+x^2}-1}{x^2} & x < 0 \\ -1 & x = 0 \\ 2\,\frac{\sqrt{1+x^2}+1}{x^2} & x > 0 \end{cases}$ No

(73) $x^{\ln x} - 1$; sì

(74) Non invertibile

76.

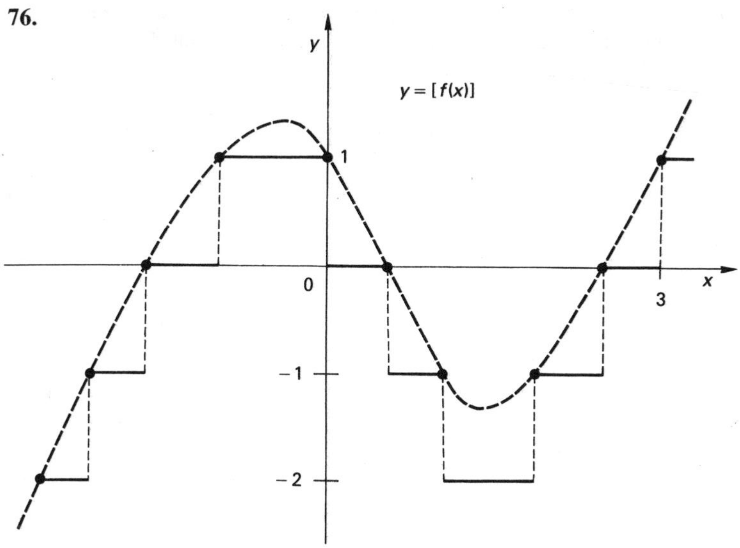

(*a*)

(*segue*)

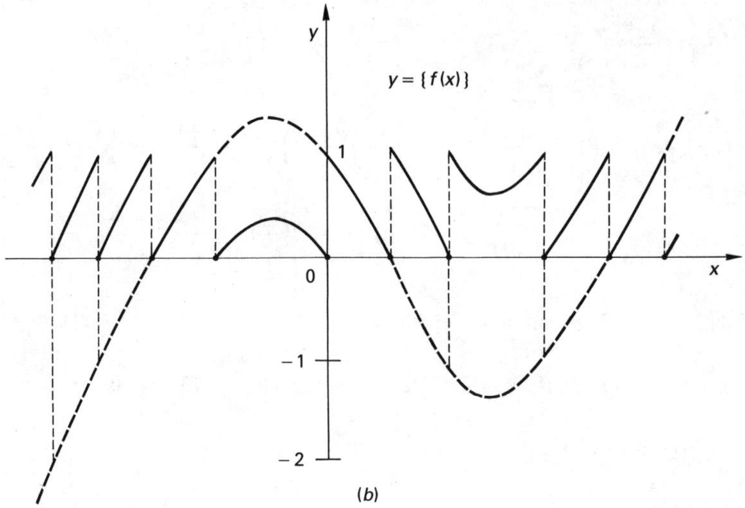

(b)

77. La restrizione di $\operatorname{tg} x$ all'intervallo $\left(-\frac{\pi}{2}, \frac{\pi}{2}\right)$; sì

78. $\{-x\} - [-x]$; no

79. $[x] + \{-x\}$; no

80. $\frac{1}{2}(x + \{x\})$ $\left\{x \in \bigcup_{k\in\mathbb{Z}} [2k, 2k+1)\right\}$; sì

81. Non invertibile

82. $\dfrac{\alpha + \beta x}{1 - x}$; no

83. $\dfrac{1}{x}$; no

84. $\frac{2}{3}x - \frac{1}{3}|x|$; sì

85. La funzione è invertibile in ogni intervallo $[\alpha, \beta] \subset (-\infty, 1]$, e in ogni intervallo $[\alpha, \beta] \subset [1, +\infty)$. L'immagine $f([\alpha, \beta])$ è contenuta in $(-\infty, 1]$. Risulta $f^{-1}(x) = 1 - \sqrt{1 - x}$ se $[\alpha, \beta] \subset (-\infty, 1]$, e $f^{-1}(x) = 1 + \sqrt{1 - x}$ se $[\alpha, \beta] \subset [1, +\infty)$.

86. La funzione è invertibile per $|\alpha| < 1$, e risulta $f^{-1}(x) = \dfrac{y - \alpha|x|}{1 - \alpha^2}$.

87. -4

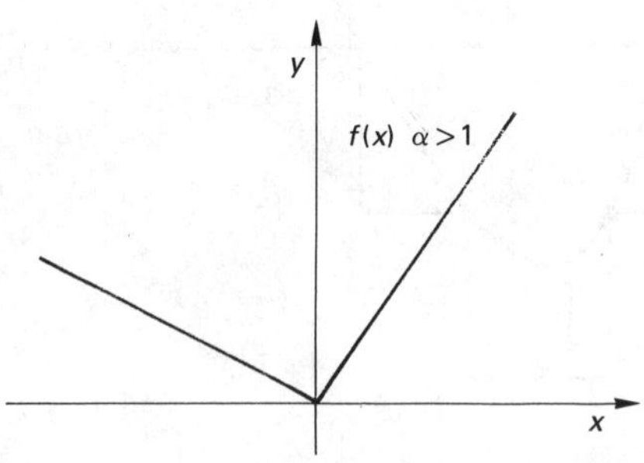

(a)

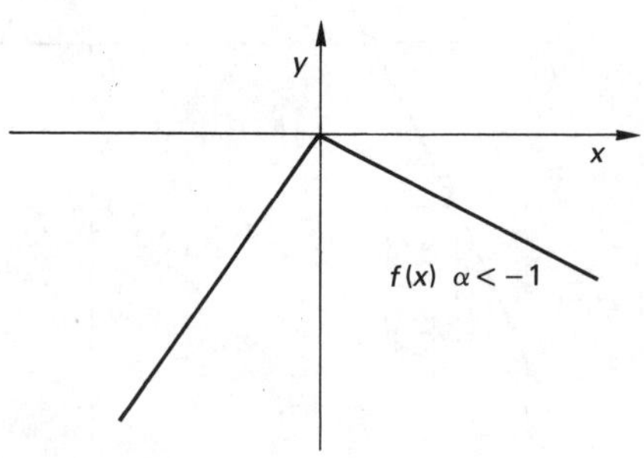

(b)

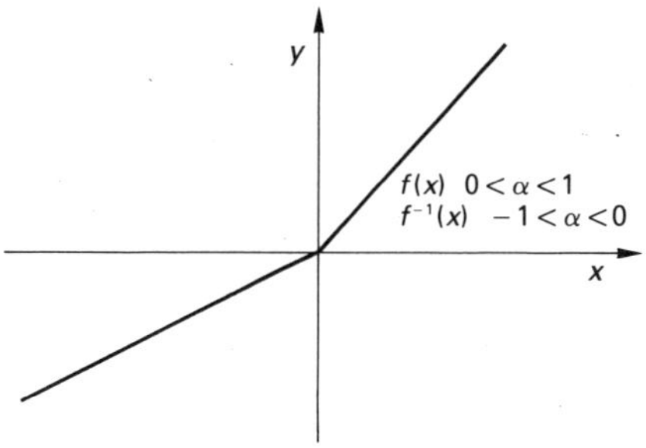

(c)

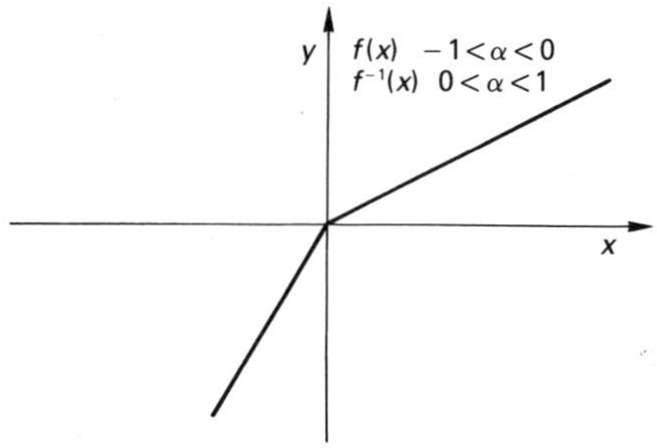

(d)

88. 0	**89.** $\frac{1}{2}$	**90.** $-\infty$	**91.** $\ln A/B$
92. -4	**93.** $\pi/2$	**94.** $\frac{1}{2}$	**95.** $+\infty$
96. $-\frac{1}{2}$	**97.** 0	**98.** $\frac{1}{4}$	**99.** $\frac{1}{2}$
100. $-\frac{2}{3}$	**101.** 0	**102.** $\frac{3}{5}$	**103.** 1
104. e	**105.** Non esiste	**106.** 1	**107.** 0
108. $\frac{3}{5}$	**109.** 0	**110.** $\frac{75}{2}$	**111.** 0
112. $\frac{9}{50}$	**113.** 0	**114.** $-\frac{2}{3}$	**115.** $\frac{1}{2}$
116. Non esiste	**117.** 1	**118.** -1	**119.** -1
120. $\frac{1}{4}$	**121.** $\frac{\pi}{2}$	**122.** 2	**123.** $-\frac{1}{2}$
124. $+\infty$	**125.** $\frac{2}{3}$	**126.** $\frac{2}{9}$	**127.** 1
128. $\frac{1}{2}$	**129.** 0	**130.** $2\sqrt{5}$	**131.** 1
132. $\frac{1}{2\ln a}$	**133.** 5	**134.** 1	**135.** $\alpha + \frac{1}{2}$
136. 1	**137.** 1		

138. $b/(1-ab)$ se $ab \neq 1$; $-\infty$ se $ab = 1$ e $a > 0$; $+\infty$ se $ab = 1$ e $a < 0$

139. $\frac{1}{\ln 2}$	**140.** 0	**141.** $1, -1$	**142.** 0
143. $+\infty$	**144.** $0, -\infty$	**145.** $1, 0$	**146.** 0

147. $-\infty$ **148.** 1 **149.** $+\infty$ **150.** 1

151. $\frac{1}{2}$ **152.** 1 **153.** $e^{1/e}$ **154.** $\frac{2}{\pi}$

155. $-\pi \ln 3$ **156.** $\frac{8}{9}$ **157.** 1 **158.** $\ln 3$

159. $\frac{2}{3}$ **160.** $-\frac{1}{2}$ **161.** $+\infty$ **162.** $+\infty$

163. -1 **164.** e **165.** $\frac{1}{\ln 2}$ **166.** $\frac{\ln 2}{6}$

167. No **168.** Sì **169.** Converge per $|x| < 1$.

170. Sia $x < y$. La funzione $f_k(x)$ è crescente, e risulta $f_k(x) < f_k(y)$ se $x < q_k < y$, cosicché $f(x) < f(y)$ se e solo se almeno uno dei punti q_k cade tra x e y. Ne segue che $f(x)$ è strettamente crescente se e solo se in ogni intervallo (x, y) cade almeno un punto di E, cioè se e solo se l'insieme E è denso. Ciò equivale alla relazione $\overline{E} = \mathbb{R}$. Infatti, se E è denso, in ogni intorno di un qualsiasi punto x cadranno punti di E, e dunque $\overline{E} = \mathbb{R}$. Viceversa, se esiste un intervallo (a, b) in cui non cadono punti di E, quest'ultimo sarà contenuto nell'insieme chiuso $\mathbb{R} - (a, b)$, e dunque $\overline{E} \neq \mathbb{R}$.

171. Sì, se si pone $f(0) = \frac{\pi}{2}$. **172.** No. Infatti risulta $f^+(0) = \frac{\pi}{2}$ e $f^-(0) = -\frac{\pi}{2}$.

173. È discontinua in $\mathbb{Z} - \{0\}$, con discontinuità di seconda specie: $f^+(n) = n^2$, $f^-(n) = n(n-1)$.

174. Sì

175. Esiste un punto $\xi > 0$ in cui il denominatore si annulla (discontinuità di terza specie). In 0 la funzione ha limite -1, e dunque può essere resa continua assegnandole tale valore.

176. La funzione ha discontinuità di seconda specie in tutti i punti interi ($n \in \mathbb{Z}$), tranne $n = 2$. Si ha $f^+(n) = 1$ e $f^-(n) = n - 1$.

177. La funzione si può rendere continua assegnando il valore 0 ai punti $\frac{\pi}{2} + k\pi$.

178. Si può rendere continua cambiando da 0 a 1 il valore che essa assume nei punti $2n + 1$ ($n \in \mathbb{Z}$).

179. Sì **180.** Sì

181. **(43)** Sì **(44)** Sì **(45)** Sì **(46)** $\mathbb{Z}$

(47) $\mathbb{Z}$ **(48)** $\mathbb{Z}$ **(49)** Sì **(50)** Sì, se si pone $f(n) = 1$.

(51) Sì **(52)** $\mathbb{Z}$ **(53)** $\mathbb{Z}$ **(54)** Sì, se si pone $f(n) = 1$.

(55) $\mathbb{Z}$ **(56)** $\pm\sqrt{n}$ ($n \neq 0$) **(57)** Sì **(58)** $\{0\}$

(59) La funzione è discontinua in 0 ($f^+(0) = 1$, $f^-(0) = 0$), mentre può essere resa continua in 1 cambiando il suo valore da 2 a 1.

182. Sì **183.** Discontinuità di seconda specie in $\pm\frac{\pi}{6}+k\pi,\ k\in\mathbb{Z}$

184. Sì **185.** Sì **186.** Sì **187.** No

188. Sì **189.** Sì **190.** No **191.** Sì

192. In primo luogo si osserva che $f(x)$ si estende a una funzione uniformemente continua in $[a,b]$ e in $[b,c]$ (teorema di estensione). D'altra parte, risulta $\lim_{x\to b^+} f(x) = \lim_{x\to b^-} f(x) = f(b)$, e dunque $f(x)$ è continua in $[a,c]$. Per il teorema di Weierstrass $f(x)$ è uniformemente continua.

193. Si prenda $\epsilon = 1$ nella definizione di uniforme continuità: esisterà un $\delta > 0$ tale che, se $|x_1 - x_2| < \delta$, allora $|f(x_1) - f(x_2)| < 1$. Siano ora x e x_0 due punti di A, e sia n tale che $n\delta \le |x - x_0| < (n+1)\delta$. Si possono allora trovare $n+1$ punti $x_1, x_2, \ldots, x_{n+1} = x$ compresi tra x_0 e x e tali che la distanza tra due punti successivi sia minore di δ. Ne segue

$$|f(x) - f(x_0)| \le \sum_{k=1}^{n+1} |f(x_k) - f(x_{k-1})| < n+1 \le \frac{|x - x_0|}{\delta} + 1.$$

194. La funzione $1/x$ non è uniformemente continua in $(0,1]$, mentre la funzione x^2 non lo è in $[1,+\infty)$ per il risultato dell'esercizio precedente.

195. Fissato $\epsilon > 0$, sia M un numero tale che per $x > M$ risulti $|f(x) - g(x)| < \epsilon$. Sia poi $\delta_1 > 0$ tale che, se $|x_1 - x_2| < \delta_1$, risulti $|f(x_1) - f(x_2)| < \epsilon$. Infine, poiché $g(x)$ è uniformemente continua in $[a, M+1]$, esisterà un $\delta_2 > 0$ tale che, se $x_1, x_2 \in [a, M+1]$ e $|x_2 - x_1| < \delta_2$, allora $|g(x_2) - g(x_1)| < \epsilon$. Si ponga $\delta = \min\{\delta_1, \delta_2, 1\}$, e siano $x, y \in [a, +\infty)$ tali che $|x - y| < \delta$. Per la scelta di δ, i due punti x e y apparterranno ambedue a $[a, M+1]$ oppure saranno ambedue maggiori di M. Nel primo caso risulta $|g(x) - g(y)| < \epsilon$; nel secondo si ha

$$|g(x) - g(y)| \le |g(x) - f(x)| + |f(x) - f(y)| + |f(y) - g(y)| < 3\epsilon.$$

In ogni caso, se $|x - y| < \delta$ si ha $|g(x) - g(y)| < 3\epsilon$, e dunque $g(x)$ è uniformemente continua.

196. Sì **197.** Sì **198.** No **199.** Sì **200.** No

201. No **202.** Sì **203.** No **204.** Sì **205.** Sì

Risposte agli esercizi del capitolo sesto

1. $\mathbb{R}$; $f'(x) = \frac{3}{2}\,\mathrm{sgn}(x)\sqrt{|x|}$ [1] **2.** $\mathbb{R} - \{0\}$; $1 + \mathrm{sgn}(x)$

3. $\mathbb{R}$; $\sin x$ **4.** $\mathbb{R}$; $\sin x + x\cos x$ **5.** $\mathbb{R}$; $2x + 3$ **6.** $\mathbb{R}$; $\cos(\sin x)\cos x$

7. $\mathbb{R} - \{0\}$; $f'(x) = \begin{cases} 3 & \text{se } x > 0 \\ 3x^2 - \cos x & \text{se } x < 0 \end{cases}$ **8.** $\mathbb{R}$; $f'(x) = \begin{cases} 1 & \text{se } x > 1 \\ 2x - 1 & \text{se } x \le 1 \end{cases}$

[1] Si chiama *segno di* x la funzione $\mathrm{sgn}(x)$, che vale -1 per $x < 0$, 0 per $x = 0$, e 1 per $x > 0$.

9. Si ha $f(x) = g(x)$ per $x \in A$, e dunque $\dfrac{f(x) - f(x_0)}{x - x_0} = \dfrac{g(x) - g(x_0)}{x - x_0}$. Ne segue che se $f(x)$ è derivabile in x_0 lo è anche $g(x)$, e le derivate coincidono. Se A non è aperto, l'esistenza della derivata $f'(x)$ non implica quella di $g'(x)$. Ad esempio, le funzioni 0 e $\max\{x, 0\}$ coincidono per $x \leq 0$, ma la seconda non è derivabile in 0. Peraltro, anche quando $g'(x)$ esiste, non è detto che sia uguale a $f'(x)$, come si vede dalle funzioni 0 e x, che coincidono per $x = 0$, mentre le derivate sono evidentemente diverse. Si veda comunque l'esercizio seguente.

10. Per ipotesi, esistono ambedue i limiti $f'(x_0) = \lim_{x\to x_0} \dfrac{f(x) - f(x_0)}{x - x_0}$ e $g'(x_0) = \lim_{x\to x_0} \dfrac{g(x) - g(x_0)}{x - x_0}$. Sia ora $\{x_n\}$ una successione a valori in B, convergente a x_0. Le funzioni $f(x)$ e $g(x)$ sono continue in x_0, e dunque si ha $f(x_0) = \lim_{n\to\infty} f(x_n) = \lim_{n\to\infty} g(x_n) = g(x_0)$, e inoltre

$$f'(x_0) = \lim_{n\to\infty} \frac{f(x_n) - f(x_0)}{x_n - x_0} = \lim_{n\to\infty} \frac{g(x_n) - g(x_0)}{x_n - x_0} = g'(x_0).$$

11. Si può prendere ad esempio $f(x) = x^2 \sin \dfrac{1}{x}$ per $x \neq 0$, $f(0) = 0$. Si ha $f'(0) = 0$, e $f'(x) = 2x \sin \dfrac{1}{x} - \cos \dfrac{1}{x}$, che non ha limite per $x \to 0$.

12. $\dfrac{2(x^2 + x + 1)}{x^2(x + 2)^2}$

13. $x^x(1 + \ln x)$

14. $x^{2e-x}\left(\dfrac{2e - x}{x} - \ln x\right)\cos x^{2e-x}$

15. $\dfrac{1}{\ln \sin x} \dfrac{\cos x}{\sin x}$

16. $\cos x \arccos x - \dfrac{\sin x}{\sqrt{1 - x^2}}$

17. $-\dfrac{\ln 2}{x(\ln x)^2}$

18. $\dfrac{1 - \cos x}{\sqrt{1 - (x - \sin x)^2}}$

19. $2\dfrac{1 + 2x^2}{\sqrt{1 + x^2}}$

20. $(x + \operatorname{arctg} x)^x \left\{ \ln(x + \operatorname{arctg} x) + \dfrac{x}{x + \operatorname{arctg} x} \left(1 + \dfrac{1}{1 + x^2}\right) \right\}$

21. $2^{x \sin x}(\sin x + x \cos x) \ln 2$

22. $\dfrac{1}{2}\sqrt{\dfrac{\cos x}{\sin x - x}}\ \dfrac{1 - \cos x - x \sin x}{\cos^2 x}$

23. $-2\left(x + \dfrac{1 + x^2}{\sqrt{2 + x^2}}\right)$

24. $-x(1 - 3x)^{-2/3} - 1$

25. $-\dfrac{x}{\sqrt{1 - x^2}}$

26. $2x \operatorname{sgn}(x)$

27. $-\dfrac{1}{x(\ln x)^2}$

28. $-\left(\dfrac{1}{x}\right)^{\sin x} \left(\dfrac{\sin x}{x} + \cos x \ln x\right)$

29. $\dfrac{x}{\sqrt{1 + x^2}}$

30. $\dfrac{1}{\sqrt{1 + x^2}}$

31. $\dfrac{2(1 - x)}{1 + (2x - x^2)^2}$

32. $4x^3 - 4^x \ln 4$

33. Una funzione $f(x)$ è crescente in (a,b) se e solo se $f'(x) \geq 0$. D'altra parte, $f'(x) \equiv 0$ in (α,β) se e solo se $f(x)$ è costante in (α,β). Ne segue che una funzione f è strettamente crescente in (a,b) se e solo se $f'(x) \geq 0$ e f' non si annulla in nessun intervallo contenuto in (a,b).

34. La derivata prima $f'(x) = \ln x + 1$ si annulla solo per $x = e^{-1}$ ed è positiva per $x > e^{-1}$, negativa per $0 < x < e^{-1}$. Poiché $\frac{1}{2} > e^{-1}$, $f(x)$ è crescente, e dunque invertibile, in $\left[\frac{1}{2}, +\infty\right)$. Detta $g(x)$ la sua inversa, si ha $g(0) = 1$, e dunque $g'(0) = \dfrac{1}{f'(1)} = 1$.

Per trovare la derivata seconda, si deriva la formula $g'(x) = 1/f'(g(x))$:

$$g''(x) = -\frac{f''(g(x))\,g'(x)}{[f'(g(x))]^2},$$

e dunque $g''(0) = -1$.

35. Sia $f(x) = x^{2n+1} + x + 1$. Risulta $f(-1) = -1 < 0$ e $f\left(-\frac{1}{2}\right) = \frac{1}{2} - \left(\frac{1}{2}\right)^{2n+1} > 0$, e quindi l'equazione $f(x) = 0$ ha una radice x_n compresa tra -1 e $-\frac{1}{2}$. D'altra parte $f'(x) = (2n+1)x^{2n} + 1 > 0$, e dunque la funzione $f(x)$ è strettamente crescente, per cui non si può annullare due volte. La radice x_n è pertanto unica. Infine, per dimostrare che $x_n \to -1$, sia $\epsilon > 0$. Si ha $f(-1+\epsilon) = -(1-\epsilon)^{2n+1} + \epsilon$; dato che $\lim_{n-\infty}(1-\epsilon)^{2n+1} = 0$, esisterà un ν tale che per ogni $n > \nu$ risulta $(1-\epsilon)^{2n+1} < \epsilon$. Per questi n si ha allora $f(-1+\epsilon) > 0$, e dato che $f(-1) < 0$, risulta $-1 < x_n < -1 + c$, e quindi $x_n \to -1$.

36. 2; 0

37. $(2 - x^2)\sin x + 4x\cos x$; $(6 - x^2)\cos x - 6x\sin x$

38. $-2e^x \sin x$; $-2e^x(\sin x + \cos x)$

39. $2\cos x^2 - 4x^2 \sin x^2$; $-12x\sin x^2 - 8x^3\cos x^2$

40. $6x - 2\cos 2x$; $6 + 4\sin 2x$

41. $\dfrac{2 - \ln x}{x\ln^3 x}$; $\dfrac{\ln^2 x - 6}{x^2 \ln^4 x}$

42. $-\dfrac{1}{\sin^2 x}$; $2\dfrac{\cos x}{\sin^3 x}$

43. $-\frac{1}{4}(1+x)^{-3/2}$; $\frac{3}{8}(1+x)^{-5/2}$

44. $-\dfrac{1 + 2x + 2x^2}{(x + x^2)^2}$; $\dfrac{2(1+2x)(1+x+x^2)}{(x+x^2)^3}$

45. $(k + x)e^x$

46. $\displaystyle\sum_{s=1}^{k} \binom{k}{s} p(p-1)\ldots(p-s+1)\,x^{p-s}\,e^x$

47. $\alpha^{k-1}(k + \alpha x)e^x$

48. $\dfrac{1\cdot 3\cdots(2k-1)}{2^k}(1-x)^{-k-1/2}$

49. $\begin{cases} (-1)^{k/2}2^{k-1}\cos 2x & k \text{ pari} \\ (-1)^{(k+1)/2}2^{k-1}\sin 2x & k \text{ dispari} \end{cases}$

50. $2x^{-k}(-1)^k(k-1)!\left(\displaystyle\sum_{s=1}^{k-1}\frac{1}{s} - \ln x\right)$

51. *Massimo* = $\sqrt{2}$ [nel punto $\frac{3\pi}{4}$]; *minimo* = $-\sqrt{2}$ [nel punto $\frac{7\pi}{4}$]

52. $M = \frac{1}{2}$ [1]; $m = -\frac{1}{2}$ [−1]

53. $m = -\frac{1}{2}\ln 2$ $\left[\frac{1}{2}\right]$; $M = 2\ln 2$ [2]

54. $M = 3$ [3]; $m = 0$ [0, 2]

55. $M = \frac{e^2}{2}$ [2]; $m = e$ [1]

56. $M = e^n$ [e]. Se k è pari, $m = 0$ [1]; se k è dispari e $\geq n$, $m = -e^{-n}$ [$1/e$]; se k è dispari e $< n$, $m = -\left(\frac{k}{en}\right)^k$ [$e^{-k/n}$].

57. Se $a > 0$ e $b > 0$, $m = 3\left(\frac{ab^2}{4}\right)^{1/3}$ $\left[\left(\frac{b}{2a}\right)^{1/3}\right]$, sup = $+\infty$; se $a < 0$ e $b < 0$, $M = 3\left(\frac{ab^2}{4}\right)^{1/3}$ $\left[\left(\frac{b}{2a}\right)^{1/3}\right]$, inf = $-\infty$; se $ab < 0$, sup = $+\infty$, inf = $-\infty$.

58. $m = -\frac{1}{2}$ [−1]; $M = \frac{1}{2}$ [1]

59. $m = 0$ [0]; sup = 1

60. Se $n > 0$, $m = 0$ [0]; $M = n^n e^{-n}$ [n]. Se $n = 0$, $M = 1$ [0], inf = 0

61. $M = 2$ [0]; $m = -\sqrt{13}$ $\left[\text{arctg}\left(-\frac{3}{2}\right)\right]$

62. $M = \frac{15\sqrt{15}}{8}$ $\left[\arccos\frac{1}{4}\right]$; $m = 0$ [0]

63. inf = $-\infty$; sup = $+\infty$

64. inf = $-\infty$; $M = -1 - \ln 2$ $\left[\frac{\pi}{6}\right]$

65. $M = 0$ [$x \in [-3\pi, -2\pi] \cup [-\pi, \pi] \cup [2\pi, 3\pi]$]; $m = -2$ $\left[\frac{3\pi}{2}, -\frac{3\pi}{2}\right]$

66. $M = 4$ [0]; $m = \frac{7}{4} + 2\ln 2$ [$-\ln 2$]

67. $M = 6e^{-1}$ [3]; $m = -e$ [1]

68. $M = \sqrt{2}$ $\left[\frac{\pi}{4}, \frac{3\pi}{4}\right]$; $m = 1$ $\left[0, \frac{\pi}{2}, \pi\right]$

69. $M = 8e^{-4}$ [4]; inf = 0

70. $M = e^{-1}$ [1]; $m = -1$ [0]

71. $M = 4$ [2]; inf = $-\infty$

72. sup = $+\infty$; $m = \frac{p+q}{p}\left(\frac{q}{p}\right)^{-q/(p+q)}$ $\left[\left(\frac{q}{p}\right)^{1/(p+q)}\right]$

73. $M = \frac{5}{4}$ $\left[\frac{1}{2}\right]$; $m = -\frac{\pi}{6}$ [−1]

74. $m = -e^{-4}$ [e^{-4}]; $M = 5\ln 5 + 15$ [5]

75. $m = 3\ln 5 - 8$ [−2]; $M = 3\ln 2 - 1$ [−1]

76. $m = -1$ [$-\pi, \pi$]; $M = \frac{\pi}{2}$ $\left[\frac{\pi}{2}\right]$

77. $m = \frac{\pi}{4} - \ln 2\ [1]$; $M = \operatorname{arctg}\frac{1}{2} - \ln\frac{5}{4}\ \left[\frac{1}{2}\right]$

78. $l = \sqrt[3]{4V}$

79. (a) $\sigma_{\max} = 2\pi$; (b) $S_{\max} = \pi(1+\sqrt{5})$

80. $2ab$; i lati sono $a\sqrt{2}$ e $b\sqrt{2}$

81. (a) $V_{\max} = \dfrac{4\pi ab^2}{3\sqrt{3}}$; (b) $\sigma_{\max} = 2\pi ab$; (c) $S_{\max} = \pi b(b + \sqrt{4a^2+b^2})$

82. (a) $V_{\max} = \dfrac{32\pi}{81}$; (b) $\sigma_{\max} = \dfrac{8\pi}{3\sqrt{3}}$; (c) $S_{\max} = \pi\,\dfrac{107+51\sqrt{17}}{128}$

83. (a) $V_{\min} = \frac{8}{3}\pi$; (b) $\sigma_{\min} = \pi(3+2\sqrt{2})$; (c) $S_{\min} = 8\pi$

84. In ambedue i casi le rette sono quelle di equazione $y = \pm x$. L'area minima è 2, la somma delle lunghezze $2\sqrt{2}$.

85. Il vertice sta su un'ellisse, e il segmento che unisce i due fuochi di questa è la base. È chiaro che l'altezza (e dunque l'area) è massima quando il vertice sta sul semiasse, e dunque quando il triangolo è isoscele. Per trovare analiticamente lo stesso risultato si può usare la formula di Erone.

86. Il quadrato

87. (a) $A_{\max} = \dfrac{3\sqrt{3}}{4}$; (b) $P_{\max} = 3\sqrt{3}$ (in ambedue i casi il triangolo è equilatero); (c) $\inf P = 4$

88. $\dfrac{P^2}{2(4+\pi)}$

89. $r = \dfrac{a+b-\sqrt{a^2+b^2-ab}}{6}$

90. $m = \dfrac{S}{\sqrt{2}}$ (è il triangolo isoscele); $\sup = S$

91. $a = \dfrac{2}{\sqrt{3}}$, $b = 2\sqrt{\dfrac{2}{3}}$

92. Detto φ l'angolo del settore, si ha $\varphi = 2\sqrt{\dfrac{2}{3}}\,\pi$ e $V = \dfrac{2\pi}{9\sqrt{3}}$.

93. Se $mg \geq k$, $P = (0,0)$ ed $E_{\min} = k$; se $mg < k$, $y = \dfrac{k-mg}{2k}$ ed $E_{\min} = \dfrac{(k+mg)(3k-mg)}{4k}$.

94. $x = \min\left\{L, \dfrac{h}{\sqrt{3}}\right\}$; il tempo minimo è $t = \dfrac{L+\sqrt{3}h}{\sqrt{2gh}}$ se $h \leq \sqrt{3}L$, $t = 2\sqrt{\dfrac{h^2+L^2}{2gh}}$ se $h > \sqrt{3}L$.

95. Dette M, μ ed m le masse delle tre sfere, se v è la velocità della prima, la velocità massima della terza si ha per $\mu = \sqrt{mM}$ $\left(v_{\max} = \dfrac{4Mv}{M+m+2\mu}\right)$.

96. Si ha capacità massima $C_{\max} = \dfrac{L^2}{2\pi}$ quando la base ha lunghezza 0 (cioè quando la grondaia ha la forma di una semicirconferenza).

97. Se $\frac{v_2^2}{v_1^2} \geq \frac{a^2}{a^2+b^2}$, il tempo minimo si ha andando direttamente da A a B; altrimenti, il punto di distacco ha ascissa

$$x_0 = a - \frac{bv_2}{\sqrt{v_1^2 - v_2^2}},$$

e il tempo minimo è

$$T_{\min} = \frac{b\sqrt{v_1^2 - v_2^2}}{v_1 v_2} + \frac{a}{v_1}.$$

98. Risulta $f(a) = a - 1 < 0$, mentre $f(1) = 1$. Ne segue che la soluzione $\varphi(a)$ dell'equazione $x = \log_a x$ è compresa tra a e 1, e quindi $\lim_{a \to 1^-} \varphi(a) = 1$.

99. Posto $f(x) = \frac{1}{\sin x} + 2\sqrt{3}\left(x - \frac{\pi}{6}\right)$, si ha $f\left(\frac{\pi}{6}\right) = 2$, $f\left(\frac{\pi}{3}\right) = \frac{2}{\sqrt{3}}\left(1 + \frac{\pi}{2}\right) > 2$, e $f'(x) \geq 0$ in $\left(\frac{\pi}{6}, \frac{\pi}{3}\right)$. Ne segue che $f(x)$ ha un minimo in $\frac{\pi}{6}$.

100. Nell'intervallo in questione risulta $x \leq \operatorname{tg} x$, e dunque $\frac{1}{\sqrt{1+x^2}} \geq \frac{1}{\sqrt{1+\operatorname{tg}^2 x}} = \cos x$.

101. Posto $f(x) = (1 + x^2)\operatorname{arctg} x - x$, si ha $f(0) = 0$ e $f'(x) = 2x \operatorname{arctg} x > 0$ in $(0, +\infty)$, per cui $f(x) > 0$ in $(0, +\infty)$.

102. La funzione $f(x) = x + \sin x - 2(e^x - 1)$ verifica le relazioni $f(0) = 0$ e $f'(x) = 1 + \cos x - 2e^x \leq 0$.

103. Si può dimostrare per induzione. Infatti essa è vera per $n = 0$. Supponiamo ora che per ogni $t \geq 0$ e per un certo n risulti $e^t \geq 1 + t + \frac{t^2}{2} + \ldots + \frac{t^n}{n!}$. Integrando tra 0 e x, si ha allora $e^x - 1 \geq x + \frac{x^2}{2} + \frac{x^3}{6} + \ldots + \frac{x^{n+1}}{(n+1)!}$, cioè la relazione voluta per $n + 1$.

104. Se si pone $f(x) = \operatorname{tg} x - x - \frac{x^3}{3}$, si ha $f(0) = 0$ e $f'(x) = \frac{1}{\cos^2 x} - 1 - x^2 > 0$ (vedi esercizio 100).

105. Posto $f(t) = t^a - at$, risulta $f(0) = 0$ e $\lim_{t \to +\infty} f(t) = -\infty$. Inoltre la derivata $f'(t) = a(t^{a-1} - 1)$ si annulla solo per $t = 1$, e si ha $f(1) = 1 - a$. Ne segue che $f(t) \leq f(1) = 1 - a$.

106. Poiché la funzione a primo membro è pari ($f(x) = f(-x)$) si può supporre $x \geq 0$. In questo caso si ha $f(x) = e^x - x + \cos x$. Risulta $f(0) = 2$ e $f'(x) = e^x - 1 - \sin x \geq e^x - 1 - x \geq 0$ per $x > 0$. Ne segue che $f(x)$ ha minimo in 0, e dunque $f(x) > 2$.

107. Consideriamo la funzione $f(x) = x^{x-1}$. Se $x > 1$ risulta $x - 1 > 0$, e dunque $f(x) > 1$; se invece $0 < x < 1$ si ha $x - 1 < 0$, e dunque di nuovo $f(x) > 1$. Poiché $f(1) = 1$, si ha $f(x) \geq 1$ per ogni $x > 0$, e dunque per tali x si ha $x^x \geq x$.

108. Sia $f(x) = (1+x)^p - x^p$. Se $p \leq 0$ risulta $f(x) \leq 0$; si può quindi supporre $0 < p \leq 1$, nel qual caso la funzione è definita anche per $x = 0$. Risulta $f(0) = 1$ e $f'(x) = p[(1+x)^{p-1} - x^{p-1}] < 0$, per cui $f(x)$ ha un massimo in 0.

109. Consideriamo la funzione $f(x) = \arccos x - 2 \arcsin \sqrt{\frac{1-x}{2}}$. Si ha $f(1) = 0$ e inoltre

$$f'(x) = \frac{-1}{\sqrt{1-x^2}} - 2\frac{1}{\sqrt{1-\frac{1-x}{2}}}\frac{1}{2}\left(\frac{1-x}{2}\right)^{-1/2}\left(-\frac{1}{2}\right) = 0.$$

Ne segue che $f(x) =$ costante $= 0$ in $[0,1]$. Le altre relazioni si dimostrano allo stesso modo.

110. Sia $f(x) = 4x^2 - \ln(1+x^2) + 2\,\mathrm{arctg}\, x - \frac{\pi}{2}$. Si ha $f(0) = -\frac{\pi}{2} < 0$ e $f(1) = 4 - \ln 2 > 0$, cosicché l'equazione data ha almeno una soluzione tra 0 e 1. D'altra parte, si ha $f'(x) = 8x - \frac{2x}{1+x^2} + \frac{2}{1+x^2} > 0$, e dunque la funzione $f(x)$ è strettamente crescente e può annullarsi al più una volta.

111. 1 $[M]$; 2 $[m]$

112. Nessun massimo o minimo relativo

113. 1 $[m]$; $\frac{1}{3}$ $[M]$

114. $\frac{3}{4}$ $[m]$; nessun massimo relativo

115. (a) k pari, n pari: 0 $[m]$; 1 $[m]$; $\frac{k}{k+n}$ $[M]$

(b) k pari, n dispari: 0 $[M]$; $\frac{k}{k+n}$ $[m]$

(c) k dispari, n pari: 1 $[m]$; $\frac{k}{k+n}$ $[M]$

(d) k dispari, n dispari: $\frac{k}{k+n}$ $[m]$

116. -1 $[m]$

117. $\sqrt{2}$ $[m]$; $-\sqrt{2}$ $[m]$

118. Se n è pari, 0 è un punto di minimo relativo

119. 2 $[m]$

120. $\frac{2k+1}{3}\pi$ $[M]$; $\frac{6k+1}{9}\pi$ $[m]$ $(k \in \mathbb{Z})$

121. (a) k pari, h pari: -1 $[m]$; 1 $[m]$; $\frac{-k}{k+h}$ $[M]$

(b) k pari, h dispari: 1 $[m]$; $\frac{-k}{k+h}$ $[M]$

(c) k dispari, h pari: $\frac{-k}{k+h}$ $[m]$

(d) k dispari, h dispari: -1 $[m]$; $\frac{-k}{k+h}$ $[M]$

122. 0 $[M]$; -2 $[m]$; 2 $[m]$

123. Se $a^2 > 3b$: $\dfrac{-a-\sqrt{a^2-3b}}{3}$ $[M]$; $\dfrac{-a+\sqrt{a^2-3b}}{3}$ $[m]$

124. $\dfrac{1}{2}$ $[M]$; 2 $[m]$

125. Si ha $f'(a) \leq 0$ $[\geq 0]$. Infatti in un intervallo $(a, a+\epsilon)$ risulta $f(x) \leq f(a)$, cosicché $\dfrac{f(x)-f(a)}{x-a} \leq 0$ e, passando al limite, $f'(a) \leq 0$. Analogamente, se $f(x)$ ha un massimo (un minimo) relativo nel punto b, risulta $f'(b) \geq 0$ $[\leq 0]$.

126. Supponiamo che sia $F'(\alpha) < 0$ e $F'(\beta) > 0$. Per l'esercizio precedente, la funzione $F(x)$ (ristretta all'intervallo $[\alpha, \beta]$) non può avere un minimo né in α né in β; ne segue che essa ha minimo in un punto interno ξ, nel quale $F'(\xi) = 0$. Allo stesso modo, ovvero cambiando di segno la funzione $F(x)$, si dimostra che, se $F'(\alpha) > 0$ e $F'(\beta) < 0$, esiste un punto $\xi \in (\alpha, \beta)$ in cui $F'(\xi) = 0$. In generale, se λ è un valore compreso tra $F'(\alpha)$ e $F'(\beta)$, ci si riconduce al caso precedente ponendo $G(x) = F(x) - \lambda x$.

127. 1 se $m > k$ e se $m = k$; $+\infty$ se $m < k$ e $k - m$ è pari; non esiste se $m < k$ e $k - m$ è dispari.

128. $+\infty$

129. 1

130. $\ln A$

131. $\dfrac{1}{3}$

132. $e^{\frac{1}{2}}$

133. 0

134. 1

135. $\dfrac{1}{3}$

136. $+\infty$

137. $e^{-1/6}$

138. $\dfrac{1}{2}$

139. 0

140. Non esiste.

141. $+\infty$

142. -1

143. $-\dfrac{4}{3}$

144. Non esiste.

145. $2\pi + 10$

146. $1/\sqrt{e}$

147. $6\sqrt{2}$

148. $\dfrac{1}{3}$

149. $\dfrac{1}{9}$

150. 1

151. $+\infty$

152. $+\infty$

153. $+\infty$

154. 0

155. e

156. $-\dfrac{1}{3}$

157. $\sqrt[3]{30}$

158. $-\infty$

159. $-\dfrac{1}{2}$

160. 0

161. $-\infty$

162. -1

163. Non esiste.

164. $-\infty$

165. -9

166. $-\dfrac{3}{\ln 3 - 1}$

167. 1

168. $\dfrac{e}{2}$

169. $\dfrac{3}{5}$

170. 0 **171.** $\frac{3}{5}$ **172.** $+\infty$

173. $-\dfrac{1}{2(\ln 4 - 1)^2}$ **174.** $-\frac{1}{2}\ln\frac{3}{2}$ **175.** -2

176. e **177.** 1 **178.** $\frac{1}{3}$

179. $e^{3/2}$ **180.** 1 **181.** $\frac{e}{2}$

182. $-\dfrac{1}{2\sqrt{2}}$ **183.** 1 **184.** $+\infty$

185. 2 **186.** $\dfrac{\ln 3}{\ln 4} - \dfrac{1}{2}$ **187.** 0

188. 1 **189.** $\ln 2$ **190.** $\frac{1}{\pi}$

191. $\sqrt{e}$ **192.** e **193.** e

194. $+\infty$ **195.** e **196.** e^4

197. e **198.** $e^{3/2}$ **199.** $\frac{3}{4}$

200. -1 **201.** e **202.** $\frac{1}{4}$

203. $\frac{1}{2}$ **204.** $-\dfrac{e^{3/4}}{2\sqrt{2}}$ **205.** $-\frac{e}{2}$

206. $a = 1$ $[\lim = -2]$ **207.** $a = 2$ $[4]$ **208.** $a = 1$ $[2]$

209. $a^2 = 2k + 1$ $(k \in \mathbb{N})$ $\left[\dfrac{(-1)^k(2k+1)^2\pi}{24}\right]$ **210.** $a = 2$ $\left[\frac{1}{2}\right]$

211. $a = 1$ $[3/2]$ **212.** $a > 2$ $[2]$ **213.** $a = \dfrac{1}{\sqrt{e}}$ $[1/12]$

214. $a = \dfrac{-1}{\sqrt{2} - 1}$ **215.** $a = 3/4$ **216.** $\dfrac{1}{2}\displaystyle\sum_{n=0}^{\infty} \frac{x^n}{2^n}$

217. $\dfrac{1}{2}\displaystyle\sum_{n=0}^{\infty} \frac{(2n-1)!!}{(2n)!!}\,\frac{x^{3n}}{4^n}$ **218.** $\displaystyle\sum_{n=0}^{\infty}(-1)^n \frac{x^{2n+1}}{(2n+1)!}$ **219.** $\dfrac{1}{2}\displaystyle\sum_{n=0}^{\infty} \frac{x^n \ln^n 2}{n!}$

220. $\displaystyle\sum_{n=0}^{\infty} \frac{(2n-1)!!}{(2n)!!(2n+1)}\,\frac{x^{2n+1}}{2^{2n+1}}$ **221.** $-\displaystyle\sum_{n=0}^{\infty} \frac{x^{2n+2}}{n+1}$ **222.** $x^3 - \dfrac{1}{2}x^5$

223. $x + \dfrac{x^3}{8} + \dfrac{7x^5}{128}$ **224.** $-\dfrac{1}{3}x^4$ **225.** $x^2 + x^3 + \dfrac{7x^4}{12} + \dfrac{x^5}{4}$

226. $x - \dfrac{x^2}{2} + \dfrac{x^3}{6} - \dfrac{x^4}{12} + \dfrac{x^5}{24}$ **227.** $x + \dfrac{x^3}{3} + \dfrac{2x^5}{15}$ **228.** $1 - x + x^3 - x^4$

229. $\frac{x}{6} - \frac{x^3}{5!} + \frac{x^5}{7!}$ **230.** $\frac{\pi}{4} - \frac{x^2}{2} - \frac{x^4}{4}$

231. Risulta $\ln \frac{1+x}{1-x} = 2 \sum_{k=0}^{n} \frac{x^{2k+1}}{2k+1} + 2 \sum_{k=n+1}^{\infty} \frac{x^{2k+1}}{2k+1}$, e la seconda somma si può maggiorare in modulo con $2 \frac{|x|^{2n+3}}{2n+3} \sum_{h=0}^{\infty} x^{2h} = 2 \frac{|x|^{2n+3}}{2n+3} \frac{1}{1-x^2}$. Se si pone $x = \frac{1}{3}$, si trova allora

$$\ln 2 = 2 \sum_{k=0}^{n} \frac{1}{3^{2n+1}(2n+1)} + R_n,$$

con $|R_n| \leq \frac{1}{4(2n+3)3^{2n+1}}$. Basterà dunque prendere $n = 3$ per avere un errore inferiore a 1/70 000, dunque largamente minore del richiesto. Si ha in definitiva $\ln 2 = \frac{53\,056}{76\,545} \approx 0{,}69313$.

232. Si può usare la stessa formula dell'esercizio precedente con $x = \frac{1}{19}$, per cui basterà prendere $n = 1$. Si ha allora $\ln \frac{10}{9} = \frac{2\,168}{20\,577} \approx 0{,}10536$.

233. Si ha, per $x \in \mathbb{R}$, $\sinh x = \sum_{k=0}^{n} \frac{x^{2k+1}}{(2k+1)!} + R_n(x)$, con $R_n(x) = \frac{\cosh \xi}{(2n+3)!} x^{2n+3}$, ξ essendo un punto compreso tra 0 e x. Nel nostro caso si ha $x = 1$, e quindi $|R_n| < \frac{e}{(2n+3)!}$. Sarà allora sufficiente prendere $n = 3$. Il valore cercato sarà dunque $\sinh 1 = \frac{5923}{5040} \approx 1{,}1752$.

234. La formula di Taylor dà $\sin x = \sum_{k=0}^{n} (-1)^k \frac{x^{2k+1}}{(2k+1)!} + R_n(x)$, con $|R_n| \leq \frac{|x|^{2n+3}}{(2n+3)!}$. Dividendo per x e integrando, si trova $\int_0^1 \frac{\sin x}{x}\, dx = \sum_{k=0}^{n} (-1)^k \frac{1}{(2k+1)(2k+1)!} + \rho_n$, con $|\rho_n| \leq \frac{1}{(2n+3)(2n+3)!}$. Sarà dunque sufficiente prendere $n = 2$, per ottenere $\int_0^1 \frac{\sin x}{x}\, dx = $ $= \frac{1703}{1800} \approx 0{,}94611$.

235. Si ha $\ln(1+x) = \sum_{k=0}^{n} (-1)^k \frac{x^{k+1}}{k+1} + R_n(x)$, con $|R_n| \leq \frac{|x|^{n+2}}{n+2}$, per cui $\int_0^{1/2} \frac{\ln(1+x)}{x}\, dx = $ $= \sum_{k=0}^{n} \frac{(-1)^k}{(k+1)^2 2^{k+1}} + \rho_n$, con $|\rho_n| \leq \frac{1}{(n+2)^2 2^{n+2}}$. Sarà allora sufficiente prendere $n = 6$; si ottiene $\int_0^{1/2} \frac{\ln(1+x)}{x}\, dx = \frac{1\,265\,728}{2\,822\,400} \approx 0{,}44846$.

236. 1 **237.** $\frac{1}{3}$ **238.** $10 \ln 5$ **239.** 12 **240.** $\frac{e}{2}$ **241.** $\frac{3}{4}$

242. $\frac{1}{3}$ **243.** $\frac{5}{4}$ **244.** $\frac{3}{4}$ **245.** $\frac{2}{3}$ **246.** 4

247. $+\infty$ **248.** $\frac{1}{6}$ **249.** $\frac{2}{3}$ **250.** $12\sqrt{2}$ **251.** $-\frac{4}{3}$

252. 0 **253.** $\frac{1}{3}$ **254.** 1 **255.** 2 **256.** $-\frac{e}{6}$

257. La convessità di $f+g$ segue direttamente dalla definizione. Sia ora $\varphi(x) = f(x) \vee g(x)$. Per ogni $x, y \in (a, b)$ e per ogni $\lambda \in (0, 1)$ si ha $f(\lambda x + (1-\lambda)y) \leq \lambda f(x) + (1-\lambda) f(y) \leq \lambda \varphi(x) + (1-\lambda)\varphi(y)$. Analogamente, $g(\lambda x + (1-\lambda)y) \leq \lambda g(x) + (1-\lambda) g(y) \leq \lambda \varphi(x) + (1-\lambda)$ $\varphi(y)$, e dunque in conclusione si ha anche $(\lambda x + (1-\lambda)y) \leq \lambda \varphi(x) + (1-\lambda)\varphi(y)$.

258. $-\frac{e}{6} \leq \alpha \leq 0$

259. $\alpha \leq -1$

260. Siano x e y due punti di $[\alpha, \beta]$. La funzione $F(x) = \dfrac{f(x) - f(y)}{x - y}$ è crescente in $(a, b) - \{y\}$ (vedi *Lezioni*, cap. 6, Proposizione 3.1), e quindi, posto $\gamma = \dfrac{a+\alpha}{2}$ e $\delta = \dfrac{b+\beta}{2}$, risulta $a < \gamma < \alpha \leq x \leq \beta < \delta < b$, cosicché $\dfrac{f(\gamma) - f(y)}{\gamma - y} \leq \dfrac{f(x) - f(y)}{x - y} \leq \dfrac{f(\delta) - f(y)}{\delta - y}$.
D'altra parte, la funzione $f(x)$ è continua, e dunque limitata, nell'intervallo $[\gamma, \delta]$. Posto $M = \max\limits_{[\gamma,\delta]} |f|$, si ha, per ogni $y \in [\alpha, \beta]$, $\dfrac{f(\gamma) - f(y)}{\gamma - y} \geq -\dfrac{2M}{\alpha - \gamma}$ e $\dfrac{f(\delta) - f(y)}{\delta - y} \leq \dfrac{2M}{\delta - \beta}$, e dunque in definitiva $\dfrac{|f(x) - f(y)|}{|x - y|} \leq Q = \max\left\{\dfrac{2M}{\alpha - \gamma}, \dfrac{2M}{\delta - \beta}\right\}$.

261.

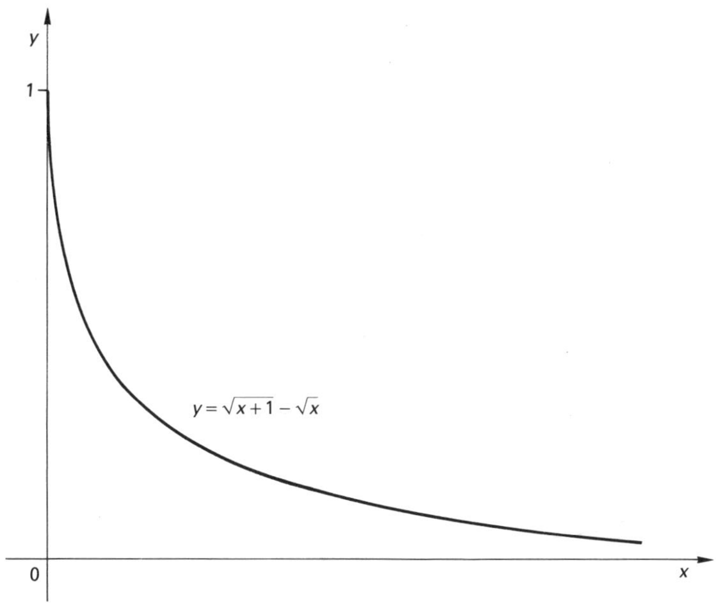

262.

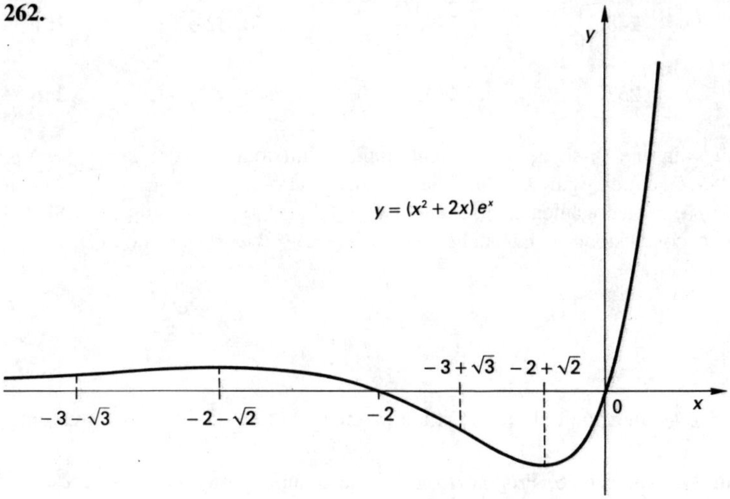

263.

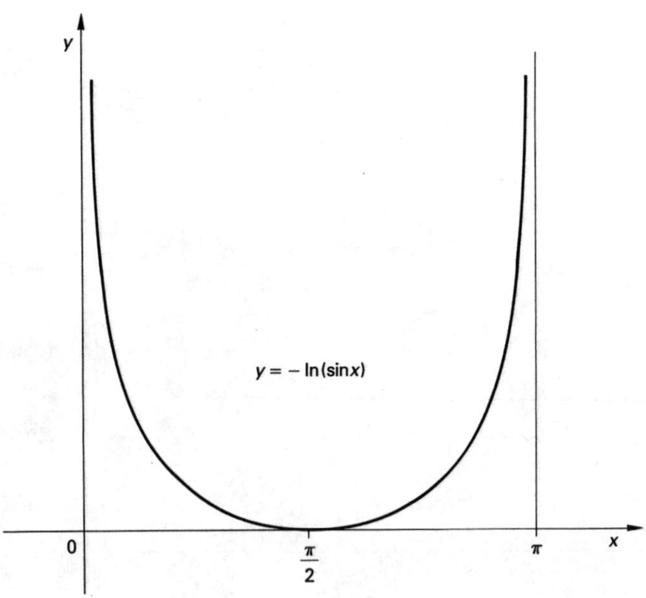

264.

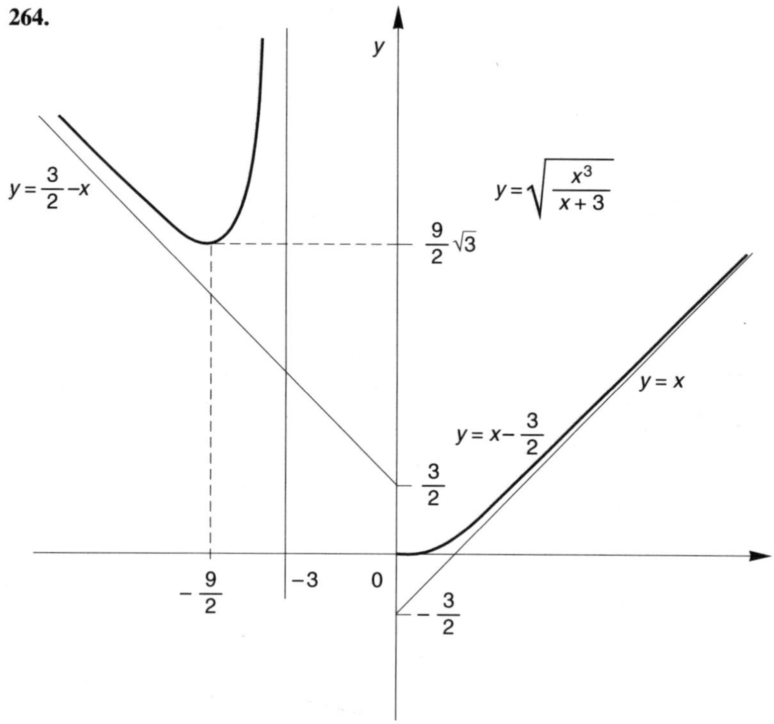

265.

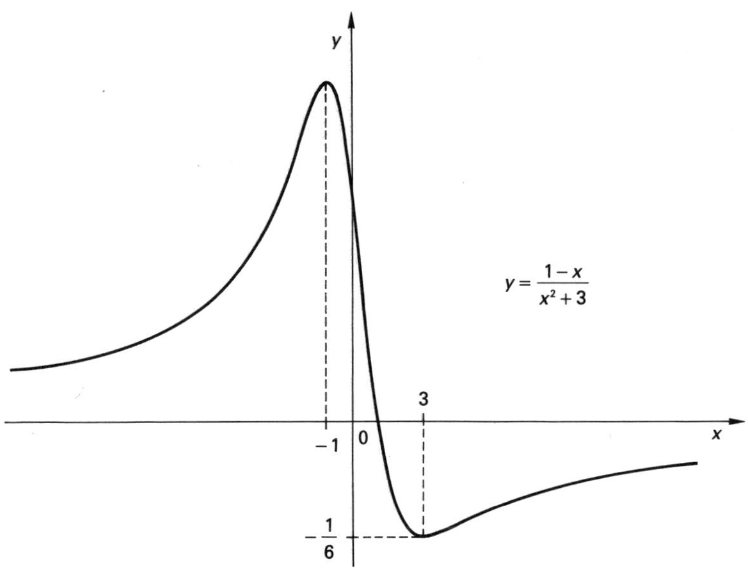

266.

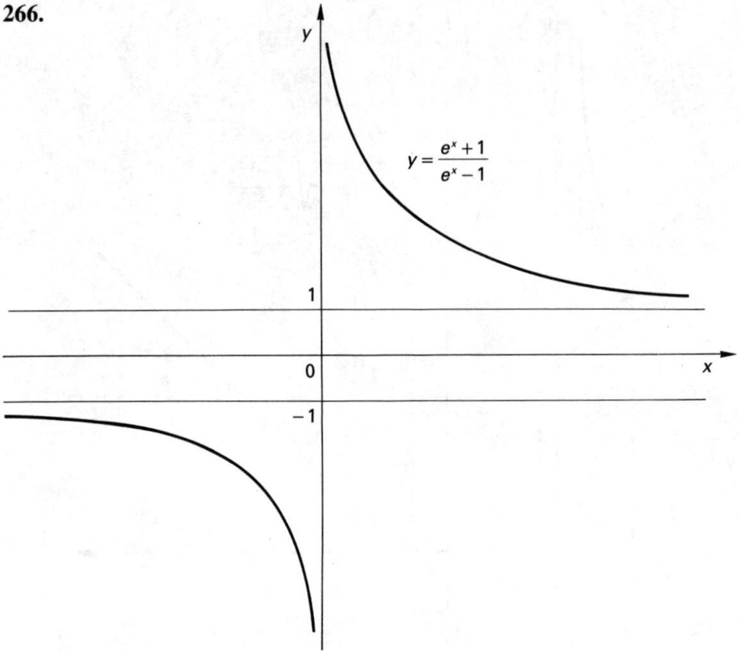

267.

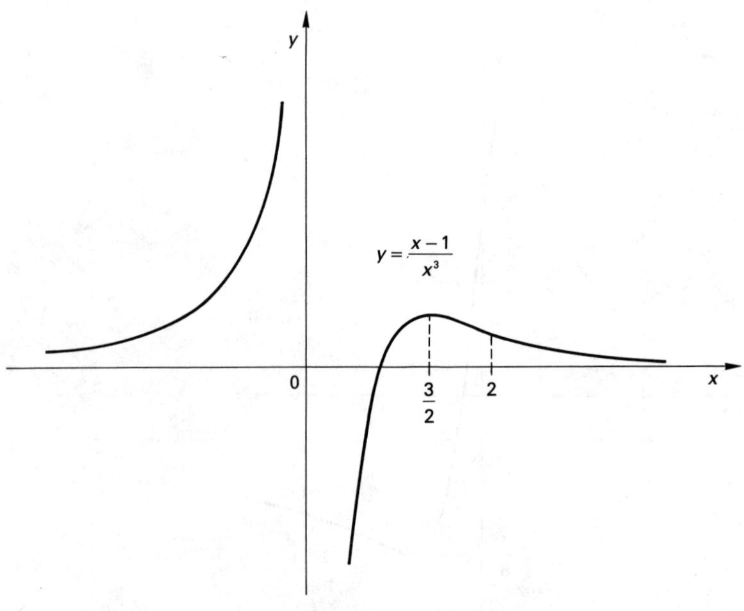

268.

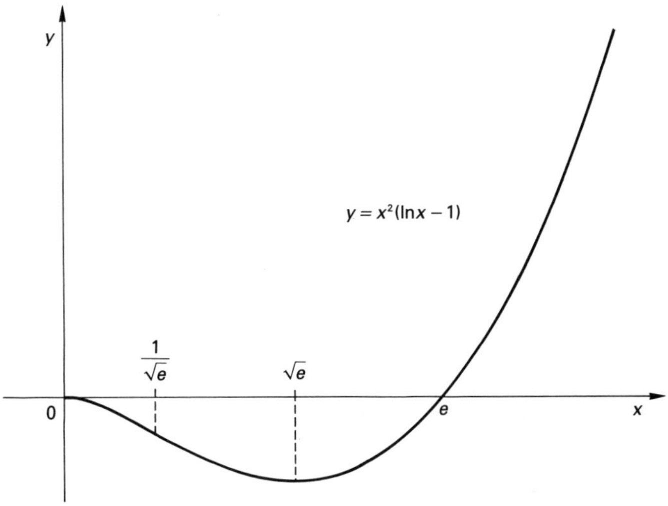
y
$y = x^2(\ln x - 1)$
$\frac{1}{\sqrt{e}}$
$\sqrt{e}$
0
e
x

269.

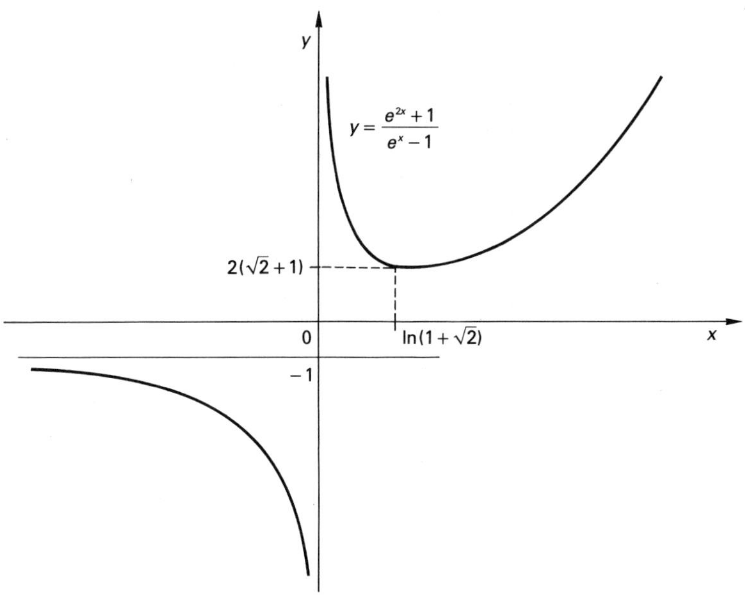
y
$y = \frac{e^{2x}+1}{e^x-1}$
$2(\sqrt{2}+1)$
0
$\ln(1+\sqrt{2})$
x
−1

270.

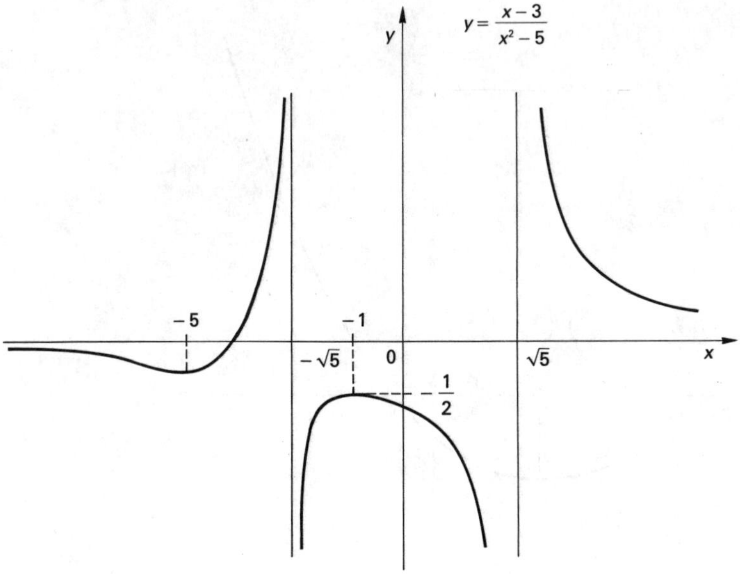
y
$y = \frac{x-3}{x^2-5}$
−5
−1
$-\sqrt{5}$
0
$\sqrt{5}$
x
$\frac{1}{2}$

271.

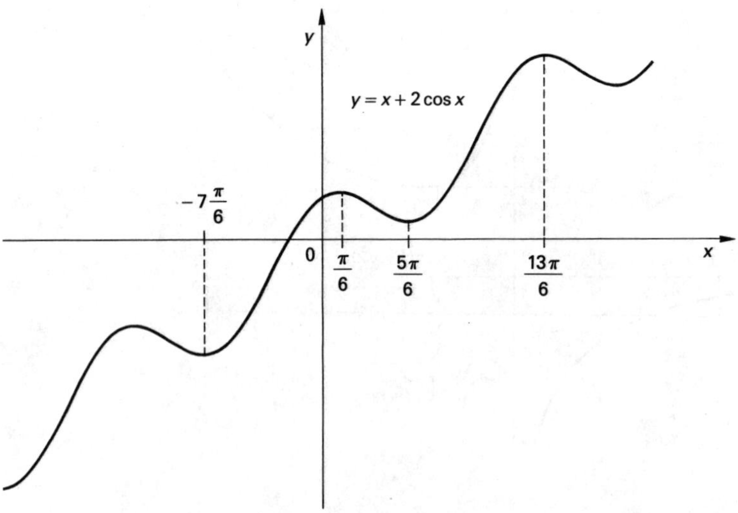
y
$y = x + 2\cos x$
$-7\frac{\pi}{6}$
0
$\frac{\pi}{6}$
$\frac{5\pi}{6}$
$\frac{13\pi}{6}$
x

272.

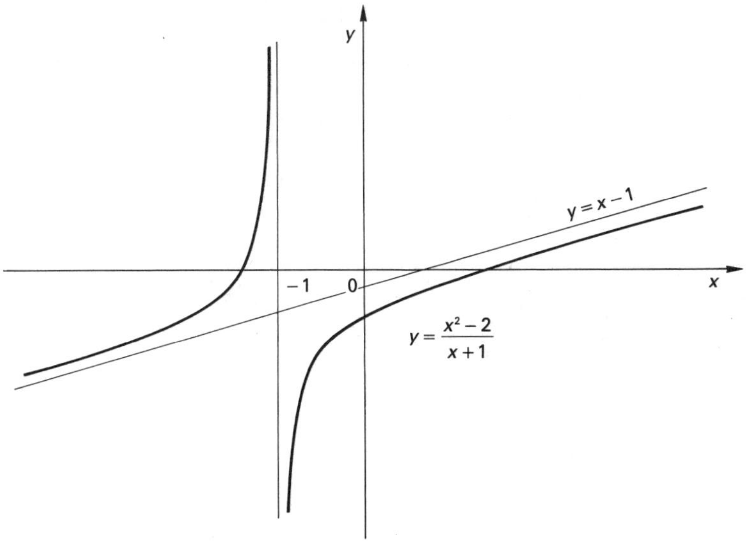

273.

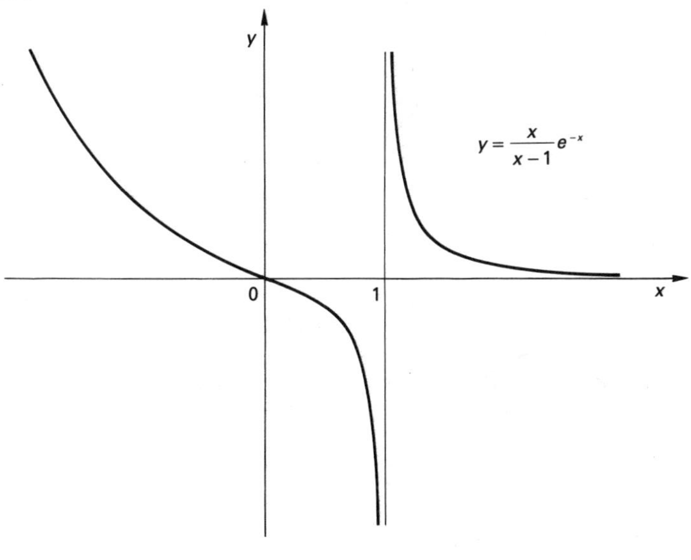

274.

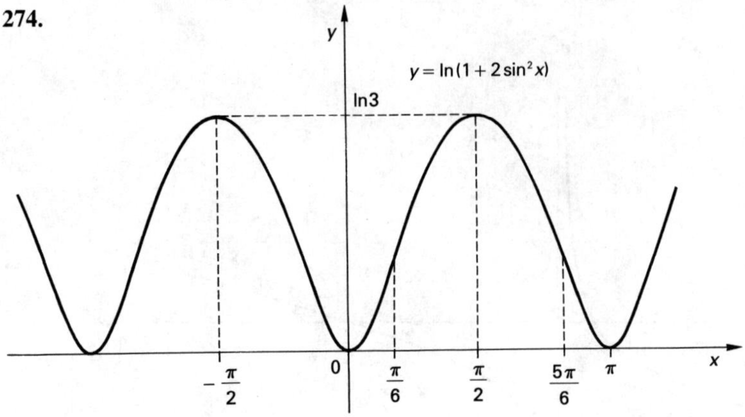

275.

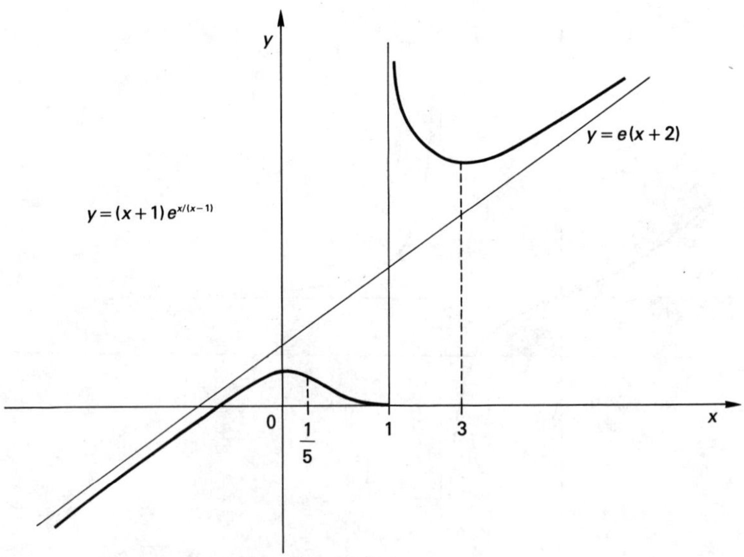

276.

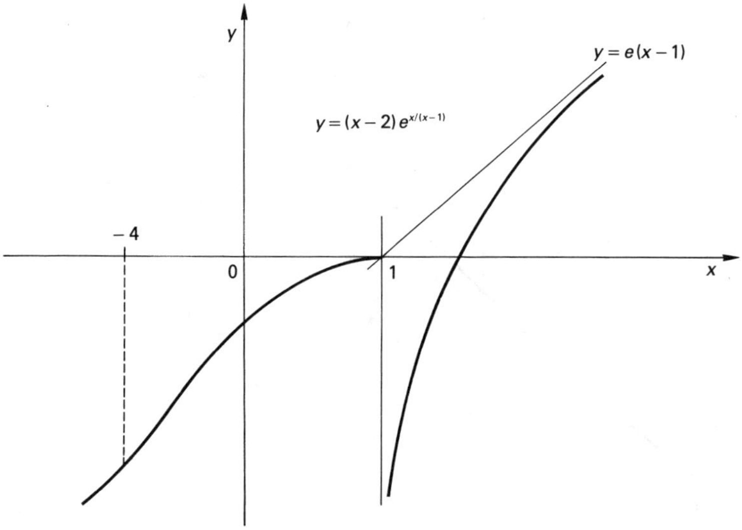

277.

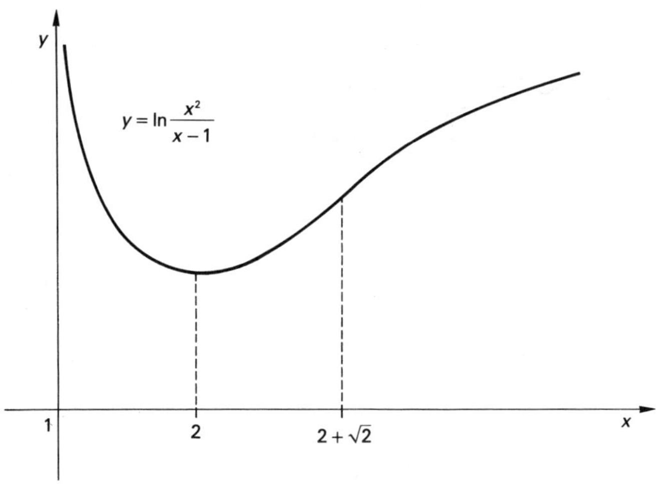

278.

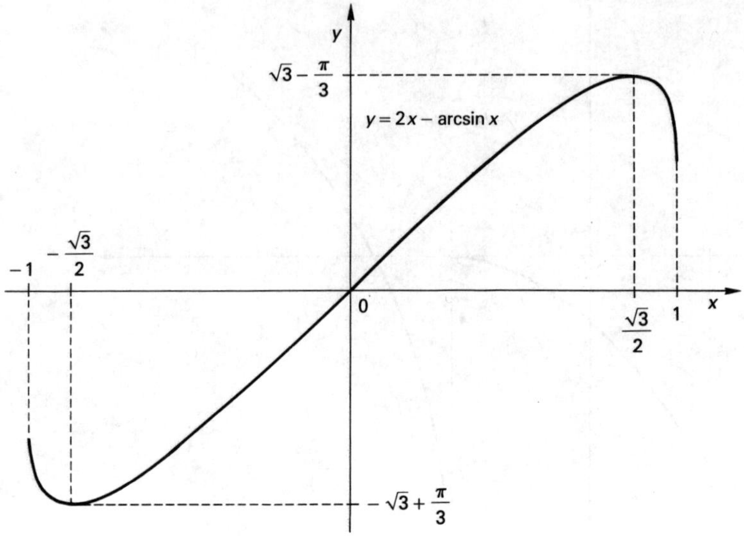

279.

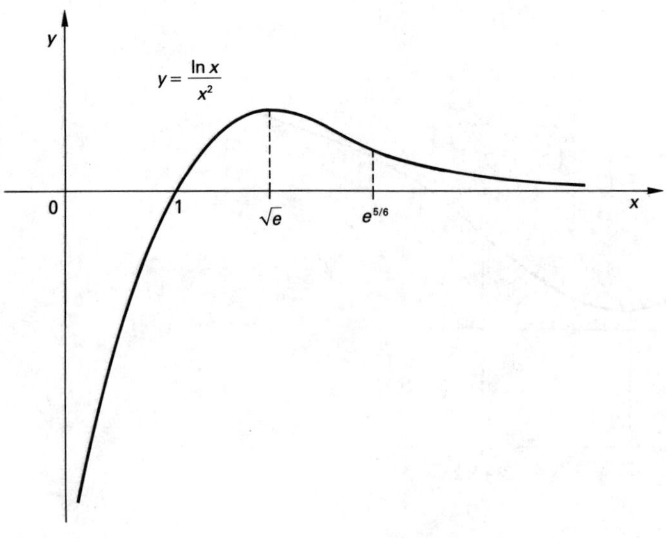

280.

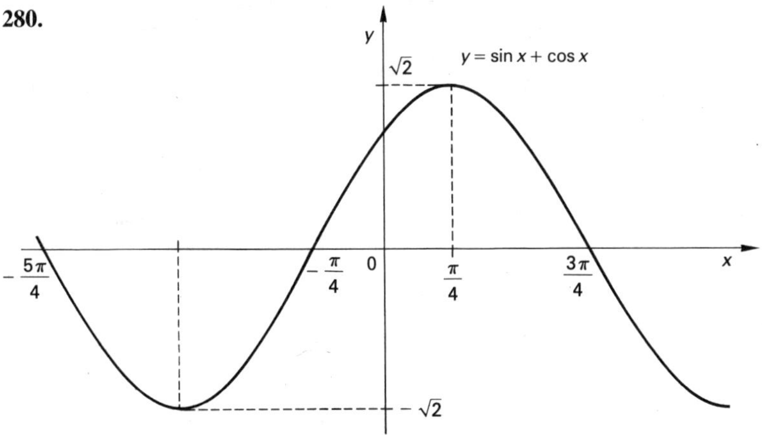
y
√2
y = sin x + cos x
− 5π/4
− π/4
0
π/4
3π/4
x
− √2

281.

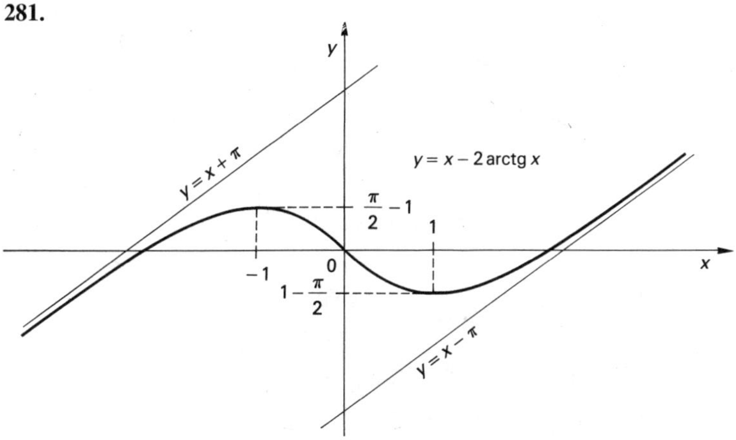
y
y = x + π
y = x − 2 arctg x
π/2 − 1
1
−1
0
1 − π/2
x
y = x − π

282.

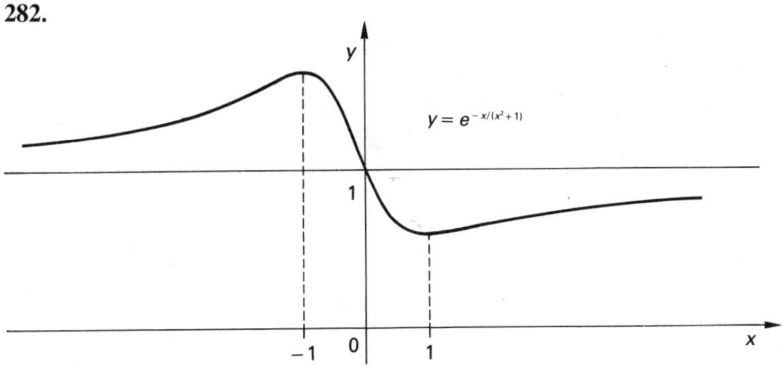
y
y = e^{−x/(x²+1)}
1
−1
0
1
x

283.

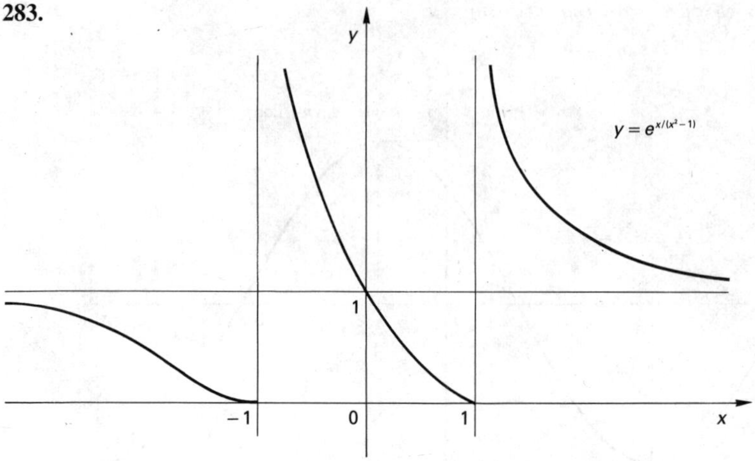
y
$y = e^{x/(x^2-1)}$
1
−1
0
1
x

284.

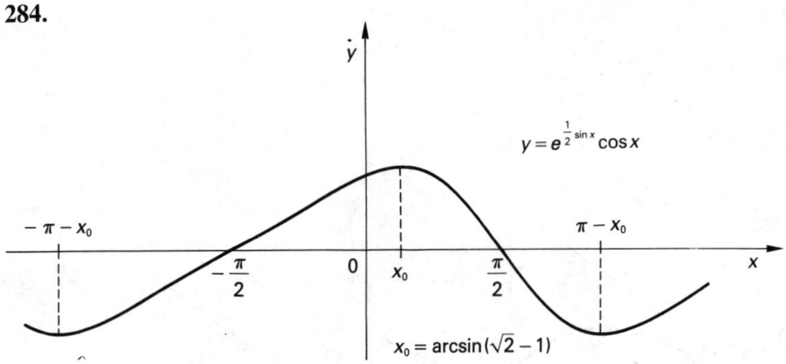
y
$y = e^{\frac{1}{2}\sin x}\cos x$
$-\pi - x_0$
$\pi - x_0$
$-\frac{\pi}{2}$
0
x_0
$\frac{\pi}{2}$
x
$x_0 = \arcsin(\sqrt{2} - 1)$

285.

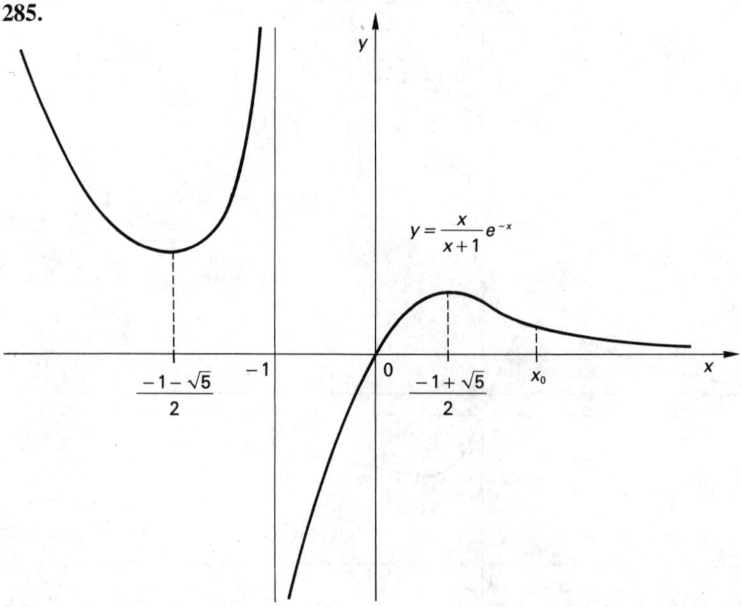
y
$y = \frac{x}{x+1}e^{-x}$
$\frac{-1-\sqrt{5}}{2}$
−1
0
$\frac{-1+\sqrt{5}}{2}$
x_0
x

286.

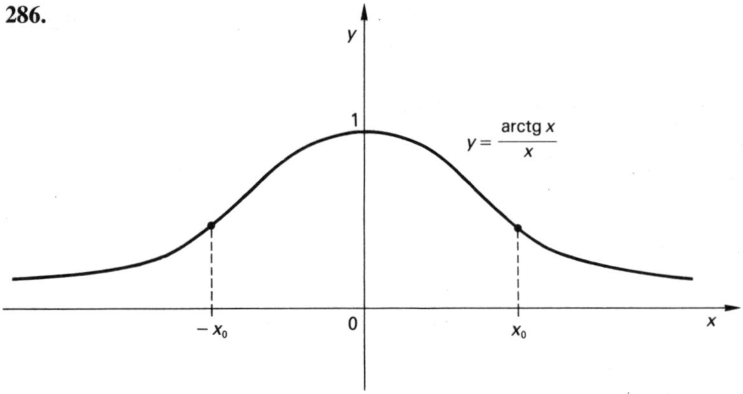

287.

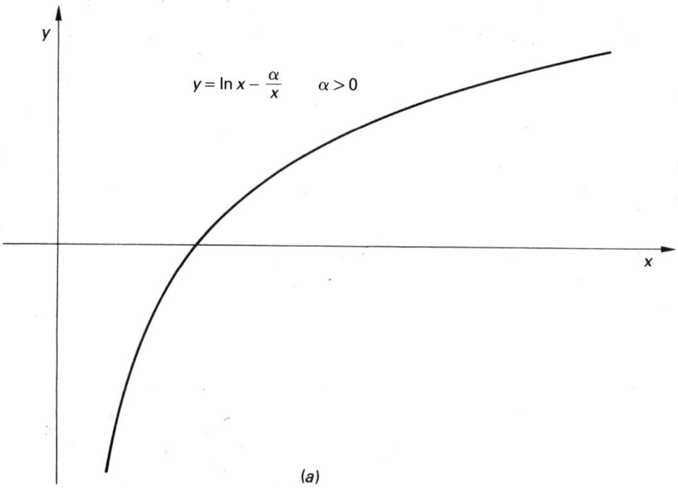

(a)

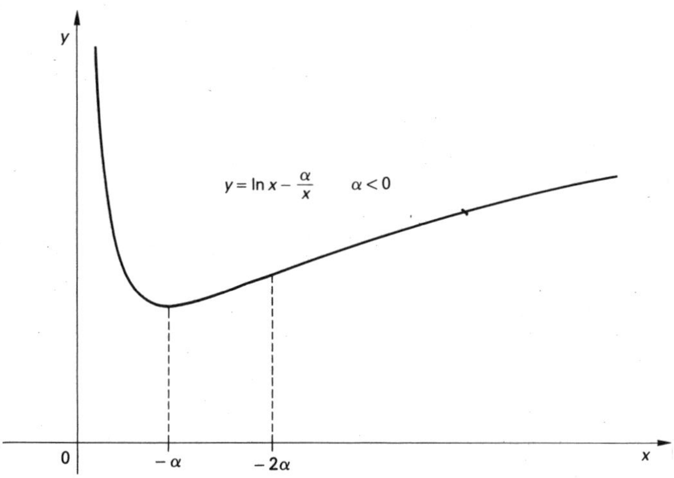

(b)

Risposte agli esercizi del capitolo settimo

1. $\frac{1}{2}\ln|x+1| - \ln|x+2| + \frac{1}{2}\ln|x+3|$

2. $\ln|x| - \frac{1}{4}\ln|2x-1| - \frac{3}{4}\ln|2x+1|$

3. $\frac{1}{3}x^3 + \frac{5}{2}x^2 + 19x + 90\ln|x-3| - 25\ln|x-2|$

4. $-\frac{3}{5}\ln|x| + \frac{2}{3}\ln|x-1| - \frac{1}{15}\ln|2x-5|$

5. $\frac{1}{3}\ln|x-1| - \frac{1}{6}\ln(x^2+x+1) - \frac{1}{\sqrt{3}}\operatorname{arctg}\left(\frac{2x+1}{\sqrt{3}}\right)$

6. $\ln|x| - \frac{1}{2}\ln(x^2+1)$

7. $\frac{1}{4}x^4 - x^3 + \frac{7}{2}x^2 - 15x + 3\ln|x+1| + 28\ln|x+2|$

8. $-\frac{1}{4}\ln|x| + \frac{1}{16}\ln|x+2| + \frac{3}{16}\ln|3x-2|$

9. $\ln|x| - \frac{1}{3}\ln|x+1| - \frac{1}{3}\ln(x^2-x+1)$

10. $\ln|x-1| + \frac{1}{2}\ln|x+1| - \frac{3}{4}\ln(x^2+1) + \frac{1}{2}\operatorname{arctg} x$

11. $\ln|x+1| - \ln|x| - \frac{1}{x}$

12. $\frac{3}{x} + \ln|x| - \frac{1}{2}\ln(x^2+1) + 3\operatorname{arctg} x$

13. $\frac{2}{3}\ln|t+2| + \frac{1}{3}\ln|t-1|$

14. $-\frac{1}{3}\ln|t| + \frac{1}{4}\ln|t+1| + \frac{1}{12}\ln|t-3|$

15. $\frac{1}{2}x^2 + x + \frac{1}{3}\ln|x+1| + \frac{8}{3}\ln|x-2|$

16. $-x + \ln|x-1| - 4\ln|x-2|$

17. $t + \ln|t+1| - \ln(t^2+1) + \operatorname{arctg} t$

18. $\frac{1}{x} + 2\operatorname{arctg} x$

19. $-2\ln t + 2\ln|t+1| - \frac{2t+1}{t(t+1)}$

20. $\frac{1}{3}\ln|t-2| - \frac{1}{6}\ln(t^2+2) + \frac{1}{3\sqrt{2}}\operatorname{arctg}\frac{t}{\sqrt{2}}$

21. $\frac{1}{3}\ln|t| - \frac{1}{6}\ln(t^2+2t+3) - \frac{1}{3\sqrt{2}}\operatorname{arctg}\frac{t+1}{\sqrt{2}}$

22. $\frac{1}{4}\ln|t+1| - \frac{1}{8}\ln(t^2+1) + \frac{1}{2}\operatorname{arctg} t + \frac{1}{4}\,\frac{t+1}{t^2+1}$

23. $\frac{5}{32}\ln|x-2| - \frac{1}{32}\ln|x+2| - \frac{1}{16}\ln(x^2+4) - \frac{3}{16}\operatorname{arctg}\frac{x}{2}$

24. $-\frac{1}{5}\ln|t-2| + \frac{1}{5}\ln|2t+1| = \frac{1}{5}\ln\left|\frac{2-2\cos x+\sin x}{1-\cos x-2\sin x}\right|$

25. $-\frac{2}{t^2-1} - \ln|t-1| + \ln|t+1| = \frac{1}{\cos x} + 1 + \ln\left|\frac{\cos x}{1-\sin x}\right|$

26. $-x + \frac{2}{1-\operatorname{tg}\frac{x}{2}}$ **27.** $\ln\left|\operatorname{tg}\frac{x}{2}\right|$

28. $-\frac{1}{25}\ln|t+3| + \frac{9}{25}\ln|3t-1| - \frac{4}{25}\ln(t^2+1) - \frac{6}{25}\operatorname{arctg} t;\ \left[t = \operatorname{tg}\frac{x}{2}\right]$ **29.** $\operatorname{tg}\frac{x}{2}$

30. $\frac{1}{2}\ln\left|\frac{\sin^2 x}{\cos x}\right|$ **31.** $\ln|s-1| + 2\,\frac{s+1}{s^2+1} - 2\operatorname{arctg} s\ \ [s = \operatorname{tg} x]$

32. $-\frac{2}{t-1} + 2\ln|t-1| = \frac{2\sin x}{\cos x+\sin x-1} + \ln 2\left|\frac{1-\sin x}{1+\cos x}\right|\ \left[t = \operatorname{tg}\frac{x}{2}\right]$

33. $\ln|\cos x| + \frac{3}{2\cos^2 x}$

34. $-\frac{1}{t} + 2\ln|t| - 2\ln|t-1| = -\operatorname{cotg}\frac{x}{2} + \ln\left|\frac{1-2\cos x}{2(1-\sin x)}\right|\ \left[t = \operatorname{tg}\frac{x}{2}\right]$

35. $-x + \frac{4}{\sqrt{3}}\operatorname{arctg}(\sqrt{3}\operatorname{tg} x)$

36. $-\frac{3}{25}\ln|t+2| - \frac{3}{25}\ln|2t-1| + \frac{3}{25}\ln(t^2+1) + \frac{8}{25}\operatorname{arctg} t\ \left[t = \operatorname{tg}\frac{x}{2}\right]$

37. $\frac{1}{\sqrt{2}}\operatorname{arctg}(\sqrt{2}\operatorname{tg} x)$ **38.** $\frac{1}{2}\ln|1+2\operatorname{tg} x|$

39. $ab \le \frac{e^a+e^{-a}}{2} + b\ln(b+\sqrt{1+b^2}) - \sqrt{1+b^2};\ \ a \ge 0,\ b \ge 0$

40. $ab \le 1 - \cos a + b\arcsin b + \sqrt{1-b^2};\ \ 0 \le a \le \frac{\pi}{2},\ \ 0 \le b \le 1.$

41. $ab \le a\operatorname{arctg} a - \frac{1}{2}\ln(1+a^2) - \ln\cos b;\ \ a \ge 0,\ \ 0 \le b < \frac{\pi}{2}.$

42. $\sqrt{x^2-4x+5} - 2\ln\left(x - 2 + \sqrt{(x-2)^2+1}\right)$

43. $-\frac{1}{2}\ln|t| + 2\,\mathrm{arctg}\, t - \sqrt{3}\,\mathrm{arctg}\,\frac{2t+1}{\sqrt{3}} \quad \left[t = \sqrt{x^2-1} - x\right]$

44. $\left(\frac{1}{3}x^2 - \frac{5}{12}x + \frac{15}{24}\right)\sqrt{x^2+x} - \frac{5}{16}\ln\left(x + \frac{1}{2} + \sqrt{x^2+x}\right)$

45. $\frac{12}{7}t^7 - 3t^4 \quad \left[t = \sqrt[3]{1+\sqrt[4]{x}}\right]$

46. $\frac{1}{t-1} + \frac{1}{t+1} + \ln|t-1| - \ln|t+1| \quad \left[t = \sqrt{\frac{1}{\sqrt{x}} + 1}\right]$

47. $-4t + 4\ln|t+2| - 4\ln|t-2| \quad \left[t = \sqrt{4 + \frac{3}{\sqrt{x}}}\right]$

48. $\frac{x\sqrt{2-x^2}}{2} + 2\arcsin\frac{x}{\sqrt{2}}$

49. $\frac{1}{\sqrt{2}}\,\mathrm{arctg}\,\frac{x\sqrt{2}}{\sqrt{1-x^2}}$

50. $-\frac{1}{2}\sqrt{1+x^2} + \frac{3}{2}\ln\left(\sqrt{1+x^2} + x\right)$

51. $\frac{1}{8(t+1)} + \frac{3}{8}\ln|t+1| + \frac{1}{8(t-1)} - \frac{3}{8}\ln|t-1| + \frac{t}{4(t^2+1)} - \frac{3}{4}\,\mathrm{arctg}\, t \quad \left[t = \sqrt[4]{\frac{1}{x^2} + 1}\right]$

52. $\frac{2}{\sqrt{\frac{1-x}{1+x}} - 1} + 2\,\mathrm{arctg}\sqrt{\frac{1-x}{1+x}}$

53. $\frac{4}{3}\left(\sqrt{x} - 2\right)\sqrt{1+\sqrt{x}}$

54. $-\frac{4}{3(t+1)} - \frac{4}{3}\ln|t+1| + \frac{4}{3}\,\frac{t+1}{t^2-t+1} + \frac{2}{3}\ln(t^2-t+1) - \frac{4}{\sqrt{3}}\,\mathrm{arctg}\,\frac{2t-1}{\sqrt{3}} \quad \left[t = \sqrt[3]{\frac{4-x}{x}}\right]$

55. $\frac{x}{\sqrt{1+x^2}}$

56. $6\sqrt{1+\sqrt[3]{x}} - 3\ln\frac{\sqrt{1+\sqrt[3]{x}}+1}{\sqrt{1+\sqrt[3]{x}}-1}$

57. $\frac{4}{5}\left(1+\sqrt{x}\right)^{5/2} - \frac{4}{3}\left(1+\sqrt{x}\right)^{3/2}$

58. $-\frac{1}{4}\left(1 + 2x - 2\sqrt{x^2+x}\right) - \frac{1}{16}\ln\left|1 + 2x - 2\sqrt{x^2+x}\right| - \frac{15}{16}\ln\left|2x - 2\sqrt{x^2+x} - 3\right|$

59. $\frac{1}{3}u^3 - 9u + \frac{80}{3}\,\mathrm{arctg}\, u \quad \left[u = \sqrt{x+1} - \sqrt{x}\right]$

60. $\frac{1}{2}\ln\left|\frac{2\sqrt{x^2+3} + x - 3}{1+x}\right|$

61. $2\ln|t-2| - 2\ln|t+2| + \operatorname{arctg} t \quad \left[t = \sqrt{\dfrac{4+e^x}{1-e^x}}\right]$

62. $\sqrt{2}\ln\left|\dfrac{1+t+\sqrt{2(t^2+1)}}{1-t}\right| = \sqrt{2}\ln\left|\dfrac{1+\sin x+\sqrt{1+\cos x}+\sqrt{1-\cos x}}{\cos x}\right|$

63. $2u - \ln|u+1| + \ln|u-1| = 2\sqrt{1+e^x} + \ln\dfrac{\sqrt{1+e^x}-1}{\sqrt{1+e^x}+1} \quad [u^2 = 1+e^x]$

64. $\dfrac{1}{\sqrt{2}}\ln\dfrac{u^2-2u+2}{u^2+2u+2} + \sqrt{2}\operatorname{arctg}(u+1) + \sqrt{2}\operatorname{arctg}(u-1) \quad \left[u = \sqrt{\dfrac{2\cos x}{1-\sin x}}\right]$

65. $-t + \dfrac{1}{2}\ln|t+1| - \dfrac{1}{2}\ln|t-1| \quad \left[t = \sqrt{1+e^{-2x}}\right]$

66. $\dfrac{1}{3}\ln\dfrac{\sqrt{1+e^{3x}}-1}{\sqrt{1+e^{3x}}+1}$

67. $\sqrt{2}\ln\left(t-2+\sqrt{t^2-4t+1}\right) \quad \left[t = \operatorname{tg}\dfrac{x}{2}\right]$

68. $\dfrac{u}{2} + \ln|u-1| + \ln|u+1| - \dfrac{5}{4(2u+3)} + \dfrac{3}{2}\ln(2u+3) \quad \left[u = \sqrt{e^{2x}-3e^x+1} - e^x\right]$

69. $-u + \dfrac{1}{4}\ln|u+1| - \dfrac{1}{4}\ln|u-1| + \dfrac{1}{2}\operatorname{arctg} u \quad \left[u = \left(e^{-4x}+1\right)^{1/4}\right]$

70. $\sqrt{2}s - \dfrac{1}{2\sqrt{2}}\ln|s+1| + \dfrac{1}{2\sqrt{2}}\ln|s-1| \quad \left[s = \sqrt{\dfrac{1+\sqrt{4e^x+1}}{2}}\right]$

71. $-\dfrac{2}{\sqrt{e^{2x}+2e^x}-e^x}$

72. $\dfrac{x^2}{4} - \dfrac{x\sin 2x}{4} - \dfrac{\cos 2x}{8}$

73. $x\operatorname{arctg} x - \dfrac{1}{2}\ln(1+x^2)$

74. $2\sqrt{1+x}\arcsin x + 4\sqrt{1-x}$

75. $\left(\dfrac{x^2}{2} - \dfrac{1}{x} + \dfrac{1}{2}\right)\operatorname{arctg} x - \dfrac{x}{2} + \ln|x| - \dfrac{1}{2}\ln(x^2+1)$

76. $x\arcsin x + \sqrt{1-x^2}$

77. $\dfrac{x^2}{2}\arccos x - \dfrac{1}{4}x\sqrt{1+x^2} + \dfrac{1}{4}\arcsin x$

78. $\dfrac{1}{2}\ln^2 x - \dfrac{1}{x}\ln x - \dfrac{1}{x}$

79. $\dfrac{x^2}{2}\left(\ln(x^3-1) - \dfrac{3}{2}\right) - \dfrac{1}{2}\ln|x-1| + \dfrac{1}{4}\ln(x^2+x+1) + \dfrac{\sqrt{3}}{2}\operatorname{arctg}\dfrac{2x+1}{\sqrt{3}}$

80. $\dfrac{1}{2}(x^2-2x)\ln(x+\sqrt{x^2+2}) - \dfrac{1}{4}\dfrac{(x-4)}{\sqrt{x^2+2}}$

81. $-\cos x \ln\operatorname{tg} x + \ln\operatorname{tg}\dfrac{x}{2}$

82. $\dfrac{e^{2x}}{2}\ln(1-e^{-x}) - \dfrac{1}{2}\left(e^x + \ln(e^x-1)\right) - \dfrac{x}{2}$

83. $\left(\frac{x^2}{4}-\frac{1}{8}\right)\ln(1+2x\sqrt{1-x^2})-\frac{x^2}{4}-\frac{1}{4}\arccos x$

84. $\frac{1}{2}(x^2+1)(\operatorname{arctg} x)^2 - x\operatorname{arctg} x+\frac{1}{2}\ln(1+x^2)$

85. $\frac{x^3}{3}\left(\ln^3 x-\ln^2 x+\frac{2}{3}\ln x-\frac{2}{9}\right)$

86. $\frac{x^3}{3}\operatorname{arctg} x-\frac{1}{6}x^2+\frac{1}{6}\ln(1+x^2)$

87. $\frac{1}{2}x^2e^{x^2}\ln x-\frac{1}{4}e^{x^2}$

88. $\frac{x^3}{3}\arcsin x-\frac{1}{9}\sqrt{1-x^2}\,(2+x^2)$

89. $\frac{1}{5}e^x(\sin 2x-2\cos 2x)$

90. $\frac{e^{\beta x}}{\alpha^2+\beta^2}(\beta\cos\alpha x+\alpha\sin\alpha x)$

91. $\frac{e^x}{2}\left\{1+\frac{1}{5}(\cos 2x+2\sin 2x)\right\}$

92. $\frac{1}{4}(x^4-1)\operatorname{arctg}^2 x-\frac{1}{2}\left(\frac{x^3}{3}+x\right)\operatorname{arctg} x+\frac{1}{12}x^2-\frac{1}{3}\ln(1+x^2)$

93. $-\frac{\operatorname{arctg} x}{1+x}+\frac{1}{2}\ln(1+x)-\frac{1}{4}\ln(1+x^2)+\frac{1}{2}\operatorname{arctg} x$

94. $-\cos x\ln\sin x+\cos x-\frac{1}{2}\ln(1+\cos x)+\frac{1}{2}\ln(1-\cos x)$

95. $\frac{1}{\cos t}\ln\sin t-\ln\left|\operatorname{tg}\frac{t}{2}\right|$

96. $(\sin x-\cos x)\ln(\sin x-\cos x)+\cos x-\sin x$

97. $\frac{e^{\beta x}}{\alpha^2+\beta^2}(\beta\sin\alpha x-\alpha\cos\alpha x)$

98. $x\arcsin\sqrt{x}-\frac{1}{2}\operatorname{arctg}\sqrt{\frac{x}{1-x}}+\frac{1}{2}\sqrt{x(1-x)}$

99. $(2\sqrt{x}+1)\operatorname{arctg}\left(\frac{1}{2}-\sqrt{x}\right)+\ln\left(x-\sqrt{x}+\frac{5}{2}\right)$

100. Dalla formula di integrazione per parti si ottiene (vedi *Lezioni*, cap. 5, Esempio 5.4)

$$\int \sin^n x\,dx = -\frac{1}{n}\sin^{n-1}x\cos x+\frac{n-1}{n}\int \sin^{n-2}x\,dx$$

e dunque

$$I_n=\frac{n-1}{n}I_{n-2},$$

dove si è posto $I_n=\int_0^{\pi/2}\sin^n x\,dx$.

Di qui, per induzione, si ottiene facilmente

$$I_n = \frac{(n-1)!!}{n!!} I_0 \qquad \text{ovvero} \qquad I_n = \frac{(n-1)!!}{n!!} I_1$$

a seconda che n sia pari o dispari. D'altra parte, si ha $I_0 = \frac{\pi}{2}$ e $I_1 = 1$, e quindi

$$I_n = \int_0^{\pi/2} \sin^n x \, dx = \frac{(n-1)!!}{n!!} B_n,$$

dove $B_n = \frac{\pi}{2}$ se n è pari, e $B_n = 1$ se n è dispari.

101. $2 - 3\sqrt{2} \operatorname{arctg} \frac{1}{\sqrt{2}}$ **102.** 1 **103.** Non esiste.

104. $-\frac{2}{3} \ln 2 + \ln 3$ **105.** $4 \ln 2$ **106.** $\sqrt{2}\left(\ln(\sqrt{2}-1) + \operatorname{arctg} \frac{1}{\sqrt{2}}\right)$

107. Non esiste. **108.** $\pi\sqrt{2}$ **109.** $-\pi\sqrt{2}$

110. 1 **111.** $\frac{2}{3}$ **112.** $\frac{\pi}{4}$

113. $n!$ **114.** $\frac{\alpha}{\alpha^2 + \beta^2}$ se $\beta > 0$; non esiste se $\beta \leq 0$.

115. $\frac{\beta}{\alpha^2 + \beta^2}$ se $\beta > 0$; non esiste se $\beta \leq 0$.

116. Sì **117.** Sì **118.** No **119.** Sì **120.** Sì **121.** Sì

122. No **123.** Sì **124.** Sì **125.** Sì **126.** No **127.** Sì

128. Sì **129.** Sì **130.** Sì **131.** Sì **132.** Sì **133.** Sì

134. Risulta $\int_0^a f(x) \sin x \, dx = f(0) - f(a) \cos a + \int_0^a f'(x) \cos x \, dx$. L'integrale $\int_0^\infty f'(x) \cos x \, dx$ converge, in quanto risulta $|f'(x) \cos x| \leq |f'(x)| = -f'(x)$ (si ricordi che f è decrescente, e dunque $f' \leq 0$). D'altra parte, $f(a) \cos a \to 0$ quando $a \to +\infty$, e dunque in conclusione risulta

$$\int_0^\infty f(x) \sin x \, dx = f(0) + \int_0^\infty f'(x) \cos x \, dx.$$

135. $(2n)!! \approx (2n)^n e^{-n} \sqrt{2\pi n}$; $(2n+1)!! = \frac{(2n+1)!}{(2n)!!} \approx (2n+1)^{n+\frac{1}{2}} e^{-n-\frac{1}{2}} \sqrt{2\pi\left(n+\frac{1}{2}\right)} \sqrt{\frac{2}{\pi}}$.

Le due espressioni si possono riunire in una sola:

$$k!! = k^{k/2} e^{-k/2} \sqrt{\pi k} \, A(k),$$

dove $A(k) = 1$ se k è pari, e $A(k) = \sqrt{\frac{2}{\pi}}$ se k è dispari.

Risposte agli esercizi del capitolo ottavo

1. Cominciamo col considerare il caso di p dispari. In vista dell'applicazione del teorema di Dirichlet (cap. 4, Teorema 2.4), si tratterà di vedere se le somme parziali della serie

$$\sum_{n=1}^{\infty} (-1)^{[np/q]} \qquad [0.2]$$

sono limitate.

Sia m il più piccolo intero tale che mp/q sia un intero pari $2s$. Risulta

$$[(m+k)p/q] = [2s + kp/q] = 2s + [kp/q]$$

e dunque

$$(-1)^{[(m+k)p/q]} = (-1)^{[kp/q]}.$$

Ciò significa che i valori di $(-1)^{[np/q]}$ si ripetono quando n aumenta di m; ne segue che le somme parziali della serie [0.2] sono limitate se e solo se si ha

$$\sum_{n=1}^{m} (-1)^{[np/q]} = 0.$$

Nel caso di p dispari, tenendo conto del fatto che p e q sono primi tra loro, risulta $m = 2q$. Se ora $1 \leq n < q$, np/q non è intero, e dunque si ha

$$[(2q-n)p/q] = [2p - np/q] = 2p - [np/q] - 1.$$

Ne segue per tali n

$$(-1)^{[(2q-n)p/q]} = -(-1)^{[np/q]}$$

e quindi

$$\sum_{n=1}^{2q} (-1)^{[np/q]} = \sum_{n=1}^{q-1} (-1)^{[np/q]} + \sum_{n=1}^{q-1} (-1)^{[(2q-n)p/q]} + (-1)^p + (-1)^{2p} = 0.$$

Dunque la serie [0.1] converge.

Il caso di p pari è più complicato, poiché il fatto che le somme parziali della serie [0.2] non siano limitate non basta per concludere che la serie [0.1] non converge. Cominciamo comunque a esaminare la somma

$$\sum_{n=1}^{m} (-1)^{[np/q]}.$$

Poiché p è pari, risulta $m = q$, che a sua volta è dispari. Come in precedenza, per $1 \leq n \leq \frac{q-1}{2}$ si ha

$$(-1)^{[(q-n)p/q]} = -(-1)^{[np/q]},$$

e dunque i primi $q-1$ termini della somma si elidono a vicenda, lasciando solo l'ultimo = 1.

Veniamo ora alla valutazione della serie [0.1], cominciando a valutare la somma

$$\sum_{n=kq+1}^{(k+1)q} \frac{(-1)^{[np/q]}}{n}.$$

In questa somma, come abbiamo appena visto, dei primi $q-1$ termini metà sono positivi e metà negativi, mentre l'ultimo è sempre positivo. Due termini di segno opposto saranno del tipo

$$\frac{1}{n} - \frac{1}{n \pm a},$$

con $0 < a < q$. Il valore assoluto di questa differenza è

$$\left| \frac{1}{n} - \frac{1}{n \pm a} \right| = \frac{a}{n(n \pm a)} \leq \frac{q}{(kq+1)^2}.$$

In conclusione, si ha dunque

$$\sum_{n=kq+1}^{(k+1)q} \frac{(-1)^{[np/q]}}{n} \geq \frac{1}{(k+1)q} - \frac{q(q-1)}{2(kq+1)^2},$$

da cui segue che la serie

$$\sum_{n=1}^{\infty} \frac{(-1)^{[np/q]}}{n} = \sum_{k=0}^{\infty} \sum_{n=kq+1}^{(k+1)q} \frac{(-1)^{[np/q]}}{n}$$

è divergente.

2. Dall'ipotesi segue che esiste un punto $x_0 \in Q$ tale che $f(x_0) < \min \lim_{x \to y} f(x)$ per ogni $y \in \partial Q$. Sia ora y_n una successione minimizzante. Poiché Q è limitato, da essa si può estrarre una sottosuccessione x_n convergente a un punto $x_1 \in Q \cup \partial Q$, e si tratta di dimostrare che $x_1 \in Q$. Infatti, se fosse $x_1 \in \partial Q$, si avrebbe

$$\inf_{x \in Q} f(x) = \lim_{n \to \infty} f(x_n) \geq \min \lim_{x \to x_1} f(x) > f(x_0),$$

che è assurdo.

3. Si ha (vedi cap. 7, Esercizio 100)

$$\int_0^{\pi/2} \sin^n x \, dx = \frac{(n-1)!!}{n!!} B_n,$$

dove $B_n = 1$ se n è dispari, e $B_n = \pi/2$ se n è pari. Valutiamo il secondo membro con la formula di Stirling (cap. 7, § 9; cfr. cap. 7, Esercizio 135). Risulta

$$\int_0^{\pi/2} \sin^n x \, dx \approx \frac{(n-1)^{\frac{n-1}{2}} e^{-\frac{n-1}{2}} \sqrt{\pi(n-1)}\, A_{n-1}}{n^{n/2} e^{-n/2} \sqrt{\pi n}\, A_n} B_n,$$

e dunque, tenendo conto dei valori di A_k e B_k,

$$\int_0^{\pi/2} \sin^n x \, dx \approx \left(\frac{n-1}{n}\right)^{n/2} \sqrt{e} \sqrt{\frac{\pi}{2n}} \approx \sqrt{\frac{\pi}{2n}}.$$

In conclusione,

$$\int_0^{\pi} \sin^n x \, dx = 2 \int_0^{\pi/2} \sin^n x \, dx \simeq \sqrt{\frac{2\pi}{n}}.$$

Veniamo ora al nostro integrale. Si ha per ogni k intero

$$\int_0^{\pi} \sin^m x \, dx \leq \int_{k\pi}^{(k+1)\pi} |\sin x|^{x^\alpha} dx \leq \int_0^{\pi} \sin^n x \, dx,$$

dove si è posto $n = [(k\pi)^\alpha]$ ed $m = [((k+1)\pi)^\alpha] + 1$. Ne segue

$$\int_{k\pi}^{(k+1)\pi} |\sin x|^{x^\alpha} dx \simeq \sqrt{\frac{\pi}{2(k\pi)^\alpha}}.$$

L'integrale dato sarà dunque convergente se e solo se convergerà la serie $\Sigma k^{-\alpha/2}$, cioè se e solo se $\alpha > 2$, mentre divergerà per $\alpha \leq 2$.

4. Supponiamo per assurdo che sia $m > 0$. In questo caso, esiste un x_0 tale che per ogni $x \geq x_0$ si ha $f'(x) > \frac{m}{2}$, e dunque, per il teorema del valor medio,

$$f(x) - f(x_0) > \frac{m}{2}(x - x_0).$$

Ma allora $\lim_{x \to +\infty} f(x) = +\infty$, contro l'ipotesi. In maniera analoga si esclude il caso $M < 0$. Peraltro, M ed m possono essere arbitrari; ad esempio, la funzione

$$f(x) = \frac{\sin x^3}{x}$$

ha derivata prima

$$f'(x) = 3x\cos x^3 - \frac{\sin x^3}{x^2},$$

per la quale $M = +\infty$ e $m = -\infty$.

5. Se $\alpha > 1$, l'integrale converge per il teorema del confronto. Supponiamo dunque $0 < \alpha \leq 1$.

Consideriamo l'intervallo $[0, T]$, e per $k = 0, 1, \ldots$ poniamo

$$A_k = \{x \in (kT, (k+1)T] : f(x) > 0\}$$

e

$$B_k = \{x \in (kT, (k+1)T] : f(x) \leq 0\}.$$

Poiché $f(x)$ è periodica, risulta

$$\int_{A_k} f(x)\,\mathrm{d}x = \int_{A_0} f(x)\,\mathrm{d}x = L$$

e

$$\int_{B_k} f(x)\,\mathrm{d}x = \int_{B_0} f(x)\,\mathrm{d}x = -M.$$

Si ha allora

$$[(k+1)T]^{-\alpha}L \leq \int_{A_k} x^{-\alpha} f(x)\,\mathrm{d}x \leq (kT)^{-\alpha}L$$

e

$$-(kT)^{-\alpha}M \leq \int_{B_k} x^{-\alpha} f(x)\,\mathrm{d}x \leq -[(k+1)T]^{-\alpha}M.$$

Dato che

$$\int_{kT}^{(k+1)T} x^{-\alpha} f(x)\,\mathrm{d}x = \int_{A_k} x^{-\alpha} f(x)\,\mathrm{d}x + \int_{B_k} x^{-\alpha} f(x)\,\mathrm{d}x,$$

si ha

$$T^{-\alpha}\Big((k+1)^{-\alpha}L - k^{-\alpha}M\Big) \leq \int_{kT}^{(k+1)T} x^{-\alpha} f(x)\,\mathrm{d}x \leq T^{-\alpha}\Big(k^{-\alpha}L - (k+1)^{-\alpha}M\Big),$$

cioè

$$(L-M)(Tk)^{-\alpha} - L\left(\frac{1}{k^\alpha} - \frac{1}{(k+1)^\alpha}\right) \le \int_{kT}^{(k+1)T} x^{-\alpha} f(x)\,\mathrm{d}x \le$$

$$\le (L-M)(Tk)^{-\alpha} + M\left(\frac{1}{k^\alpha} - \frac{1}{(k+1)^\alpha}\right).$$

Supponiamo ora che $L - M \neq 0$ (cambiando eventualmente il segno di $f(x)$, si può supporre $L - M > 0$). La serie $\Sigma k^{-\alpha}$ diverge, mentre al contrario la serie

$$\sum_{k=1}^{\infty} \left(\frac{1}{k^\alpha} - \frac{1}{(k+1)^\alpha}\right)$$

è convergente. Dalla prima delle maggiorazioni precedenti segue allora che l'integrale dato è divergente.

Se invece $L - M = 0$, risulta

$$\left|\int_{kT}^{(k+1)T} x^{-\alpha} f(x)\,\mathrm{d}x\right| \le M\left(\frac{1}{k^\alpha} - \frac{1}{(k+1)^\alpha}\right) = a_k.$$

Sia ora $\epsilon > 0$. Poiché la serie Σa_k è convergente, esiste un n_0 tale che $\sum_{k=n_0}^{\infty} a_k < \epsilon$. Se x_1 e x_2 sono maggiori di Tn_0, risulta

$$\left|\int_{x_1}^{x_2} x^{-\alpha} f(x)\,\mathrm{d}x\right| \le \left|\int_{x_1}^{hT} x^{-\alpha} f(x)\,\mathrm{d}x\right| + \left|\int_{hT}^{sT} x^{-\alpha} f(x)\,\mathrm{d}x\right| + \left|\int_{sT}^{x_2} x^{-\alpha} f(x)\,\mathrm{d}x\right|,$$

dove hT è il minimo multiplo di T maggiore di x_1, e sT il massimo multiplo di T minore di x_2. Ne segue

$$\left|\int_{x_1}^{x_2} x^{-\alpha} f(x)\,\mathrm{d}x\right| \le Lx_1^{-\alpha} + \epsilon + L(sT)^{-\alpha} \le 2Lx_1^{-\alpha} + \epsilon.$$

Si ha pertanto

$$\left|\int_{T}^{x_1} x^{-\alpha} f(x)\,\mathrm{d}x - \int_{T}^{x_2} x^{-\alpha} f(x)\,\mathrm{d}x\right| < 2Lx_1^{-\alpha} + \epsilon$$

e quindi

$$\max \lim_{\xi\to+\infty} \int_T^{\xi} x^{-\alpha} f(x)\,\mathrm{d}x - \min \lim_{\xi\to+\infty} \int_T^{\xi} x^{-\alpha} f(x)\,\mathrm{d}x \le \epsilon;$$

l'integrale dato è dunque convergente.

6. Si procede come nelle *Lezioni* (cap. 5, § 9), mettendo $\alpha = e^q$ al posto di e, e sfruttando il fatto che $q = \ln \alpha$ è razionale: $q = r/s$. Si inizia dunque integrando per parti:

$$\int_0^a \alpha^{-x} P(x)\,\mathrm{d}x = -q\,\alpha^{-x} P(x)\,\Big|_0^a + q \int_0^a \alpha^{-x} P'(x)\,\mathrm{d}x,$$

dove $P(x)$ è un polinomio di grado n. Posto $F(x) = P(x) + q\,P'(x) + \ldots + q^n\,P^{(n)}(x)$, si ha quindi

$$F(a) = \alpha^a\,F(0) - \frac{\alpha^a}{q}\int_0^a \alpha^{-x} P(x)\,\mathrm{d}x.$$

Supponiamo ora che α sia algebrico, cioè che risulti

$$c_0 + c_1\alpha + c_2\alpha^2 + \ldots + c_m\alpha^m = 0,$$

con $c_0, c_1, c_2, \ldots, c_m$ interi. Si ha allora, come nelle *Lezioni*,

$$s^n(c_0F(0) + c_1F(1) + \ldots + c_mF(m)) = -\frac{s^n}{q}\sum_{i=0}^{m} c_i\alpha^i \int_0^i \alpha^{-x} P(x)\,\mathrm{d}x,$$

dove si è moltiplicato per il denominatore di q^n. Risulta

$$s^n\,F(0) = (-1)^{mp}(m!)^p s^{n-p+1} + A,$$

con A divisibile per p. Inoltre gli altri prodotti $s^nF(i)$ $(i = 1, 2, \ldots, m)$ sono divisibili per p. Ne segue che il primo membro è un intero non nullo, e quindi

$$|s^n(c_0F(0) + c_1F(1) + \ldots + c_mF(m))| \geq 1.$$

D'altra parte, per $0 \leq x \leq m$ si ha $|s^nP(x)| \leq \dfrac{(sm)^{(m+1)p-1}}{(p-1)!}$, e dunque

$$\left|\frac{s^n}{q}\sum_{i=0}^{m} c_i\alpha^i \int_0^i \alpha^{-x} P(x)\,\mathrm{d}x\right| \leq \frac{\alpha^m}{q^2}\sum_{i=0}^{m} |\alpha^i|\,\frac{(sm)^{(m+1)p-1}}{(p-1)!},$$

che tende a zero quando $p \to +\infty$.

7. Dimostriamo innanzitutto che la successione a_n è crescente. Si ha infatti

$$a_{n+1} = a_n + \frac{1}{n} - \ln\left(1 + \frac{1}{n}\right) > a_n,$$

dato che $\ln(1 + x) < x$. D'altra parte risulta, per $n \geq 2$,

$$\sum_{k=1}^{n-1} \frac{1}{k} < 1 + \int_1^{n-2} \frac{1}{x}\,\mathrm{d}x = 1 + \ln(n-2),$$

e quindi $a_n < 1$. Ne segue che la successione a_n è convergente, e che il suo limite è compreso tra $a_2 = 1 - \ln 2$ e 1.

8. (a) Supponiamo per assurdo che esistano due punti $x_1 < x_2$ tali che $f(x_1) \neq f(x_2)$, ad esempio $f(x_1) < f(x_2)$. Siano λ e μ due numeri reali con $f(x_1) < \lambda < \mu < f(x_2)$; per $x_1 \leq x \leq x_2$ poniamo

$$g(x) = \mu \frac{x - x_1}{x_2 - x_1} + \lambda \frac{x_2 - x}{x_2 - x_1}$$

(il grafico di $g(x)$ è la retta che congiunge i punti (x_1, λ) e (x_2, μ)). Si ha $f(x_1) < g(x_1)$ e $f(x_2) > g(x_2)$, cosicché l'insieme

$$E = \{x \in (x_1, x_2) : f(x) < g(x)\}$$

non è vuoto. Sia $x_0 = \sup E$. Poiché $f(x)$ e $g(x)$ sono funzioni continue, si ha $x_1 < x_0 < x_2$. Si ha, come nella dimostrazione del teorema degli zeri di un polinomio (*Lezioni*, cap. 1, Teorema 4.1), $f(x_0) = g(x_0)$; inoltre, per $x > x_0$ risulta $f(x) \geq g(x) > g(x_0) = f(x_0)$, mentre in ogni intorno di x_0 ci sono degli $x < x_0$ tali che $f(x) < g(x) < g(x_0) = f(x_0)$. Ma allora x_0 non può essere né un punto di massimo relativo né un punto di minimo relativo.

(b) Se si toglie l'ipotesi di continuità, il risultato non sussiste più. Ad esempio, la funzione $[x]$ ha un massimo relativo in ogni punto, senza essere costante.

(c) Se x_0 è un punto di massimo relativo, esiste un intorno U di x_0 tale che per ogni $x \in U$ si ha $f(x) \leq f(x_0)$. Ne segue che

$$\max_{x \to x_0} \lim f(x) \leq f(x_0),$$

e dunque $f(x)$ è semicontinua superiormente in x_0.

Il viceversa non è vero. Infatti la funzione $f(x)$ definita in $(-1, 1)$ e che vale 0 nell'origine e k^{-1} se $|x|$ appartiene all'intervallo $[2^{-k-1}, 2^{-k})$, è semicontinua superiormente e ha in ogni punto un massimo o un minimo relativo, e precisamente un massimo se $x \neq 0$ e un minimo stretto in 0.

9. La funzione $f(x)$ è crescente, e dunque ha limite α (finito o infinito) per $x \to +\infty$. Se α è un numero reale diverso da 0, da un certo punto in poi risulterà $f'(x) > (\alpha/2)^2$, il che non è possibile in quanto in tal caso $f(x)$ avrebbe limite $+\infty$.

Non è possibile neanche $\alpha = +\infty$, poiché in questo caso si avrebbe $f(x) > 0$ da un certo punto in poi. La funzione $g(x) = 1/f(x)$ è anch'essa positiva, e verifica

$$g'(x) = -\frac{f'(x)}{f^2(x)} \leq -1;$$

pertanto essa dovrebbe avere limite $-\infty$, una contraddizione.

Il limite deve dunque essere 0, e, siccome $f(x)$ è crescente, risulta $f(x) \leq 0$.

10. La funzione $f'(x)$ è crescente, e $f(x)$ è convessa. Esaminiamo vari casi.

(a) $f'(x) \leq 0$ per ogni x.

La funzione $f(x)$ è decrescente, e ha limite α. Come sopra, non può essere $\alpha \neq 0$, perché altrimenti si avrebbe da un certo punto in poi $f''(x) > (\alpha/2)^2$, e $f'(x)$ tenderebbe all'infinito.

(b) Esiste un x_0 tale che $f'(x_0) > 0$.

Essendo $f'(x) \geq f'(x_0)$ per $x > x_0$, risulta $\lim_{x \to +\infty} f(x) = +\infty$. Moltiplicando per $f'(x)$ ambo i membri della disuguaglianza $f'' \geq f^2$, si ottiene

$$\frac{1}{2}(f'^2)' \geq \frac{1}{3}(f^3)';$$

dunque la funzione $3f'^2 - 2f^3$ è crescente, e in particolare assume valori maggiori di $\lambda = 3f'(x_0)^2 - 2f(x_0)^3$. Ma allora

$$3f'(x)^2 - f(x)^3 \geq \lambda + f(x)^3 > 0$$

per x abbastanza grande, in quanto $f(x)$ tende all'infinito.

Ciò conduce a un assurdo. Infatti si ha $f'(x) \geq \frac{1}{\sqrt{3}} f(x)^{3/2}$, e dunque, posto $g(x) = f(x)^{-1/2}$, risulta da una parte $g(x) > 0$ e dall'altra $g'(x) \leq -\frac{1}{2\sqrt{3}}$, e quindi $g(x) \to -\infty$.

Il caso (b) è dunque impossibile. Si deve allora verificare il caso (a), cosicché si può concludere che $f(x) \to 0$ e, essendo decrescente, $f(x) \geq 0$.